量子信息
简明教程

马雄峰 张行健 黄溢智 著

清华大学出版社
北京

内 容 简 介

本书从量子力学与信息论的基础出发，系统且完整地介绍了量子信息领域的基础知识，包括量子信息科学所需的线性代数与信息论数学基础、量子系统的基本描述与一般描述、量子系统中的现象与应用，以及量子信息论与量子纠缠的初步介绍。此外，本书还涵盖了一些近期量子信息领域研究方向的发展。

本书可作为量子信息专业的基础课程或物理专业的通识课程教材使用。

图书在版编目（CIP）数据

量子信息简明教程 / 马雄峰，张行健，黄溢智著.—北京：清华大学出版社，2023.5（2024.11 重印）
ISBN 978-7-302-63114-9

Ⅰ.①量… Ⅱ.①马… ②张… ③黄… Ⅲ.①量子力学-信息技术-教材 Ⅳ.①O413.1

中国国家版本馆 CIP 数据核字（2023）第 047578 号

责任编辑：孙亚楠
封面设计：常雪影
责任校对：赵丽敏
责任印制：刘　菲

出版发行：清华大学出版社
　　　　　网　　　址：https://www.tup.com.cn, https://www.wqxuetang.com
　　　　　地　　　址：北京清华大学学研大厦 A 座　　　邮　　编：100084
　　　　　社 总 机：010-83470000　　　　　　　　　邮　　购：010-62786544
　　　　　投稿与读者服务：010-62776969, c-service@tup.tsinghua.edu.cn
　　　　　质量反馈：010-62772015, zhiliang@tup.tsinghua.edu.cn
印 装 者：北京嘉实印刷有限公司
经　销：全国新华书店
开　本：170mm×240mm　　　印　张：11.75　　　字　数：234 千字
版　次：2023 年 7 月第 1 版　　　　　　印　次：2024 年 11 月第 3 次印刷
定　价：49.00 元

产品编号：100085-02

　　19 世纪末，物理学界普遍认为基本的物理原则已被牢固地建立起来，物理学的未来"要在小数点的第 6 位找到"。但在解释黑体辐射的"紫外灾变"问题时，普朗克的能量量子化却颠覆了传统的统计力学理论，由此引出了物理学的新篇章——量子力学。量子理论无论在解释微观物理现象还是工程应用上都迅速发挥了巨大作用，激光的发明和大规模集成线路的应用更是让"量子"这一概念深入人心。尽管量子理论与我们所观测的物理现象高度吻合，但在如何理解其基本原理这一问题上，却始终存在着巨大的争论。其中最有名的，是爱因斯坦和玻尔对物理测量是否可以产生不可预测随机性的世纪之争。随着贝尔不等式的提出及其实验验证，今天大部分人接受了量子力学及其蕴含的内禀随机性。当然，经典力学，包括牛顿力学和麦克斯韦的电磁方程，在很多情况下，特别是对许多宏观物理现象的解释中，依然是非常好的一个近似。

　　20 世纪科技领域另外一件大事是计算机的发明和信息技术的发展。理论方面，图灵、冯·诺依曼建立起了通用计算任务的数学模型，明确了可计算与不可计算任务的分界线；香农将信息的概念从具体的文字、图像、声音中抽象为概率与信息熵；在对复杂动力系统的研究过程中，人们又逐渐建立了计算复杂性、通信复杂性的概念。与此同时，硬件制造上的突飞猛进也支持了信息技术的高速发展。随着半导体工艺、存储技术、光纤等的不断迭代更新，早期庞大、低效、单一的电子管计算机已经发展成了小型、高速、可以通过互联网连接的计算网络。无须多言，计算机与信息技术的力量已经深入生产生活的各个方面。

　　在量子力学和信息技术的发展过程中，人们逐渐意识到，信息是物理的，物理也是信息的，可以利用量子力学的手段来处理信息。在计算领域，这一可能性最早由苏联数学家马宁与美国物理学家费曼等人意识到。为了分析许多复杂的物理过程，比如黑洞的动力学演化，与其用电子计算机"离散"地求解方程，不妨将其自然地对应到相似的物理过程，比如凝聚态物理中的现象，直接用这一量子过程进行"模拟"计算。同一时期，在通信与密码领域，人们注意到利用量子力学的内禀随机性，可以实现量子密钥分发等具有信息论安全性的隐私通信——这在经典世界甚至是完全不可能的！随着研究的深入，人们逐渐发掘出基于量子原理进行安全信息传输的巨大潜力，发现了具有指数加速的量子算法，超越仅用经典物理过程进行精密测量的精度，等等。于是，量子信息科学这个交叉领域应运而生，并渐渐成为计算机科学与物理学的重要分支。你能听到计算机科学家们在讨论量子复杂性、量子货币，也能看到物理学家们在研究黑洞信息熵、量子人工智能。2022 年的诺贝尔物理学奖授予了三位在贝尔不等式、量子纠缠等方向做出了开创性研究的物理学家，以表彰他们为奠定量子信息科学基础的重要贡献。量子信息无疑是近年来最火爆、最有活力的科学研究方向之一。

不止是理论研究本身，经过四十余年的发展，关于量子信息的一些初期理论构想、实验演示，现在已经成为快速发展的新兴产业。近期，谷歌、中国科学技术大学等团队展示了"量子优越性"，验证了量子计算相比于经典计算的优势；我国与欧盟多国之间已经建成了天地一体化的洲际量子通信网络。大量量子信息相关企业也陆续成立，国内的国盾量子、问天量子，国外的 MagiQ、ID Quantique、Xanadu、Rigetti Computing 等，都得到了投资人的青睐。而老牌的互联网和计算机硬件公司，谷歌、IBM、亚马逊、腾讯、阿里、百度等，也都不甘落于人后，纷纷成立了自己的量子实验室。一些量子应用，比如量子密钥分发、量子随机数产生、量子精密测量，不仅已经有了相对成熟的商业化产品，相关的标准化工作也已开始推进，为进一步的产业化铺垫道路。

在前沿研究之外，现在国内外许多一流高校、研究所已经开设了大量量子信息相关课程，作者在清华大学也已开展了近十年的量子信息教学。2021 年，在我国教育部新增的高校本科专业中，就包含了量子信息科学。在此背景下，系统且兼具前沿性的量子信息教学变得愈发重要。从 20 世纪 90 年代开始，国际上陆续有不少很好的量子信息方面的教材，国内的一些学者也引入了这些教材，并进行了很好的翻译。然而，在本书作者参与大学课程教学的时候发现，这些教材大多并不适合一学期的教学，特别是为初学者入门使用。经过近十年教学的积累，我们把相关的课件整理，形成了这一本书。这里，我们主要介绍量子信息科学的基本概念，而不深入讨论量子密码学、量子计算等专业方向知识。希望这样一本书可以作为理工科大学量子信息教材或者参考书，在大约一学期的课程时长内帮助同学们掌握量子信息理论的基础，扫清他们进一步了解甚至进入量子信息前沿领域研究的知识障碍。同时，也希望本书可以作为一本自学的书籍，特别为具有一定线性代数背景且对量子信息感兴趣的读者，能够帮助他们了解一些在文献阅读中可能会碰到的量子信息的专业术语与概念。

在本书的内容安排上，我们在第 0 章首先介绍必要的数学和信息论知识，以及量子信息领域内常用的符号表示，包括量子力学基本描述、线性代数、概率论、香农信息论基础等内容。对这些内容熟悉的读者，可以很快地浏览相关内容，然后进入对量子信息知识的学习中。按照本书安排的章节顺序进行学习，便可以无障碍地逐渐深入，完成绝大多数章节知识的学习。在本书的主体部分，我们依次介绍量子系统的基本描述、量子系统的一般描述、一些有趣的量子现象和应用、量子信息论初步。具体而言，

（1）在第 1 章，通过单体量子系统，说明在量子力学中如何表示一个物理系统，给出可观测量的定义及封闭系统演化的数学描述，在此基础上，介绍实验中

确定量子态的基本方法，以及说明量子力学所给出的信息守恒规律。

（2）在第 2 章，将考虑更为一般的多体量子系统，在对子系统的描述过程中，将引入必要的统计力学方法——密度矩阵，以及偏迹等数学运算，并由此给出最一般量子态的定义及性质；此外，也将给出最一般的测量过程、量子操作、量子系统演化的定义。

（3）在第 3 章，将综合运用第 1 章和第 2 章的内容，研究三种有趣的量子现象和应用：贝尔不等式、量子密集编码、量子隐形传态。通过这些内容，我们将更加深刻地认识到量子力学和经典力学之间的差异，并初步感受到量子力学在信息传输方面的价值。

（4）在第 4 章，将初步介绍量子信息论。我们首先将香农信息论中信息熵的概念推广到量子世界中。量子信息熵相比于经典信息熵有许多不同之处，导致这些差异的一个重要原因是量子纠缠，对此我们将简单介绍量子纠缠的一些核心概念。最后，将初步介绍量子通信与编码，并给出系统性研究此问题的框架。

此外，我们在附录提供了矩阵代数和信息论的进阶知识，这些章节难度较高或需要额外的前置知识帮助理解。在第一次学习或基础课程讲解时，可以跳过这些内容。此外，我们对每章内容都配以一些习题，鼓励读者们进行适当的练习，以巩固所学内容。

这里，我们要特别感谢过去这些年作者开展量子信息相关课程时的助教们：袁骁、张振、赵琦、彭天翼、周泓伊、曾培、陈森睿、吴蔚捷、张艺泓、唐一凡、余文峻、刘振寰、鄢语轩、陈俊杰、张辰逸、刘国定、刘鹏宇。他们很大程度上参与了课件底稿的准备。事实上，两位作者张行健和黄溢智做过多次相关课程的助教。同时我们也非常感谢参与这些课程的同学们的反馈。此外，我们感谢陈卓、代昊、田心洋、王雨晴、徐铭泽指出初稿中存在的问题并提供了修改建议。正是来自他们提出的很好的问题和关于教学的反馈，使得我们的教材能够更加全面、易读。

C 目录
ontents

线性代数与经典信息论基础

本章旨在介绍量子信息科学基础所需的数学和信息论知识。量子信息的描述主要依赖于线性代数中的向量和矩阵。我们将从线性空间的基本符号和定义入手，介绍线性代数的一些基本概念，包括线性空间和矩阵运算等。量子信息通常在复数域 $\mathbb{C}$ 上进行讨论。本章还将解释经典信息论的核心概念，如香农提出的信息熵和数据压缩，其中信息熵本质上与热力学熵相同。量子信息科学的一个关键领域是利用信息科学的语言来表述量子力学现象。本章内容安排如下：0.1 节详细介绍了本书使用的符号及其含义；0.2节阐述了希尔伯特空间的描述，特别是狄拉克符号的表示；0.3节回顾了在量子信息中常用的矩阵运算；0.4节主要介绍了信息论的一些基础知识。特别指出，0.2节和0.3.1节是理解全书的基础，若掌握不牢，建议读者参考线性代数的教材，系统性地学习相关知识。这章中的其他部分，读者可以根据需要选择阅读，当在后续章节遇到相关内容时再回顾本章内容进行深入学习。

0.1 数学记号

本书采用的符号见表 0.1。

表 0.1 本书采用的数学记号

记号	描述
$[d]$	指标集 $\{0, 1, 2, \cdots, d-1\}$
$\mathbb{C}$	复数域
$|i\rangle$	计算基矢的第 i 个向量，第 i 个元素取值为 1，其余为 0
$(\boldsymbol{A})_{ij}$	矩阵 $\boldsymbol{A}$ 的第 i 行第 j 列的元素，或简记为 $(\boldsymbol{A})_{ij} = a_{ij}$
$\boldsymbol{I}$	单位矩阵，对角元素全部为 1，其余元素均为 0
$\boldsymbol{0}_{nm}$	复矩阵空间 $\mathbb{C}^{n \times m}$ 中的零矩阵，全部元素均为 0
厄米	$\boldsymbol{A} \in \mathbb{C}^{d \times d}$：$\boldsymbol{A}^\dagger = \boldsymbol{A}$
幺正	$\boldsymbol{U} \in \mathbb{C}^{d \times d}$：$\boldsymbol{U}\boldsymbol{U}^\dagger = \boldsymbol{U}^\dagger\boldsymbol{U} = \boldsymbol{I}$，有时也音译为酉
$\mathcal{H}_d$	d 维希尔伯特空间：具有内积结构的复线性空间 $\mathbb{C}^d$
$\mathcal{H}_S$	系统 S 对应的希尔伯特空间
$\dim(\mathcal{H})$	希尔伯特空间 $\mathcal{H}$ 维度
$\mathcal{L}(\mathcal{H})$	希尔伯特空间 $\mathcal{H}$ 到自身的线性映射算子集合
$\mathcal{D}(\mathcal{H})$	作用于希尔伯特空间 $\mathcal{H}$ 上的密度算子集合

记号	描述
$\lvert \Phi_d^+ \rangle$	$\mathcal{H}_d$ 内最大纠缠态，$\sum\limits_{i=0}^{d-1} \lvert ii \rangle / \sqrt{d}$
$\lvert \phi \rangle \in \mathcal{H}$	纯态：$\phi \equiv \lvert \phi \rangle\langle \phi \rvert \in \mathcal{D}(\mathcal{H})$

0.2　希尔伯特空间表示

在量子信息领域，通常采用狄拉克符号（Dirac's bra-ket notation）标记量子态、量子操作、量子测量等。这里，介绍如何利用狄拉克符号对希尔伯特空间进行表示。

0.2.1　狄拉克符号

对于由列向量组成的复线性空间 $\mathbb{C}^{d \times 1}$，一组常用的正交归一基可以表示为

$$
\begin{pmatrix} 1 \\ 0 \\ 0 \\ \vdots \\ 0 \end{pmatrix},\ \begin{pmatrix} 0 \\ 1 \\ 0 \\ \vdots \\ 0 \end{pmatrix},\ \begin{pmatrix} 0 \\ 0 \\ 1 \\ \vdots \\ 0 \end{pmatrix},\ \cdots,\ \begin{pmatrix} 0 \\ 0 \\ 0 \\ \vdots \\ 1 \end{pmatrix} \tag{0.1}
$$

每个基向量均只有一个元素为 1，而其他元素为 0。如果将上述向量按顺序组合在一起，它们将构成 d 维单位矩阵 $\boldsymbol{I} \in \mathbb{C}^{d \times d}$。利用狄拉克符号，将这些列向量表示为**右矢**（ket）：

$$
\lvert 0 \rangle = \begin{pmatrix} 1 \\ 0 \\ 0 \\ \vdots \\ 0 \end{pmatrix},\ \lvert 1 \rangle = \begin{pmatrix} 0 \\ 1 \\ 0 \\ \vdots \\ 0 \end{pmatrix},\ \lvert 2 \rangle = \begin{pmatrix} 0 \\ 0 \\ 1 \\ \vdots \\ 0 \end{pmatrix},\ \cdots,\ \lvert d-1 \rangle = \begin{pmatrix} 0 \\ 0 \\ 0 \\ \vdots \\ 1 \end{pmatrix} \tag{0.2}
$$

这里，为了方便量子信息中的讨论，从指标 0 开始排序。记指标集 $[d] \equiv \{0, 1, 2, \cdots, d-1\}$。这样可以用 $\{\lvert i \rangle\}_{i=0}^{d-1}$ 或者 $\{\lvert i \rangle\}_{i \in [d]}$ 来表示这个右矢集合，通常也将这组特殊的基矢称为计算基矢（computational basis）。线性空间 $\mathbb{C}^{d \times 1}$ 中的任一向量均可以表示为一个右矢 $\lvert \psi \rangle$，为上述选取的基向量的线性组合：

$$
\lvert \psi \rangle = \sum_{i=0}^{d-1} x_i \lvert i \rangle
$$

$$= x_0 \begin{pmatrix} 1 \\ 0 \\ \vdots \\ 0 \end{pmatrix} + x_1 \begin{pmatrix} 0 \\ 1 \\ \vdots \\ 0 \end{pmatrix} + \cdots + x_{d-1} \begin{pmatrix} 0 \\ 0 \\ \vdots \\ 1 \end{pmatrix} = \begin{pmatrix} x_0 \\ x_1 \\ \vdots \\ x_{d-1} \end{pmatrix} \tag{0.3}$$

其中, $x_i \in \mathbb{C}$。当然, 除了计算基矢以外, 希尔伯特空间中任意一组正交归一的向量都可以构成一组基矢。通常将计算基矢记为 $\{|i\rangle\}_{i=0}^{d-1}$, 而其他基矢记为 $\{|\phi_i\rangle\}_{i=0}^{d-1}$。

与右矢相对应, 将右矢的厄米共轭（Hermitian conjugate）向量称为左矢（bra）, $\langle\psi| \equiv (|\psi\rangle)^\dagger$。在这里, 厄米共轭操作 $\dagger$ 将一个行向量转换为一个列向量, 并对向量的每一个元素取复数共轭（反之亦然）。类似地, 可以写下由行向量组成的复线性空间 $\mathbb{C}^{1\times d}$ 的一组自然正交归一基:

$$\begin{cases} \langle 0| = \begin{pmatrix} 1 & 0 & 0 & \cdots & 0 \end{pmatrix} \\ \langle 1| = \begin{pmatrix} 0 & 1 & 0 & \cdots & 0 \end{pmatrix} \\ \qquad\qquad \vdots \\ \langle d-1| = \begin{pmatrix} 0 & 0 & 0 & \cdots & 1 \end{pmatrix} \end{cases} \tag{0.4}$$

线性空间 $\mathbb{C}^{1\times d}$ 中的任一行向量可以表示为

$$\langle\psi| = \sum_{i=0}^{d-1} x_i^* \langle i| \tag{0.5}$$

这里 x_i^* 表示 x_i 的复共轭。使用狄拉克符号的主要好处是, 它可以帮助我们简单明了地区分列向量 $|\cdot\rangle$ 和行向量 $\langle\cdot|$, 简化线性代数中运算的表示, 例如, 下面将要介绍的内积运算与投影运算。

0.2.2 希尔伯特空间

在量子力学中, 希尔伯特空间是复数域 $\mathbb{C}$ 上具有内积结构的由列向量张成的线性空间, 记为 $\mathcal{H}$。列向量由右矢表示, $|\psi\rangle \in \mathbb{C}^{d\times 1}$。两个右矢, 例如 $|\psi\rangle = \sum_i x_i |i\rangle$ 和 $|\phi\rangle = \sum_i y_i |i\rangle$ 的内积, 定义为

$$\langle\psi|\phi\rangle \equiv \sum_{i=0}^{d-1} x_i^* y_i$$

$$= \begin{pmatrix} x_0^* & x_1^* & \cdots & x_{d-1}^* \end{pmatrix} \begin{pmatrix} y_0 \\ y_1 \\ \vdots \\ y_{d-1} \end{pmatrix} \tag{0.6}$$

如果 $\langle \psi | \phi \rangle = 0$，那么这两个量子态 $|\psi\rangle, |\phi\rangle$ 被称为相互正交。内积运算具有下述性质：

（1）非负性（positivity）：$\langle \psi | \psi \rangle \geqslant 0, \forall |\psi\rangle \in \mathcal{H}$，当且仅当 $|\psi\rangle = 0$ 时取等号。

（2）线性（linearity）：$\langle \phi | (a |\psi_1\rangle + b |\psi_2\rangle) = a \langle \phi | \psi_1 \rangle + b \langle \phi | \psi_2 \rangle, \forall |\phi\rangle, |\psi_1\rangle, |\psi_2\rangle \in \mathcal{H}, a, b \in \mathbb{C}$。

（3）共轭对称性（skew symmetry）：$\langle \phi | \psi \rangle = \langle \psi | \phi \rangle^*, \forall |\phi\rangle, |\psi\rangle \in \mathcal{H}$。

希尔伯特空间维度 $\dim(\mathcal{H}) = d$，即为对应的线性空间维度。一个 d 维希尔伯特空间通常记为 $\mathcal{H}_d$。在量子信息中，当存在多个量子系统，也就是存在多个希尔伯特空间时，通常用下标来区分这些空间，例如 $\mathcal{H}_S$ 和 $\mathcal{H}_R$。

对于两个希尔伯特空间 $\mathcal{H}_S$ 和 $\mathcal{H}_R$，考虑它们各自的一组正交归一基，$\{|i\rangle_S\}_{i=0}^{m-1}$ 和 $\{|j\rangle_R\}_{j=0}^{n-1}$。两个空间上的线性运算，$\mathcal{H}_R \mapsto \mathcal{H}_S$，对应的线性算子可以用矩阵 $\boldsymbol{A} \in \mathbb{C}^{m \times n}$ 来表示。需要注意的是，两个空间中的零向量 $|0\rangle_S \in \mathcal{H}_S$ 和 $|0\rangle_R \in \mathcal{H}_R$ 表示不同的列向量。一般情况下，它们的维度可以是不同的。为了简便起见，在不致混淆的情况下将省略空间下标。这样，线性算子可以表示为

$$\boldsymbol{A} = \sum_{i=0}^{m-1} \sum_{j=0}^{n-1} a_{ij} |i\rangle\langle j| \tag{0.7}$$

这里矩阵元为 $a_{ij} = {}_S\langle i | A | j \rangle_R$。特别地，当线性算子将一个希尔伯特空间映射到其自身时，矩阵为方阵，$\boldsymbol{A} \in \mathbb{C}^{n \times n}$。我们将这种自映射（self-mapping）线性算子构成的集合记为 $\mathcal{L}(\mathcal{H}_n)$。这里沿用信息论的惯例，元素指标 i, j 从 0 开始，因此将会使用第 0 行和第 0 列的说法。

希尔伯特空间 $\mathcal{H}$ 和作用在其上的算子，包括向量加法、标量数乘及向量内积运算，共同构成了一个复代数（complex algebra）。事实上，对这一代数结构还有更严格的要求：这一代数中的算子应该在范数拓扑（norm topology）和伴随操作（adjoint operation）下封闭。这样，空间 $\mathcal{H}$ 和作用于其上的算子将构成一个 C^* 代数（C-star-algebra），感兴趣的读者可以阅读关于代数理论的教材来深入了解这部分内容。

0.2.3　射线

对于线性空间中只相差一个非零常数倍数的向量等价类，我们称这些向量构成一条以零向量为起点的射线（ray）。对于任意一条非零的射线，可以选取该等

价类的一个具有单位向量范数（norm）的代表元 $|\psi\rangle$。我们通常选取向量的欧几里得范数（Euclidean norm）：

$$\|\psi\| = \sqrt{\langle\psi|\psi\rangle} \tag{0.8}$$

简单地讲，向量范数表示了向量的长度。对于具有单位长度的代表元：

$$\langle\psi|\psi\rangle = 1 \tag{0.9}$$

0.3 矩阵运算

在量子信息中，常常需要进行矩阵运算。这里，只对本书涉及的关键矩阵运算进行简要回顾。

0.3.1 矩阵基本运算

首先，列出矩阵的若干基本运算。这里，我们经常用矩阵变量对应的小写字母或者大写字母加括号下角标来表示它们的构成元素。考虑矩阵 $\boldsymbol{A} \in \mathbb{C}^{n \times l}$ 和 $\boldsymbol{B} \in \mathbb{C}^{l \times m}$，

（1）矩阵乘法（multiplication）：$\boldsymbol{C} = \boldsymbol{A}\boldsymbol{B}$，矩阵 $\boldsymbol{C}$ 的元素为 $c_{ij} = \sum_k a_{ik}b_{kj}$。

（2）转置（transpose）：$\boldsymbol{A}^{\mathrm{T}}$，矩阵 $\boldsymbol{A}^{\mathrm{T}}$ 的元素为 $(\boldsymbol{A}^{\mathrm{T}})_{ij} = a_{ji}$。

（3）复共轭（complex conjugate）：$\boldsymbol{A}^*$，矩阵 $\boldsymbol{A}^*$ 的元素为 $(\boldsymbol{A}^*)_{ij} = a_{ij}^*$。

（4）厄米共轭（Hermitian conjugate）：$\boldsymbol{A}^\dagger = (\boldsymbol{A}^{\mathrm{T}})^*$，矩阵 $\boldsymbol{A}^\dagger$ 的元素为 $(\boldsymbol{A}^\dagger)_{ij} = a_{ji}^*$。$\boldsymbol{A}^\dagger$ 称为 $\boldsymbol{A}$ 的厄米共轭矩阵或者伴随矩阵（adjoint matrix）。如果 $\boldsymbol{A}^\dagger = \boldsymbol{A}$，$\boldsymbol{A}$ 被称为厄米矩阵（Hermitian matrix），或者被称作厄米的。

（5）幺正变换[①]（unitary transformation）：当 $\boldsymbol{A}$ 为 n 维矩阵，即 $\boldsymbol{A} \in \mathbb{C}^{n \times n}$ 时，矩阵 $\boldsymbol{A}$ 的幺正变换为 $\boldsymbol{U}\boldsymbol{A}\boldsymbol{U}^\dagger$，其中 $\boldsymbol{U}$ 是幺正矩阵，满足 $\boldsymbol{U}^\dagger\boldsymbol{U} = \boldsymbol{U}\boldsymbol{U}^\dagger = \boldsymbol{I}$。

（6）等距变换（isometric transformation）：当 $\boldsymbol{A}$ 为 n 维方阵时，$\boldsymbol{V}\boldsymbol{A}\boldsymbol{V}^\dagger$，其中 $\boldsymbol{V} \in \mathbb{C}^{k \times n}$ 被称为等距变换矩阵（isometry）或半幺正矩阵（semi-unitary matrix），满足 $\forall |\psi\rangle \in \mathbb{C}^{n \times 1}, \|\,|\psi\rangle\,\| = \|\boldsymbol{V}\,|\psi\rangle\,\|$。

矩阵的一个重要属性是秩（rank）。对于 $m \times n$ 维矩阵 $\boldsymbol{A} \in \mathbb{C}^{m \times n}$，它的秩定义为该矩阵中线性无关的行或列的数目，并表示为 $\mathrm{rank}(\boldsymbol{A})$。容易看出，在 m 维行或列向量集合中，最多存在 m 个线性无关的行或列向量，因此 $\mathrm{rank}(\boldsymbol{A}) \leqslant \min\{m, n\}$。另外，任一矩阵的线性无关行数与线性无关列数是相同的。

对于两个方阵 $\boldsymbol{A}$ 和 $\boldsymbol{B}$，一般来说，$\boldsymbol{A}\boldsymbol{B}$ 和 $\boldsymbol{B}\boldsymbol{A}$ 不相等。如果 $\boldsymbol{A}\boldsymbol{B} = \boldsymbol{B}\boldsymbol{A}$，称这两个矩阵对易（commute）。特别地，单位矩阵 $\boldsymbol{I}$ 与所有相应维度的矩阵对

---

① "幺正"对应实数空间下的正交变换和正交矩阵，有时也被音译为酉变换和酉矩阵。本书中，我们在叙述中有时候会混用变换和矩阵，并用同样的符号来表示一个变换与其对应的矩阵。

易，$IA = AI = A$。事实上，如果一个矩阵和所有矩阵都对易，那么它一定是 I 的数乘，即常数矩阵，见习题 0.3。对于乘法和共轭操作，存在下面的等式关系：

$$\begin{cases} (AB)^* = A^*B^* \\ (AB)^T = B^T A^T \\ (AB)^\dagger = B^\dagger A^\dagger \end{cases} \tag{0.10}$$

例 0.1 证明幺正变换不会改变两个矩阵的对易性质。

解 假设矩阵 A 和 B 对易，即 $AB = BA$，经过幺正变换后，新的矩阵为 $UAU^\dagger$ 和 $UBU^\dagger$，有

$$UAU^\dagger UBU^\dagger$$
$$= UABU^\dagger$$
$$= UBAU^\dagger$$
$$= UBU^\dagger UAU^\dagger, \tag{0.11}$$

其中用到了幺正矩阵的性质 $U^\dagger U = UU^\dagger = I$。因此，有 $UAU^\dagger UBU^\dagger = UBU^\dagger UAU^\dagger$，经过幺正变换后的两个矩阵仍对易。同理可证，两个不对易的矩阵在经过幺正变换后仍不对易。

综上，幺正变换不会改变两个矩阵的对易性质。 □

幺正变换可以看作等距变换的一个特例。这可以从下面的一种等距变换等价定义方式看出。

例 0.2 考虑 n 维希尔伯特空间 $\mathcal{H}$ 以及作用于其中向量的线性变换矩阵 $V \in \mathbb{C}^{k \times n}, k \geqslant n$。请证明 V 是等距变换矩阵的充要条件是 $V^\dagger V = I$，其中 I 是作用于 $\mathcal{H}$ 的 n 维单位矩阵。

证明 必要性（V 是等距变换矩阵 $\Rightarrow V^\dagger V = I$）：根据定义，$V$ 是等距变换矩阵，有 $\forall |\psi\rangle \in \mathbb{C}^{n \times 1}$，

$$\|V|\psi\rangle\| = \sqrt{\langle\psi| V^\dagger V |\psi\rangle}$$
$$= \||\psi\rangle\|$$
$$= \sqrt{\langle\psi|\psi\rangle} \tag{0.12}$$

因此有 $V^\dagger V = I$ 成立。

充分性（$V^\dagger V = I \Rightarrow V$ 是等距变换矩阵）：$\forall |\psi\rangle \in \mathbb{C}^{n \times 1}$，有

$$\|V|\psi\rangle\| = \sqrt{\langle\psi| V^\dagger V |\psi\rangle}$$
$$= \sqrt{\langle\psi| I |\psi\rangle}$$
$$= \sqrt{\langle\psi|\psi\rangle} \tag{0.13}$$

按定义，$\boldsymbol{V}$ 是等距变换矩阵。 □

定义 0.1 (正规矩阵，normal matrix) 方阵 $\boldsymbol{A} \in \mathbb{C}^{d \times d}$ 被称作正规的，当且仅当它与自身的厄米共轭矩阵 $\boldsymbol{A}^\dagger$ 对易，$\boldsymbol{A}^\dagger \boldsymbol{A} = \boldsymbol{A} \boldsymbol{A}^\dagger$。

定义 0.2 (方阵在幺正运算下的对角化) 方阵 $\boldsymbol{A} \in \mathbb{C}^{d \times d}$ 在幺正运算下是可对角化的，当且仅当存在一个幺正矩阵 $\boldsymbol{U}$，使得 $\boldsymbol{U} \boldsymbol{A} \boldsymbol{U}^\dagger$ 是对角矩阵。

定理 0.1 (谱分解，spectral decomposition) 方阵 $\boldsymbol{A} \in \mathbb{C}^{d \times d}$ 在幺正运算下是可对角化的，当且仅当其为正规矩阵。

证明 必要性（可对角化 $\Rightarrow$ 正规）：这个方向可以直接予以验证。设存在一个幺正矩阵 $\boldsymbol{U}$，使得 $\boldsymbol{U} \boldsymbol{A} \boldsymbol{U}^\dagger$ 为对角矩阵，那么 $(\boldsymbol{U} \boldsymbol{A} \boldsymbol{U}^\dagger)^\dagger = \boldsymbol{U} \boldsymbol{A}^\dagger \boldsymbol{U}^\dagger$ 也是对角的。两个对角矩阵对易，

$$(\boldsymbol{U} \boldsymbol{A} \boldsymbol{U}^\dagger)^\dagger \boldsymbol{U} \boldsymbol{A} \boldsymbol{U}^\dagger = \boldsymbol{U} \boldsymbol{A}^\dagger \boldsymbol{U}^\dagger \boldsymbol{U} \boldsymbol{A} \boldsymbol{U}^\dagger = \boldsymbol{U} \boldsymbol{A}^\dagger \boldsymbol{A} \boldsymbol{U}^\dagger$$

$$= \boldsymbol{U} \boldsymbol{A} \boldsymbol{U}^\dagger (\boldsymbol{U} \boldsymbol{A} \boldsymbol{U}^\dagger)^\dagger = \boldsymbol{U} \boldsymbol{A} \boldsymbol{U}^\dagger \boldsymbol{U} \boldsymbol{A}^\dagger \boldsymbol{U}^\dagger = \boldsymbol{U} \boldsymbol{A} \boldsymbol{A}^\dagger \boldsymbol{U}^\dagger \tag{0.14}$$

因此，得到 $\boldsymbol{A}^\dagger \boldsymbol{A} = \boldsymbol{A} \boldsymbol{A}^\dagger$。

充分性（正规 $\Rightarrow$ 可对角化）：这一方向的证明相对复杂。首先，利用 Schur 分解，任一矩阵可以通过幺正变换变成上三角矩阵 $\boldsymbol{T}$，$\boldsymbol{A} = \boldsymbol{U} \boldsymbol{T} \boldsymbol{U}^\dagger$。设矩阵 $\boldsymbol{A}$ 正规，利用类似于式(0.14)的做法，我们得到 $\boldsymbol{T} \boldsymbol{T}^\dagger = \boldsymbol{T}^\dagger \boldsymbol{T}$。于是，两个矩阵的对角元是相同的，

$$(\boldsymbol{T} \boldsymbol{T}^\dagger)_{ii} = \sum_j t_{ij} t_{ij}^* = \sum_{j \geqslant i} |t_{ij}|^2$$

$$= (\boldsymbol{T}^\dagger \boldsymbol{T})_{ii} = \sum_k t_{ki}^* t_{ki} = \sum_{k \leqslant i} |t_{ki}|^2 \tag{0.15}$$

注意到对于第 0 行，有 $\sum_{j \geqslant 0} |t_{0j}|^2 = |t_{00}|^2$，因此对于 $j \geqslant 1$, $t_{0j} = 0$。通过数学归纳法，可以证明所有的非对角元素都是 0。因此，$\boldsymbol{T}$ 必须是对角矩阵。 □

在量子信息中，特别地，我们对两类正规矩阵感兴趣 —— 厄米矩阵和幺正矩阵。根据谱分解定理，它们都可以通过幺正变换，在合适的基向量下表示为对角矩阵。幺正矩阵的本征值为单位元在复共轭运算下的平方根。而由 $(\boldsymbol{U} \boldsymbol{A} \boldsymbol{U}^\dagger)^\dagger = \boldsymbol{U} \boldsymbol{A}^\dagger \boldsymbol{U}^\dagger$ 知，厄米矩阵的本征值一定为实数。如果一个厄米矩阵所有的本征值均为非负的，我们称它为半正定的（positive semi-definite），记为 $\boldsymbol{A} \geqslant 0$。

例 0.3 一个正规矩阵可以表示成

$$\boldsymbol{A} = \sum_i a_i |\phi_i\rangle\langle\phi_i| \tag{0.16}$$

这里求和针对所有 $\boldsymbol{A}$ 的本征值 a_i 和本征向量 $|\phi_i\rangle$。

解 从谱分解定理我们知道，正规矩阵 $\boldsymbol{A}$ 在幺正运算下是可对角化的，即存在一个幺正矩阵 $\boldsymbol{U}$，使得 $\boldsymbol{\varLambda} = \boldsymbol{UAU}^\dagger$ 为对角矩阵。由对角矩阵性质可知，$\boldsymbol{\varLambda} = \sum\limits_i a_i |i\rangle\langle i|$，其中 $|i\rangle$ 是一组正交归一的基矢，所以有 $\boldsymbol{A} = \boldsymbol{U}^\dagger \boldsymbol{\varLambda U} = \sum\limits_i a_i \boldsymbol{U}^\dagger |i\rangle\langle i| \boldsymbol{U}$。令 $\boldsymbol{U}^\dagger |i\rangle = |\phi_i\rangle$，就可以得到式(0.16)。 $\square$

另外，也可以得到 $\boldsymbol{A} |\phi_i\rangle = \boldsymbol{U}^\dagger \boldsymbol{\varLambda U U}^\dagger |i\rangle = \boldsymbol{U}^\dagger a_i |i\rangle = a_i |\phi_i\rangle$，即 $|\phi_i\rangle$ 是矩阵 $\boldsymbol{A}$ 对应本征值 a_i 的本征向量。

对于式(0.16)，还有一些补充说明：这里的分解可能包含零本征值和对应的本征向量。特别地，对于幺正矩阵，不存在零本征值。有时候为了简单起见，在不引起歧义的情况下，我们也会把本征向量 $|\phi_i\rangle$ 按对应的本征值记为 $|a_i\rangle$ 或者按指标记为 $|i\rangle$。对应不同的本征向量 $|\phi_i\rangle$ 和 $|\phi_j\rangle$ 的本征值 a_i 和 a_j 可能是相同的，我们称这种情况为本征值简并。存在本征值简并的情况下，正规矩阵的展开不唯一。

定义 0.3（迹，trace） 对于 d 维方阵 $\boldsymbol{A} \in \mathbb{C}^{d \times d}$，它的迹定义为矩阵所有对角元素之和：

$$\mathrm{tr}(\boldsymbol{A}) = \sum_i a_{ii} \tag{0.17}$$

对任意两个矩阵 $\boldsymbol{A} \in \mathbb{C}^{d \times k}$ 和 $\boldsymbol{B} \in \mathbb{C}^{k \times d}$，根据式(0.17)和矩阵乘法，有下述等式：

$$\mathrm{tr}(\boldsymbol{AB}) = \mathrm{tr}(\boldsymbol{BA})$$
$$= \sum_{i,j} a_{ij} b_{ji} \tag{0.18}$$

特别地，上述等式对于非对易的矩阵，即 $\boldsymbol{AB} \neq \boldsymbol{BA}$ 的情形，依然成立。对于任意幺正矩阵 $\boldsymbol{U}$，$\boldsymbol{U}^\dagger \boldsymbol{U} = \boldsymbol{I}$，可以由式(0.18)推导出 $\mathrm{tr}(\boldsymbol{UAU}^\dagger) = \mathrm{tr}(\boldsymbol{AU}^\dagger \boldsymbol{U})$。因此，迹运算在幺正变换下保持不变：

$$\mathrm{tr}(\boldsymbol{UAU}^\dagger) = \mathrm{tr}(\boldsymbol{A}) \tag{0.19}$$

对于一组正交归一基 $\{|\psi_i\rangle\}$，可以将其用狄拉克符号表示：

$$\mathrm{tr}(\boldsymbol{A}) = \sum_i \langle \psi_i | \boldsymbol{A} | \psi_i \rangle \tag{0.20}$$

从式(0.19)可以看出，迹运算与基矢选取无关。如果 $\boldsymbol{A}$ 是厄米的，可以选取其归一化本征向量构成式(0.20)的基。容易看出，$\boldsymbol{A}$ 的迹等于其所有本征值之和：

$$\mathrm{tr}(A) = \sum_i \alpha_i \tag{0.21}$$

其中，α_i 是 $\boldsymbol{A}$ 的本征值。

作为式(0.18)的一个特例，有

$$\mathrm{tr}(|\psi\rangle\langle\phi|) = \mathrm{tr}(\langle\phi|\psi\rangle) = \langle\phi|\psi\rangle \tag{0.22}$$

求迹操作的这种轮换不变的性质在后续会多次用到。

0.3.2 直和与张量积

在量子信息中，经常会遇到涉及多系统高维度的运算。在这一节，介绍两种常用的使系统维度扩大的系统之间的运算——直和与张量积。

定义 0.4(直和，direct sum) 两个矩阵的直和，$\boldsymbol{A} \oplus \boldsymbol{B}$，其中 $\boldsymbol{A} \in \mathbb{C}^{k \times l}, \boldsymbol{B} \in \mathbb{C}^{m \times n}$，定义为

$$
\begin{pmatrix} a_{0,0} & \cdots & a_{0,l-1} \\ \vdots & \ddots & \vdots \\ a_{k-1,0} & \cdots & a_{k-1,l-1} \end{pmatrix} \oplus \begin{pmatrix} b_{0,0} & \cdots & b_{0,n-1} \\ \vdots & \ddots & \vdots \\ b_{m-1,0} & \cdots & b_{m-1,n-1} \end{pmatrix}
$$

$$
= \begin{pmatrix} a_{0,0} & \cdots & a_{0,l-1} & 0 & \cdots & 0 \\ \vdots & \ddots & \vdots & \vdots & \ddots & \vdots \\ a_{k-1,0} & \cdots & a_{k-1,l-1} & 0 & \cdots & 0 \\ 0 & \cdots & 0 & b_{0,0} & \cdots & b_{0,n-1} \\ \vdots & \ddots & \vdots & \vdots & \ddots & \vdots \\ 0 & \cdots & 0 & b_{m-1,0} & \cdots & b_{m-1,n-1} \end{pmatrix} \tag{0.23}
$$

运算结果是分块对角矩阵。

两个矩阵的直和结构是分块对角的，简记为

$$
\boldsymbol{A} \oplus \boldsymbol{B} = \begin{pmatrix} \boldsymbol{A} & \boldsymbol{0}_{kn} \\ \boldsymbol{0}_{ml} & \boldsymbol{B} \end{pmatrix} \tag{0.24}
$$

其中，$\boldsymbol{0}_{kn}$ 和 $\boldsymbol{0}_{ml}$ 分别是维度为 $k \times n$ 和 $m \times l$ 的零矩阵。矩阵 $\boldsymbol{A} \oplus \boldsymbol{B}$ 的维度为 $(k+m) \times (l+n)$。

思考题 0.1 请证明下述等式：对于任意合适维度的矩阵，以及常数 $x, y \in \mathbb{C}$，

$$
(x\boldsymbol{A}_1 + y\boldsymbol{A}_2) \oplus (x\boldsymbol{B}_1 + y\boldsymbol{B}_2) = x(\boldsymbol{A}_1 \oplus \boldsymbol{B}_1) + y(\boldsymbol{A}_2 \oplus \boldsymbol{B}_2) \tag{0.25}
$$

$$
(\boldsymbol{A}_1 \oplus \boldsymbol{B}_1)(\boldsymbol{A}_2 \oplus \boldsymbol{B}_2) = (\boldsymbol{A}_1\boldsymbol{A}_2) \oplus (\boldsymbol{B}_1\boldsymbol{B}_2) \tag{0.26}
$$

$$
\mathrm{tr}(\boldsymbol{A} \oplus \boldsymbol{B}) = \mathrm{tr}(\boldsymbol{A}) + \mathrm{tr}(\boldsymbol{B}) \tag{0.27}
$$

在更为严格的表述中，矩阵直和来源于其作用的线性空间的直和。考虑希尔伯特空间 $\mathcal{H}$ 和 $\mathcal{H}'$，如果 $\forall |\phi\rangle \in \mathcal{H}'$，则必然有 $|\phi\rangle \in \mathcal{H}$，我们称 $\mathcal{H}'$ 为 $\mathcal{H}$ 的子空间（subspace），记为 $\mathcal{H}' \subseteq \mathcal{H}$。设 $\mathcal{H}_n$ 和 $\mathcal{H}_m$ 是 $\mathcal{H}$ 的两个子空间，并满足 $\mathcal{H}_n \cap \mathcal{H}_m = \{0\}$，那么 $\mathcal{H}_n$ 和 $\mathcal{H}_m$ 的直和定义为

$$
\mathcal{H}_n \oplus \mathcal{H}_m = \left\{ |\varphi\rangle = |\psi\rangle + |\phi\rangle \,\middle|\, |\psi\rangle \in \mathcal{H}_n, |\phi\rangle \in \mathcal{H}_m \right\} \tag{0.28}
$$

直和空间的维度为

$$\dim(\mathcal{H}_n \oplus \mathcal{H}_m) = n + m \tag{0.29}$$

定义 0.5 (张量积, tensor product 或者 Kronecker product) 两个矩阵的张量积定义为 $\boldsymbol{C} = \boldsymbol{A} \otimes \boldsymbol{B}$:

$$
\begin{aligned}
\boldsymbol{C} &= \begin{pmatrix} a_{0,0} & \cdots & a_{0,l-1} \\ \vdots & \ddots & \vdots \\ a_{k-1,0} & \cdots & a_{k-1,l-1} \end{pmatrix} \otimes \begin{pmatrix} b_{0,0} & \cdots & b_{0,n-1} \\ \vdots & \ddots & \vdots \\ b_{m-1,0} & \cdots & b_{m-1,n-1} \end{pmatrix} \\
&= \begin{pmatrix} a_{0,0}\boldsymbol{B} & \cdots & a_{0,l-1}\boldsymbol{B} \\ \vdots & \ddots & \vdots \\ a_{k-1,0}\boldsymbol{B} & \cdots & a_{k-1,l-1}\boldsymbol{B} \end{pmatrix}
\end{aligned} \tag{0.30}
$$

其中, $a_{ij}\boldsymbol{B}$ 是对矩阵 $\boldsymbol{B}$ 的数乘运算。

对于矩阵 $\boldsymbol{A} \otimes \boldsymbol{B}$, 其维度为 $km \times ln$。可以将其视作有四个指标 i_A, i_B, j_A, j_B 的张量 (这也是称该运算为张量积的原因):

$$(\boldsymbol{A} \otimes \boldsymbol{B})^{i_A i_B}_{j_A j_B} = (\boldsymbol{A})^{i_A}_{j_A}(\boldsymbol{B})^{i_B}_{j_B} \tag{0.31}$$

在这四个指标中, 两个为行指标, 标记为张量上标; 两个为列指标, 标记为下标。我们将在 A.1 节中简单介绍张量的一种图像表示。

思考题 0.2 请证明下述结果的正确性: 对于任意合适维度的矩阵, 常数 $x, y \in \mathbb{C}$, 以及 d 维单位矩阵 $\boldsymbol{I}_d \in \mathbb{C}^{d \times d}$,

(1) 两个矩阵张量积的迹是矩阵迹的乘积:

$$\mathrm{tr}(\boldsymbol{A} \otimes \boldsymbol{B}) = \mathrm{tr}(\boldsymbol{A})\,\mathrm{tr}(\boldsymbol{B}) \tag{0.32}$$

(2) 张量运算 $\otimes$ 与厄米共轭运算 † 对易:

$$(\boldsymbol{A} \otimes \boldsymbol{B})^\dagger = \boldsymbol{A}^\dagger \otimes \boldsymbol{B}^\dagger \tag{0.33}$$

(3) 如果对同一矩阵进行若干次直和或张量积运算, 可以简记为

$$\begin{cases} \boldsymbol{A}^{\oplus n} \equiv \underbrace{\boldsymbol{A} \oplus \boldsymbol{A} \oplus \cdots \oplus \boldsymbol{A}}_{n} \\ \boldsymbol{A}^{\otimes n} \equiv \underbrace{\boldsymbol{A} \otimes \boldsymbol{A} \otimes \cdots \otimes \boldsymbol{A}}_{n} \end{cases} \tag{0.34}$$

那么, 我们可以将张量积运算 $\otimes$ 和直和运算 $\oplus$ 联系起来:

$$\boldsymbol{I}_n \otimes \boldsymbol{A} = \boldsymbol{A}^{\oplus n} \tag{0.35}$$

因此，在文献中鲜少出现 $\boldsymbol{A}^{\oplus n}$。

（4）张量积运算是双线性的（double linear）：

$$\begin{cases} (x\boldsymbol{A}_1 + y\boldsymbol{A}_2) \otimes \boldsymbol{B} = x(\boldsymbol{A}_1 \otimes \boldsymbol{B}) + y(\boldsymbol{A}_2 \otimes \boldsymbol{B}) \\ \boldsymbol{A} \otimes (x\boldsymbol{B}_1 + y\boldsymbol{B}_2) = x(\boldsymbol{A} \otimes \boldsymbol{B}_1) + y(\boldsymbol{A} \otimes \boldsymbol{B}_2) \end{cases} \tag{0.36}$$

与此相对的，直和运算不满足该性质，见式 (0.25)。

作为张量积运算的特例，对于两个向量的张量积，通常简记为

$$|\phi\rangle \otimes |\psi\rangle \equiv |\phi\rangle\,|\psi\rangle \equiv |\phi\psi\rangle \tag{0.37}$$

其中，向量 $|\phi\rangle$ 和 $|\psi\rangle$ 一般维度不相同。设 $\{|i\rangle_S\}$ 和 $\{|j\rangle_R\}$ 分别是空间 $\mathcal{H}_S$ 和 $\mathcal{H}_R$ 的一组基，那么，这些基向量的张量积的内积运算为

$$(\langle i|_S \langle j|_R)(|i'\rangle_S\,|j'\rangle_R) = \delta_{ii'}\delta_{jj'} \tag{0.38}$$

其中，$\delta_{ii'}$ 和 $\delta_{jj'}$ 为 Kronecker 函数（Kronecker delta functions）。

$$\delta_{ij} = \begin{cases} 1, & i = j \\ 0, & i \neq j \end{cases} \tag{0.39}$$

因此，量子态集合 $\{|i\rangle_S\,|j\rangle_R\}$ 构成了一个更大的希尔伯特空间的基向量，对应的空间为 $\mathcal{H}_S \otimes \mathcal{H}_R$，其维度为

$$\dim(\mathcal{H}_S \otimes \mathcal{H}_R) = \dim(\mathcal{H}_S)\dim(\mathcal{H}_R) \tag{0.40}$$

在量子信息中，我们称 S 和 R 为联合系统 SR 的子系统（subsystem）。

0.3.3　偏迹

张量积运算是一种快速扩展系统维度的运算，迹运算则将矩阵缩并为一个标量。更进一步地，我们对两种运算的联系进行探讨。对于两个方阵 $\boldsymbol{A}$ 和 $\boldsymbol{B}$，有 $\mathrm{tr}(\boldsymbol{A} \otimes \boldsymbol{B}) = \mathrm{tr}(\boldsymbol{A})\,\mathrm{tr}(\boldsymbol{B})$。对于联合系统的迹运算，可以将其视作先对第一个子系统求迹，之后再对第二个系统求迹，或反过来：

$$\mathrm{tr}(\boldsymbol{A} \otimes \boldsymbol{B}) = \mathrm{tr}[\mathrm{tr}(\boldsymbol{A})\boldsymbol{B}] = \mathrm{tr}[\mathrm{tr}(\boldsymbol{B})\boldsymbol{A}] \tag{0.41}$$

矩阵 $\mathrm{tr}(\boldsymbol{A})\boldsymbol{B}$ 和 $\mathrm{tr}(\boldsymbol{B})\boldsymbol{A}$ 可以视为矩阵 $\boldsymbol{A} \otimes \boldsymbol{B}$ "部分的" 迹。这种形式的矩阵在量子信息中有清晰的物理含义，并且具有广泛的应用。

定义 0.6（偏迹，partial trace）　对于线性算子 $\boldsymbol{T} \in \mathcal{L}(\mathcal{H}_S \otimes \mathcal{H}_R)$，定义关于系统 S 的偏迹，$\mathrm{tr}_S(\boldsymbol{T})$，以及关于系统 R 的偏迹，$\mathrm{tr}_R(\boldsymbol{T})$，为由下面元素构成的

矩阵：

$$\begin{cases} (\text{tr}_S(\boldsymbol{T}))_{ij} = \sum_{k=0}^{\dim(\mathcal{H}_S)-1} (T)_{kj}^{ki} \\ (\text{tr}_R(\boldsymbol{T}))_{ij} = \sum_{k=0}^{\dim(\mathcal{H}_R)-1} (T)_{jk}^{ik} \end{cases} \tag{0.42}$$

现在，我们在不引入过多张量表示的情况下，对偏迹运算的含义进行理解。首先，偏迹运算得到的矩阵

$$\text{tr}_S(\boldsymbol{T}) \in \mathcal{L}(\mathcal{H}_\mathcal{R}), \quad \text{tr}_R(\boldsymbol{T}) \in \mathcal{L}(\mathcal{H}_\mathcal{S}) \tag{0.43}$$

按定义分别是对于子系统 S 和 R 求迹的结果。考虑一个简单的例子。设 $\boldsymbol{T} = \boldsymbol{A} \otimes \boldsymbol{B}$，其中 $\boldsymbol{A} \in \mathcal{L}(\mathcal{H})_S$，$\boldsymbol{B} \in \mathcal{L}(\mathcal{H})_R$，如式(0.41)所示。那么，

$$\text{tr}_S(\boldsymbol{A} \otimes \boldsymbol{B}) = \text{tr}(\boldsymbol{A})\boldsymbol{B}, \quad \text{tr}_R(\boldsymbol{A} \otimes \boldsymbol{B}) = \text{tr}(\boldsymbol{B})\boldsymbol{A} \tag{0.44}$$

因此，偏迹运算可以看作张量积 $\otimes$ 的某种逆运算。尽管一般来说，对于张量希尔伯特空间上的方阵 $\boldsymbol{T} \in \mathcal{L}(\mathcal{H}_S \otimes \mathcal{H}_R)$，不一定能写成两个矩阵的张量形式：

$$\boldsymbol{T} \neq \boldsymbol{A} \otimes \boldsymbol{B} \tag{0.45}$$

但张量积的"逆运算"这一直观理解依然适用。

例 0.4 考虑一个四维希尔伯特空间，$\mathcal{H}_4 = \mathcal{H}_S \otimes \mathcal{H}_R$，其中，$S$ 和 R 均为二维系统，

$$\boldsymbol{T} = \begin{pmatrix} a_{11} & a_{12} & a_{13} & a_{14} \\ a_{21} & a_{22} & a_{23} & a_{24} \\ a_{31} & a_{32} & a_{33} & a_{34} \\ a_{41} & a_{42} & a_{43} & a_{44} \end{pmatrix} \tag{0.46}$$

请计算矩阵 $\boldsymbol{T}$ 分别对 S 和 R 求偏迹的结果。

解 首先，将 $\boldsymbol{T}$ 表示为矩阵形式：

$$\boldsymbol{T} = \begin{pmatrix} (T)_{00}^{00} & (T)_{01}^{00} & (T)_{10}^{00} & (T)_{11}^{00} \\ (T)_{00}^{01} & (T)_{01}^{01} & (T)_{10}^{01} & (T)_{11}^{01} \\ (T)_{00}^{10} & (T)_{01}^{10} & (T)_{10}^{10} & (T)_{11}^{10} \\ (T)_{00}^{11} & (T)_{01}^{11} & (T)_{10}^{11} & (T)_{11}^{11} \end{pmatrix} \tag{0.47}$$

这样，可以按照式(0.42)对矩阵求偏迹：

$$\begin{cases} \mathrm{tr}_S(\boldsymbol{T}) = \begin{pmatrix} \sum\limits_{k}(T)^{k0}_{k0} & \sum\limits_{k}(T)^{k0}_{k1} \\ \sum\limits_{k}(T)^{k1}_{k0} & \sum\limits_{k}(T)^{k1}_{k1} \end{pmatrix} = \begin{pmatrix} a_{11}+a_{33} & a_{12}+a_{34} \\ a_{21}+a_{43} & a_{22}+a_{44} \end{pmatrix} \\[3em] \mathrm{tr}_R(\boldsymbol{T}) = \begin{pmatrix} \sum\limits_{k}(T)^{0k}_{0k} & \sum\limits_{k}(T)^{0k}_{1k} \\ \sum\limits_{k}(T)^{1k}_{0k} & \sum\limits_{k}(T)^{1k}_{1k} \end{pmatrix} = \begin{pmatrix} a_{11}+a_{22} & a_{13}+a_{24} \\ a_{31}+a_{42} & a_{33}+a_{44} \end{pmatrix} \end{cases} \tag{0.48}$$

这里，容易看出 $\mathrm{tr}[\mathrm{tr}_S(\boldsymbol{T})] = \mathrm{tr}[\mathrm{tr}_R(\boldsymbol{T})] = \mathrm{tr}(\boldsymbol{T})$。　　　　　□

通过这个例子可以看到，多个系统的算子运算通常比较繁琐。幸运的是，可以利用狄拉克符号来简化书写。利用左/右矢符号，通过引入系统 R 的一组完备基 $\{|i\rangle\}$，对于系统 R 求偏迹的结果可以表示为

$$\mathrm{tr}_R(\boldsymbol{T}_{SR}) = \sum_i (\boldsymbol{I}_S \otimes \langle i|_R)\boldsymbol{T}_{SR}(\boldsymbol{I}_S \otimes |i\rangle_R) \equiv \sum_i \langle i|\,\boldsymbol{T}_{SR}\,|i\rangle_R \tag{0.49}$$

严格地讲，按照矩阵乘法定义，记号 $\langle i|\,\boldsymbol{T}_{SR}\,|i\rangle$ 不是一个良定义的表示。这里请注意矩阵和向量的维度。但在书写中，我们经常用这种省略对另一系统进行恒等操作的表示方法来简化书写。关于这一表示的含义和证明，我们留作练习（习题 0.4）。

0.4　经典信息论简介

在介绍信息论之前，首先需要明确：数学上，信息到底代表什么。为了回答这一问题，先来看一些简单的例子，并通过数据压缩这一信息处理任务来量化信息。随后，我们总结一些经典信息论中的重要内容。

0.4.1　香农熵

想象这样一个情景：两个好友，甲和乙[①]，分别住在北京和上海。甲给乙发送关于北京天气的消息。方便起见，我们只考虑两种天气：晴天或雨天。在甲发送消息之前，乙想猜测一下北京的天气状况。直观上，乙通过接收甲的消息所能获取的有用信息取决于他的先验知识。比如说，如果乙了解到北京几天来一直晴空万里，而且短时间内周边地区也没有任何积雨云，那他几乎百分百确定北京的天气将是晴天。一般地，假设乙通过自己的了解对北京的降水概率进行如下的猜测：

（1）10% 降雨，90% 晴天；

（2）50% 降雨，50% 晴天；

---

① 在量子信息英文书籍中经常涉及一男一女两个角色，Alice 和 Bob，这里我们用甲和乙对应。所以，本书中甲是女性角色，相对应的角标为 A，乙是男性角色，相对应的角标为 B。

（3）90% 降雨, 10% 晴天。

如果稍后甲给乙发送了"晴天"的消息,在哪种情况下乙可以获得最多的信息? 显然, 在第一种情形, 乙获得的信息最少, 因为他在早先就比较确定北京将是晴天; 在第二种情形, 乙事先完全不确定北京的天气; 而在第三种情形, 当乙收到甲的消息时, 他大概会大吃一惊——也就是说, 他得到了最多的信息。

通过这个例子, 我们获得了这样的一个直观感受:信息应该与先验概率有着密切联系。你可能会好奇, 在这个例子里, "晴天"和"雨天"这几个字包含了怎样的信息。这里, 我们限定了乙只是想猜测北京的天气究竟是两种中的哪一个, 事实上, 你可以将两个词替换成任何其他的事物或者事件。比如说, 你走到下一个路口时会不会遇到红灯, 你从一个装了黑球和白球的袋子里拿出一个球的颜色是黑色还是白色。基于同样的分析, 你对于是否遇到红灯或者是否拿出黑球这件事所能得到的信息同样只依赖于你对红灯或黑球出现概率的先验判断。因此, 信息量应该与具体事件（晴天/雨天, 红灯/绿灯, 黑球/白球 ……）的表示细节没有关系。这样一种内容无关的抽象描述方法是香农信息论（Shannon information theory）的出发点。

在这一节, 我们先严格地将讨论限定在经典信息论, 即我们所分析的对象都是经典随机变量。我们将使用"比特"（bit）来表示信息量的基本单位。一个比特可以表示为一个数位, 0 或者 1。一个两点分布（也称为伯努利分布, Bernoulli distribution）的二元随机变量（binary random variable）, 如果发生事件 0 和 1 的概率相等, 这一随机变量取值所包含的信息量为一个比特。对于一个一般的服从概率分布 $p(x)$ 的随机变量 X, 其所包含的信息量可以用香农熵（Shannon entropy）量化, 定义为

$$H(X) = -\sum_x p(x) \log[p(x)] \tag{0.50}$$

其中对 x 的求和遍历随机变量 X 的所有可能取值。本书中, 如无特殊说明, 对数函数的底数均为 2。另外, 我们以极限的方式取 $0 \log 0 = 0$。

思考题 0.3（香农熵的数学合理性）　考虑一个随机实验中的事件, 并将其对应的随机变量记为 E。让我们考虑这个随机变量的"信息函数"或"惊奇系数", $I(E)$。我们要求这个函数满足以下数学性质:

（1）$I(E)$ 只是关于 E 的概率分布（概率密度函数）的函数,

$$I(E = e) = I[p_E(e)] \tag{0.51}$$

其中, $p_E(e) \in (0, 1]$, 并且 $\sum_e p_E(e) = 1$。

（2）I 在区间 $(0, 1]$ 上平滑。

（3）两个独立事件所带来的总的惊奇系数等于各自惊奇系数的和:

$$I(pq) = I(p) + I(q) \tag{0.52}$$

其中，$p, q \in (0, 1]$ 是两个独立事件各自的发生概率。

在确定函数 I 的形式后，请计算随机变量 E 的"平均信息量"，即 $\mathbb{E}_{\Pr(E)}[I(E)]$，并将其与式 (0.50) 比较。

当考虑二元随机变量时，香农熵变成二元熵（binary entropy），通常用某一事件的概率表示。对于 $x \in [0, 1]$，可以定义二元熵函数（binary entropy function），

$$h(x) = -x \log x - (1 - x) \log(1 - x) \tag{0.53}$$

由前面 log 函数的极限规定 $0 \log 0 = 0$，可以很快看到 $h(0) = h(1) = 0$。另外，对于 $p = 11\%$，二元熵的值为 $h(p) \approx 0.5$，换句话说，在 N 比特长的字符串中只有 $N/2$ 比特的信息。二元熵函数随概率的变化如图 0.1 所示。

0.4.2　数据压缩

前面我们介绍了香农熵的概念。除了数学上的"直觉"，在实际信息处理中，这样的度量又有怎样的操作含义？为了回答这一问题，我们考虑这样一个通信情景。甲希望通过一个比特信道向乙传送信息。假设甲的信息源会随机地从字母表 $\{a, b, c, d\}$ 中按照下面的概率分布选出一个字符，

$$\Pr(a) = \frac{1}{2}, \quad \Pr(b) = \frac{1}{8}, \quad \Pr(c) = \frac{1}{4}, \quad \Pr(d) = \frac{1}{8} \tag{0.54}$$

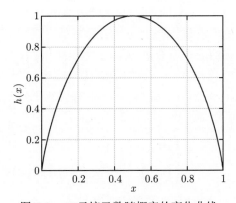

图 0.1　二元熵函数随概率的变化曲线

对于一个比特信道，它只能接收比特，即它不能将字符 a, b, c, d 直接作为输入。为此甲需要将她要传送的字符编码为比特串。甲可以用下面的编码方式：

$$a \to 00, \quad b \to 01, \quad c \to 10, \quad d \to 11 \tag{0.55}$$

这是一个定长编码，码字（code word）长度总是 2 个比特。除此之外，还有一种编码方案：

$$a \to 0, \quad b \to 110, \quad c \to 10, \quad d \to 111 \tag{0.56}$$

期望上，这个编码方案的平均码字长度为

$$\frac{1}{2} \times 1 + \frac{1}{8} \times 3 + \frac{1}{4} \times 2 + \frac{1}{8} \times 3 = \frac{7}{4} \tag{0.57}$$

假如这个通信任务重复许多次，并且每次信息源都是按照式(0.54)的概率分布独立且同分布（independently and identically distributed, i.i.d.）地发出信息，那么很明显，第二种方案大概率会节省通信所需发送的比特数。我们可以直观地看出，这一编码方案节省通信所需比特数的原因是用较短的码字编码频繁出现的字符，而用较长的码字编码较少出现的字符。而这一编码方案的平均信息量与香农熵有怎样的关系呢？按照式(0.50)的定义，

$$H(X) = -\frac{1}{2} \log \frac{1}{2} - \frac{1}{8} \log \frac{1}{8} - \frac{1}{4} \log \frac{1}{4} - \frac{1}{8} \log \frac{1}{8} = \frac{7}{4} \tag{0.58}$$

正好是式(0.57)的计算结果。

思考题 0.4 这一结果是巧合吗？还是有更为本质的原因？

香农对无噪声信道编码问题进行了严格的讨论，并得到了信源编码定理（Shannon's source coding theorem）[1]。这一定理指出，对于独立同分布的一串随机变量，在渐进极限下（即随机变量数量趋于无穷时），如果对这些随机变量所含的数据进行压缩，压缩编码率（即平均每个字符所需的编码比特数）不可能少于信息源所产生的随机变量的香农熵，否则必然会导致信息丢失。另外，一定存在编码方案，使得在对足够多的随机变量进行编码时，编码率任意接近于香农熵。

香农熵的操作含义体现在一个具体的编码方案中。考虑二元随机变量 $X \in \{0,1\}$，以及相应的比特串 $X^n \in \{0,1\}^n$，其中对任意 $i \in [n]$，第 i 个二元随机变量 X_i 是服从下面概率分布的独立同分布随机变量：

$$\begin{cases} \Pr(X_i = 1) = p \\ \Pr(X_i = 0) = 1-p \end{cases} \tag{0.59}$$

其中，$p \in [0,1]$。我们希望将比特串 X^n 如实存储，即制备一个足够大的内存。如果不希望产生任何差错，显然我们需要将 X^n 的每一个比特都进行记录，因此内存大小至少是 n 比特。但在实际应用中，通常我们会允许一个足够小的可以忽略的失败概率。在这一前提下，我们注意到下面的事实。

观察点 所有的 n 比特字符串构成一个 2^n 维空间，但在 $p \neq 0.5$ 时，有些比特串相比于其他比特串的出现概率明显要低。

为了清晰地说明这一事实，我们考虑 $p < 0.5, n \gg 1$ 时，对于可能出现的字符串 0^n 和 1^n，

$$\frac{\Pr(X = 0^n)}{\Pr(X = 1^n)} = \frac{(1-p)^n}{p^n} \gg 1 \tag{0.60}$$

受到这一发现的启发，可以想象这样一个编码存储方案：我们只存储更可能发生的比特串，而忽略掉那些几乎不会出现的比特串。将这样的想法严格表述出来，我们可以定义 ε-最小概然集合。

定义 0.7 (ε-最小概然集合，ε-smallest probable set)　给定 $0 \leqslant \varepsilon < \frac{1}{2}$ 和服从概率分布 p_X 的有限值域随机变量 $X \in \mathcal{X}$，其中样本空间 $\mathcal{X}$ 有限大，$|\mathcal{X}| < \infty$，随机变量 X 的 ε-最小概然集合定义为样本空间的最小子集 $\mathcal{T}_X^\varepsilon \subseteq \mathcal{X}$，使得在一次随机试验中，$X$ 的取值以不超过 ε 的失败概率落在该集合中，

$$\mathcal{T}_X^\varepsilon = \arg\min_{\mathcal{S}} |\mathcal{S}|,$$

$$\text{s.t. } \Pr(X \in \mathcal{S}) \geqslant 1 - \varepsilon \tag{0.61}$$

对于连续随机变量（continuous random variable），或者说无穷维随机变量，我们同样可以考虑类似于最小概然集合的概念，但此时需要对集合大小等概念进行合适的推广。本书不讨论这一内容，对此感兴趣的读者可以参考文献 [2] 等经典信息论教材。

给定允许的失败概率 ε，前面讨论的数据存储问题转化为确定 $\mathcal{T}_{X^n}^\varepsilon$ 的问题，相应地，内存所需大小对应的信息量由 $\log |\mathcal{T}_{X^n}^\varepsilon|$ 确定。准确地找到 $\mathcal{T}_{X^n}^\varepsilon$ 这个集合一般来说是困难的，但我们可以退而求其次，寻找一个较小的最概然集合，使得 X 的实现至少以 $(1-\varepsilon)$ 的概率落入其中。为了找到这样一个集合，我们可以寻找合适的函数，将寻找集合元素的问题转化为确定这些元素相应的函数取值问题。

对于我们现在考虑的独立同分布信息源，期望上，X^n 中含有字符 1 的数量为 np, 在整个空间中这样的字符串的个数由二项式系数给出，$\binom{n}{np} = \frac{n!}{(np)!(n-np)!}$。为了表述方便起见，我们定义 n 比特字符串 $x = (x_0, \cdots, x_{n-1}) \in \{0,1\}^n$ 的权重为

$$wt(x) = \sum_{i=0}^{n-1} x_i \tag{0.62}$$

给定常数 $c > 0$, 定义 $\mathcal{D}(c)$ 为所有权重在区间 $[np - c\sqrt{n}, np + c\sqrt{n}]$ 的字符串集合。我们称这一集合为参数 c 的典型集（typical set）①。典型集、非典型集和整

---

① 在信息论文献中，"典型集"一般特指独立同分布随机变量多次重复时的情形，其定义也稍有不同，由渐进等分定理（asymptotic equipartition theorem）导出。在这里，我们不严格区分最概然集（probable set）和典型集。对于多次重复的独立同分布随机变量，这两个集合大小在渐进表现上是一致的[2]。

个样本空间的关系如图 0.2 所示。这样，我们的主要任务是计算最概然集合的大小及其失败概率 ε。下面例子给出如何估算一个典型集的大小。

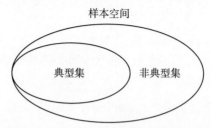

图 0.2　典型集的图像化示意图。在编码成功概率渐进收敛到 1 时，采样所得的比特串几乎必然落入典型集中。香农源编码定理告诉我们，典型集中包含的比特串数量和全空间中比特串数量的比值，即编码压缩率，在渐进极限下由数据源的香农熵给出

例 0.5　对于 $p \in (0,1)$，集合 $\mathcal{D}(c)$ 的大小

$$|\mathcal{D}(c)| = \sum_{k=-c\sqrt{n}}^{c\sqrt{n}} \binom{n}{k+np} \tag{0.63}$$

可以给出上界估计：

$$|\mathcal{D}(c)| \leqslant 2^{nh(p)-c\sqrt{n}\log p(1-p)} \tag{0.64}$$

对于 $p = 0$ 或者 $p = 1$，根据 $\mathcal{D}(c)$ 的定义，式 (0.64) 自然成立。该例题中，主要关注 $0 < p < 1$ 的情况。另外，为了讨论方便，假设 $k+np$ 是整数，而且在区间 $[0,n]$ 内。如果不是，式子稍作调整还是成立。

解　考虑 n 个独立同分布的两点分布随机变量 $X \in \{0,1\}$，其概率密度函数为

$$\Pr(X) = \begin{cases} p, & X = 1 \\ 1-p, & X = 0 \end{cases} \tag{0.65}$$

记 n 个随机变量 $X = (X_1, X_2, \cdots, X_n)$ 取得的字符串为 x。由于是独立随机分布，记 $wt(x) = k$，则 $X = x$ 的概率为

$$\begin{cases} \Pr(x) = p^k(1-p)^{n-k} \\ \log \Pr(x) = k\log(p) + (n-k)\log(1-p) \end{cases} \tag{0.66}$$

如果这一字符串落入典型集，$x \in \mathcal{D}(c)$，即 $k \in [np - c\sqrt{n}, np + c\sqrt{n}]$，于是有

$$\begin{cases} k \leqslant np + c\sqrt{n} \\ n-k \leqslant n(1-p) + c\sqrt{n} \end{cases} \tag{0.67}$$

对上述不等式两端分别乘以 $\log p$ 和 $\log(1-p)$，

$$\begin{cases} k\log p \geqslant (np + c\sqrt{n})\log p \\ (n-k)\log(1-p) \geqslant [n(1-p) + c\sqrt{n}]\log(1-p) \end{cases} \tag{0.68}$$

代入式(0.66)得到：

$$\log[\Pr(x)] \geqslant (np + c\sqrt{n})\log p + [n(1-p) + c\sqrt{n}]\log(1-p)$$
$$= -nh(p) + c\sqrt{n}\log p(1-p) \tag{0.69}$$

这里，我们利用了二元熵定义简化这一表达式。典型集 $\mathcal{D}(c)$ 是集合 $\{0,1\}^n$ 的子集，由概率归一化我们知道，

$$1 = \sum_{x \in \{0,1\}^n} \Pr(x)$$
$$\geqslant \sum_{x \in \mathcal{D}(c)} 2^{\log \Pr(x)}$$
$$\geqslant 2^{-nh(p) + c\sqrt{n}\log p(1-p)} \cdot |\mathcal{D}(c)| \tag{0.70}$$

在对不等式各项调整顺序后，便得到了 $\mathcal{D}(c)$ 集合大小的上界估计：

$$|\mathcal{D}(c)| \leqslant 2^{nh(p) - c\sqrt{n}\log p(1-p)} \tag{0.71}$$

$\square$

对于一个典型集，我们可以采用二进制编码，这样信息源 X^n 编码储存所需内存大小为

$$\log|\mathcal{D}(c)| \leqslant nh(p) - c\sqrt{n}\log p(1-p) \tag{0.72}$$

给定这个典型集，下面来计算相应的失败概率 ε。记 $\delta = \dfrac{c}{p\sqrt{n}}, \mu = np$，那么

$$\varepsilon = \Pr[X^n \notin \mathcal{D}(c)]$$
$$= \Pr(|wt(X^n) - \mu| \geqslant \delta\mu)$$
$$\leqslant 2\left[\frac{e^\delta}{(1+\delta)^{1+\delta}}\right]^\mu$$
$$= \frac{2e^{c\sqrt{n}}}{\left(1 + \dfrac{c}{p\sqrt{n}}\right)^{(1+\frac{c}{p\sqrt{n}})np}}$$

$$= \frac{2e^{c\sqrt{n}}}{\left(1 + \dfrac{c}{p\sqrt{n}}\right)^{\frac{p\sqrt{n}}{c}\left(c\sqrt{n} + \frac{c^2}{p}\right)}} \tag{0.73}$$

在式 (0.73) 第三行,使用了双边切诺夫不等式 (Chernoff inequality)。对于 $n \to \infty$,有

$$\frac{2e^{c\sqrt{n}}}{\left(1 + \dfrac{c}{\sqrt{np}}\right)^{\frac{\sqrt{n}p}{c}\left(c\sqrt{n} + \frac{c^2}{p}\right)}} \xrightarrow{n\to\infty} \frac{2e^{c\sqrt{n}}}{e^{c\sqrt{n} + \frac{c^2}{p}}} = 2e^{-\frac{c^2}{p}} \tag{0.74}$$

这里使用了欧拉数的极限定义:

$$e = \lim_{n\to\infty}\left(1 + \frac{1}{n}\right)^n \tag{0.75}$$

可以看到,当 c 取一个较大的值,比如 100 时,所对应的失败概率会指数地趋近于 0。与式(0.72)结合,我们可以看到,信息源编码储存单个比特所需内存大小在 $n \to \infty$ 时趋向于 $h(p)$,同时失败概率收敛到 0。

注意点 (非 iid 情形) 如果字符串中的各随机变量相互关联 (即不是独立同分布变量),并且关联的形式是已知的,那么由于有更多的限制条件,典型集会比独立同分布情形小,因此编码所需比特数更少。

但需要注意的是,如果仅知道边际概率分布 (marginal probability distribution),对于随机变量之间具体的关联形式未知,典型集大小可以是任意的,特别地,可以比独立同分布情形大。

0.4.3 其他的熵形式信息量

基于香农熵,我们可以将其他信息量,特别是多个随机变量之间关联,利用熵的形式表示出来。对于联合随机变量 (X, Y),可以定义它们的联合熵 (joint entropy):

$$H(X, Y) = -\sum_{x,y} p_{X,Y}(x, y)\log[p_{X,Y}(x, y)] \tag{0.76}$$

一般来说,X, Y 不是相互独立的。假设甲持有随机变量 X,乙持有随机变量 Y,我们称乙拥有 Y 形式的关于 X 的侧信息 (side information)。为了量化乙的侧信息,我们可以用条件熵 (conditional entropy):

$$H(X|Y) = -\sum_{x,y} p_{X,Y}(x, y)\log[p_{X|Y}(x|y)] \tag{0.77}$$

条件熵 $H(X|Y)$ 表示在乙已知随机变量 Y 的情况下，对于 X 的不确定度。类似于香农熵，条件熵的操作含义应该在独立同分布随机变量重复实验的渐进极限下理解。

思考题 0.5 验证 $H(X,Y) = H(X) + H(Y|X) = H(Y) + H(X|Y)$。

依然考虑上面的情形，即甲和乙分别拥有随机变量 X 和 Y。为了刻画两个随机变量之间的关联，可以考虑它们的互信息（mutual information），定义是一个边际随机变量的熵，如 $H(X)$，和相对应的条件熵 $H(X|Y)$ 之间的差：

$$I(X:Y) = H(X) - H(X|Y) \tag{0.78}$$

在下面的维恩图（Venn diagram）中（图 0.3），直观地画出边际随机变量的熵、联合熵、条件熵、互信息的关系。

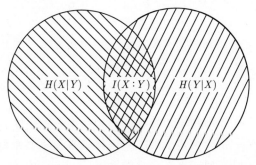

图 0.3 互信息、边际随机变量熵、条件熵的 Venn 关系图。图中两个圆分别代表 $H(X)$ 和 $H(Y)$，它们的交叉的地方为 $I(X:Y)$，它们的并集为 $H(X,Y)$，两个半月牙形代表了 $H(X|Y)$ 和 $H(Y|X)$

思考题 0.6 证明互信息对于函数的两个自变量是对称的，即 $I(X:Y) = I(Y:X)$。

对任意随机变量 X 和 Y，互信息 $I(X:Y)$ 总是非负的，$I(X:Y) \geqslant 0$。

此外，在信息处理任务中，我们经常希望量化两个随机变量之间的"距离"，或者说一个概率密度函数 $p_{X_1}(x)$ 相比于另一个概率密度函数 $p_{X_2}(x)$ 有多"远"。为此，可以使用相对熵（relative entropy）。在经典信息论等领域，这一信息量经常被称为 Kullback-Leibler 散度（Kullback-Leibler divergence）。定义相对熵 $D(p_{X_1} \| p_{X_2})$ 为

$$D(p_{X_1} \| p_{X_2}) \equiv \sum_x p_{X_1}(x) \log \left[\frac{p_{X_1}(x)}{p_{X_2}(x)} \right] \tag{0.79}$$

对于相对熵的操作含义，一种理解方式是它刻画了错误编码的额外开销，即如果在对随机变量 X_1 进行编码时，错误地使用了概率密度函数 p_{X_2}。在这一情形下，编码平均所需比特数为 $[H(X_1) + D(p_{X_1} \| p_{X_2})]$。容易验证，如果编码所用概率密度函数是正确的，相对熵 $D(p_{X_1} \| p_{X_1}) = 0$，则编码平均所需比特数变为 $H(X_1)$。

定理 0.2 (香农熵的次可加性) 两个随机变量 X 和 Y 的互信息等于联合随机变量概率分布 $p_{X,Y}(x,y)$ 与边际概率分布乘积 $p_X(x)p_Y(y)$ 的相对熵:

$$D[p_{X,Y}(x,y)\|p_X(x)p_Y(y)] = I(X{:}Y) = H(X) + H(Y) - H(X,Y) \tag{0.80}$$

关于这个定理的证明会在 4.1 节具体给出。这一定理计算了两个随机变量 X 和 Y 定义的联合随机变量概率分布 $p_{X,Y}(x,y)$ 与边际概率分布乘积 $p_X(x)p_Y(y)$ 的距离。在这个意义上,互信息刻画了与相互独立的联合随机变量距离有多远。

需要注意的是,相对熵并不是真正的距离度量(distance measure)。此外,这一函数 $D(p_{X_1}\|p_{X_2})$ 在某些情况下存在不好的数学特征。如果第一个自变量概率分布 $p_{X_1}(x_1)$ 的支撑集(support)没有全部包含在第二个自变量概率分布 $p_{X_2}(x_2)$ 的支撑集中,即 $\exists X = x$ 使得 $p_{X_1}(x) \neq 0$ 但 $p_{X_2}(x) = 0$, 相对熵函数会发散。

注意点 为了说明相对熵函数不是真正的距离度量,首先注意到相对熵对于两个自变量不是对称的,即一般情况下,$D(p_{X_1}\|p_{X_2}) \neq D(p_{X_2}\|p_{X_1})$。比如,考虑 $p_{X_1=1} = p_{X_1=2} = \dfrac{1}{2}, p_{X_2=1} = 1$, 那么 $D(p_{X_2}\|p_{X_1}) = 1$ 但 $D(p_{X_1}\|p_{X_2})$ 发散。尽管如此,我们经常会将其看作一种对概率分布距离的反映。特别地,相对熵函数与真正的距离度量有着紧密联系。比如,相对熵与迹距离可以由 Pinsker 不等式联系起来:

$$D(p_X\|p_Y) \geqslant \frac{1}{2\ln 2}\|p_X - p_Y\|_1^2 \tag{0.81}$$

其中,$\ln$ 是以欧拉数 e 为底的自然对数,$\|p_X - p_Y\|_1 \equiv \sum_a |p_X(a) - p_Y(a)|$。

习题

习题 0.1 (狄拉克符号)
(1) 请写出 $|0\rangle, |1\rangle, |\pm\rangle = (|0\rangle \pm |1\rangle)/\sqrt{2}, |\pm i\rangle = (|0\rangle \pm i|1\rangle)/\sqrt{2}$ 的向量形式。
(2) 请写出 $|+\rangle\langle i|-\rangle\langle 0| + |1\rangle\langle -i|$ 对应的矩阵形式。

习题 0.2 (矩阵计算) 已知矩阵 $\boldsymbol{A} = \begin{pmatrix} 1 & 0 \\ 0 & 0 \end{pmatrix}$ 和 $\boldsymbol{B} = \begin{pmatrix} 1 & 1 \\ 0 & 0 \end{pmatrix}$, 试计算 $|\boldsymbol{A}|$, $|\boldsymbol{B}|$ 和 $|\boldsymbol{B}^\dagger|$。

习题 0.3 (矩阵对易) 考虑一定维度的方矩阵,试证明,
(1) 如果一个矩阵和所有对角矩阵对易,那么它一定是对角矩阵。
(2) 如果一个矩阵和所有矩阵对易,那么它一定是 $\boldsymbol{I}$ 的数乘。

习题 0.4 (左右矢的偏迹计算) 给定 $T \in \mathcal{L}(\mathcal{H}_S \otimes \mathcal{H}_R)$, $\mathcal{H}_R$ 的一组基矢 $\{|i\rangle_R\}$, 以及在 $\mathcal{H}_S$ 下定义的单位矩阵 $\boldsymbol{I}_S$, 尝试通过矩阵形式的具体计算说明下

面表示的正确性：

$$\mathrm{tr}_R(T) = \sum_i (\boldsymbol{I}_S \otimes \langle i|_R) T (\boldsymbol{I}_S \otimes |i\rangle_R) \equiv \sum_i \langle i| T |i\rangle_R \tag{0.82}$$

习题 0.5 (密度矩阵)

（1）矩阵 $\boldsymbol{\rho}$ 被称为密度矩阵，当且仅当

$$\begin{cases} \mathrm{tr}(\boldsymbol{\rho}) = 1 \\ \boldsymbol{\rho} = \boldsymbol{\rho}^\dagger \\ \langle\phi| \boldsymbol{\rho} |\phi\rangle \geqslant 0, \quad \forall |\phi\rangle \end{cases} \tag{0.83}$$

试证明存在 $\boldsymbol{\rho}$ 的谱分解 $\boldsymbol{\rho} = \sum_i \lambda_i |i\rangle\langle i|$ 满足 $\sum_i \lambda_i = 1, \lambda_i = \lambda_i^*, \lambda_i \geqslant 0$。

（2）请讨论 $\mathrm{tr}(\rho^2) = 1$ 的充要条件。

习题 0.6 (p-范数的性质)　试证明 p-范数的次可乘性和单调性，即

$$\|\boldsymbol{AB}\|_p \leqslant \|\boldsymbol{A}\|_p \|\boldsymbol{B}\|_p \tag{0.84}$$

$$\|\boldsymbol{A}\|_1 \geqslant \|\boldsymbol{A}\|_p \geqslant \|\boldsymbol{A}\|_q \geqslant \|\boldsymbol{A}\|_\infty \tag{0.85}$$

其中，$\boldsymbol{A} \in \mathbb{C}^{n \times k}, \boldsymbol{B} \in \mathbb{C}^{k \times m}$，以及 $q \geqslant p \geqslant 1$。

习题 0.7 (迹范数的等距不变性, 相关讨论见附录 A.3 例 A.4)

（1）对于任意矩阵 $\boldsymbol{A}$，请证明 $\boldsymbol{A}^\dagger$ 和 $\boldsymbol{A}$ 有相同的奇异值。

（2）对于任意形状合适的矩阵 $\boldsymbol{A}$，$\boldsymbol{B}$，请证明 $\|AB^\dagger\|_1 = \mathrm{tr}(|(|A||B|)|)$。

习题 0.8 (矩阵乘积的奇异值, 相关讨论见附录 A.3 例 A.4)

设 $\boldsymbol{A}$ 和 $\boldsymbol{B}$ 是具有相同维度的半正定厄米矩阵，请证明：

$$\mathrm{tr}(AB) \leqslant \mathrm{tr}(AB) \leqslant \sum_i \alpha_i \beta_i \tag{0.86}$$

其中，α_i, β_i 分别为矩阵 $\boldsymbol{A}, \boldsymbol{B}$ 逆序排列的本征值。

习题 0.9 (香农熵的性质)

（1）考虑抛掷一枚无偏的硬币，并将朝上结果表示为一个二值的随机变量，这一变量的香农熵取值是多少？类似地，考虑抛掷一个重量均匀的骰子，将其朝上一面点数表示为一个随机变量，这一变量的香农熵取值是多少？

（2）考虑抛掷一枚重量不均匀的硬币，其中正面朝上的概率为 p，请计算此时抛掷硬币朝上结果对应的随机变量的香农熵取值，并画出这一取值随 p 变化的曲线。

（3）请证明，对任一随机变量，香农熵的取值总是非负的。

习题 **0.10** (Rényi 熵关于 α 的单调性)

（1）考虑一个一般的随机变量 X, 请证明, 对于 Rényi 熵 $H_\alpha(X)$, $\beta \geqslant \alpha \geqslant 0$, 有

$$H_\alpha(X) \geqslant H_\beta(X) \tag{0.87}$$

其中, $H_1(X)$ 在极限意义下, 认为是香农熵 $H(X)$。

（2）考虑一个一般的随机变量 X, 请证明,

$$H_2(X) \leqslant 2H_\infty(X) \tag{0.88}$$

第 1 章

量子系统的基本描述

在本章中，将讨论量子系统的基础——纯态、复合系统、投影测量、幺正演化。重点关注量子信息中最简单的系统——量子比特。一个量子比特可以用一个量子态来表示，它可以被算符作用，并可以通过测量读出。这些结果可以拓展到任意维度的量子系统上。还将介绍一些相关的概念：玻恩定律、密度矩阵、布洛赫球、泡利矩阵，并利用这些概念，讨论一些有趣的应用和量子世界的基本量子定理，包括量子态层析、不可克隆定理、不可删除定理、普适非门不存在定理等。

1.1 节 ~1.3 节主要是对一个量子系统的基本描述，包括 1.1 节介绍的对量子状态的刻画、1.2 节介绍的测量及 1.3 节介绍的封闭系统的演化。作为 1.1 节 ~1.3 节知识的直接应用，1.4 节和 1.5 节将分别介绍量子态层析术和量子系统中的信息守恒现象。这一章的内容是整个量子信息的基础。对于一个有志于从事量子信息科学研究的读者，这一章应该完全掌握。这里我们经常以量子比特系统作为例子，但是里面的结论对于一般情况通用。

1.1 量子纯态

1.1.1 量子态空间与态叠加原理

我们从希尔伯特空间开始讨论量子力学中的物理系统和操作的描述。在量子力学中，一个物理系统的状态由量子态（quantum state）描述。关于物理系统，我们给出量子力学的态公理。

公理 1.1 (量子态公理) 一个孤立物理系统的所有可能状态由一个希尔伯特空间所描述，称为系统的态空间（state space）。系统物理状态由一个单位长度的向量所完全刻画，该向量被称为态向量（state vector）。

在接下来的叙述中，直接称态向量为一个量子态，用一个狄拉克符号中的右矢 $|\psi\rangle$ 来表示。在量子力学中，对于一个由 $|\psi\rangle$ 描述的物理系统，当态向量整体乘以一个非零常数 c 时，得到的向量 $c|\psi\rangle$ 同样描述该系统。换句话说，量子态的全局相位不具有物理含义。所以，一种可能的物理状态对应希尔伯特空间中的一条射线（ray）。

给定两个量子态 $|\phi\rangle$，$|\psi\rangle$，可以通过线性叠加给出另一个可能的量子态，$a|\phi\rangle +$ $b|\psi\rangle$。这种性质被称作态叠加（state superposition）原理。在这一叠加态中，由 a, b 取值所决定的 $|\phi\rangle$，$|\psi\rangle$ 间的相对相位具有物理含义。例如，我们认为 $a|\phi\rangle + b|\psi\rangle$ 和 $e^{i\alpha}(a|\phi\rangle + b|\psi\rangle)$ 的物理状态相同，但与 $a|\phi\rangle + e^{i\alpha}b|\psi\rangle$ 的状态不同。

在一个线性空间里面，线性叠加是一个很基本的数学操作。这里需要指出的是，线性叠加操作具有非常深刻的物理含义，区分经典力学的所有量子特性都与量子态叠加相关。事实上，对于叠加态原理的理解是量子力学里面的一个难点。后面会慢慢展开讲述。

量子系统和量子态这两个概念我们在这里清晰化一下。一般将量子系统理解为一个"实物"，比如一个电子、一个光子甚至一个人，而量子态是实物的状态。不同的量子系统可以处在相同的状态上，一个量子系统也可以处在不同的量子态上。比如我们说一个人甲，她可以处在"高兴""愤怒"等状态。同样，另一个人乙也可以处在这些状态上。从这个角度来看，量子态更像是一种"虚的信息"——量子信息[①]。量子信息科学很多时候是脱离具体量子系统抽象地研究这些量子态。我们会在 1.1.5 节简单提及实际物理系统上的量子态。

1.1.2　量子比特

在经典信息论中，信息载体——比特（bit）——表示一个取值为 0 或 1 的随机变量。例如，一个电容器的状态可以离散表示为一个比特：当电容器处于高电平时，将其状态记为 1；处于低电平时，将其状态记为 0。在基于经典物理理论的信息论中，认为 0 和 1 两个状态是可以被准确无误地区分开来的。

在量子信息论中，量子比特（qubit）是比特概念的一种量子对应。类似地，一个量子比特描述了一个由 $|0\rangle$，$|1\rangle$ 表示的二能级量子系统的状态。与经典比特的区别在于，一个量子比特可以处在两个能级的叠加态上，由 $|0\rangle$，$|1\rangle$ 的线性组合所描述：

$$|\psi\rangle = a|0\rangle + b|1\rangle \tag{1.1}$$

其中，$a, b \in \mathbb{C}$，$|a|^2 + |b|^2 = 1$。对于所有具有这种叠加形式的量子态（包括 $|0\rangle$，$|1\rangle$），我们称其为纯态（pure state）。所有的量子比特纯态张成了二维希尔伯特空间 $\mathcal{H}_2$。在接下来的讨论中，将默认 $|0\rangle$ 和 $|1\rangle$ 是正交归一的，即 $\langle 0|0\rangle = \langle 1|1\rangle = 1$，$\langle 0|1\rangle = \langle 1|0\rangle = 0$。称它们构成了 $\mathcal{H}_2$ 的一组基。经典信息处理可以看作量子信息处理的一个特例，其所涉及的状态仅包括正交的两个基向量。由于态叠加原理，

---

① 这里我们似乎默认量子信息和量子系统是不同的存在。一个很深刻的问题是，这个世界除了量子信息，还有"实物"吗？想象一下，我们平时所接触的不同的实物本质上是能量的不同状态而已。等有一天物理学把所有基本粒子大统一了，是不是只剩下量子信息了？

不同的量子态之间一般不再相互正交，我们将逐渐看到，量子信息处理相比于经典信息处理的优势来源最终都可以归结为这种非正交的特性。

例 1.1 写出下面三个矩阵的本征态，并证明每个矩阵的本征态构成了二维希尔伯特空间的一组基矢。

$$\sigma_z = \begin{pmatrix} 1 & 0 \\ 0 & -1 \end{pmatrix}, \qquad \sigma_x = \begin{pmatrix} 0 & 1 \\ 1 & 0 \end{pmatrix}, \qquad \sigma_y = \begin{pmatrix} 0 & -i \\ i & 0 \end{pmatrix} \tag{1.2}$$

解 对于 σ_z，本征态为 $|0\rangle = \begin{pmatrix} 1 \\ 0 \end{pmatrix}$ 和 $|1\rangle = \begin{pmatrix} 0 \\ 1 \end{pmatrix}$，有 $\langle 0|0\rangle = \langle 1|1\rangle = 1$，$\langle 0|1\rangle = \langle 1|0\rangle = 0$ 因而构成一组基矢。

对于 σ_x，本征态为 $\frac{1}{\sqrt{2}} \begin{pmatrix} 1 \\ 1 \end{pmatrix} = \frac{1}{\sqrt{2}}(|0\rangle + |1\rangle) \equiv |+\rangle$ 和 $\frac{1}{\sqrt{2}} \begin{pmatrix} 1 \\ -1 \end{pmatrix} = \frac{1}{\sqrt{2}}(|0\rangle - |1\rangle) \equiv |-\rangle$，有 $\langle +|+\rangle = \langle -|-\rangle = 1$，$\langle +|-\rangle = \langle -|+\rangle = 0$ 因而构成一组基矢。

对于 σ_y，本征态为 $\frac{1}{\sqrt{2}} \begin{pmatrix} 1 \\ i \end{pmatrix} = \frac{1}{\sqrt{2}}(|0\rangle + i|1\rangle) \equiv |+i\rangle$ 和 $\frac{1}{\sqrt{2}} \begin{pmatrix} 1 \\ -i \end{pmatrix} = \frac{1}{\sqrt{2}}(|0\rangle - i|1\rangle) \equiv |-i\rangle$，有 $\langle +i|+i\rangle = \langle -i|-i\rangle = 1$，$\langle +i|-i\rangle = \langle -i|+i\rangle = 0$ 因而构成一组基矢。 □

后面我们会看到，这三个矩阵被称为泡利矩阵，它们的本征态构成的三组基矢是二维希尔伯特空间中最常用的三组基矢，分别将其记为 Z 基矢、X 基矢和 Y 基矢。

在量子态公理中，已经假设了量子态的模长为 1，这样做的合理性是怎样的？另外，对于处于态叠加状态的系统，相对相位的物理含义是什么？这两个问题的答案与量子力学中的测量公理或玻恩概率波解释规则（Born's rule）有关，将在 1.2 节介绍这一内容。在这里，首先介绍纯态量子比特系统测量基向量的情形。类似于在经典信息处理中，可以通过观测系统处于高低电平以确定比特取值，在量子信息处理中，也可以考虑这样的问题：对于式(1.1)所描述的量子比特，当对其处于 $|0\rangle, |1\rangle$ 中的哪一个状态进行观测时，观测结果将是怎样的？不同的是，在量子信息处理中，观测结果将是概率性的，概率由叠加系数模二次方决定：

$$\Pr = \begin{cases} |a|^2, & \text{状态 "0"} \\ |b|^2, & \text{状态 "1"} \end{cases} \tag{1.3}$$

前面对于量子态系数模长为 1 的要求，$|a|^2 + |b|^2 = 1$，便是对于概率的归一化要求。

基于玻恩规则的量子力学随机性解释是以玻尔为代表的哥本哈根学派的核心观点。从玻恩规则，可以看出量子态公理的合理性。但在上面的描述中，隐含了这样的假设：在量子力学中，虽然一般的物理状态由可以处于叠加态的量子态描述，但作为观测者，所能测量的物理量却是"经典的"。而且与经典物理理论不同，对于一个完全确定的量子系统，当我们对其进行观测时，观测后其所处物理状态受到测量影响，且测量结果可以是完全随机的。历史上，包括爱因斯坦在内的许多人对于这一结果并不接受。爱因斯坦曾经留下这样一句名言："上帝不掷骰子（The theory delivers much but it hardly brings us closer to the Old One's secret. In any event, I am convinced that He is not playing dice）。"而后面我们将会看到，量子态公理可以通过实验验证。在第 3 章会介绍可以裁决玻尔与爱因斯坦争论的方法——贝尔不等式。

正如在经典信息论中可以使用高维信息载体，在量子信息论中，也可以考虑高维量子比特。在 d 维的希尔伯特空间 $\mathcal{H}_d$ 中，一个纯的高维量子比特 $|\psi\rangle$ 可以被表示为

$$|\psi\rangle = \sum_{i=0}^{d-1} c_i |i\rangle \tag{1.4}$$

其中，$\{|i\rangle\}_{i\in[d]}$ 构成了一组互相正交的基矢 $\mathcal{H}_d$，$c_i \in \mathbb{C}$。与量子比特类似，当在基矢 $\{|i\rangle\}_{i\in[d]}$ 下测量时，得到结果 i 的概率为 $|c_i|^2/(\sum_i |c_i|^2)$。对于一个归一化的高维量子比特，有 $\sum_i |c_i|^2 = 1$。这一章中接下来要介绍的内容并不限于特定维度的系统。为方便起见，我们将重点围绕量子比特展开讨论，在涉及与维度相关的内容时会予以说明。

例 1.2 $\mathcal{H}_d$ 中的一个纯态有多少个自由实参数？

解 从式 (1.4)中可以看到，复系数 c_i 共有 d 项。由于全局相位在量子力学中并不重要，我们总可以取一个非零的 c_i，并将 $|\psi\rangle$ 除以它，而不改变所表示的量子状态。也就是说，我们总是可以假设其中一个系数 c_i 是 1。因此，剩余的自由实参数的数量为 $2d - 2$。 $\square$

1.1.3 复合系统

我们已经初步讨论了一个孤立系统的描述，但在实际中，经常会遇到多个物理系统。比如有两个通过光纤和设备管道相连的物理实验室，几个实验者各自处在其中一个实验室中，合作进行物理实验。对于这个合作完成的实验而言，可以将两个实验室整体看作一个复合在一起的更大的实验室。此外，对于一个复杂的物理系统，比如我们所处的太阳系，为了天文探测和研究的方便，我们也会经常将其人为地划分成若干小系统——八大行星。我们称这样由多个部分构成的整体系统为复合系统。通常，将这些整体系统中的组成部分称为子系统（subsystem）。

现在，假设有一个系统由两部分组成，分别记为子系统 A 和子系统 B。对于

这一复合系统，应该如何描述呢？这由量子力学的复合系统公理所给出。

公理 1.2 (量子复合系统空间)　设两个子系统所对应的希尔伯特空间分别为 $\mathcal{H}_A$ 和 $\mathcal{H}_B$，整体系统的希尔伯特空间为 $\mathcal{H}_A \otimes \mathcal{H}_B$。同时，假设两个子系统分别处在量子态 $|\psi\rangle_A$ 和 $|\phi\rangle_B$。那么，整体系统处在量子态 $|\psi\rangle_A \otimes |\phi\rangle_B$。

这里的 $\otimes$ 是张量积（tensor product）运算，不熟悉的读者可以阅读 0.3 节中的相关定义。需要注意的是，子系统 $\mathcal{H}_A$ 和 $\mathcal{H}_B$ 的维度可以不相同，同时它们本身也可以视作一个系统，拥有各自的基矢。复合系统公理表明，对于两个相互"独立"的态 $|\psi\rangle_A$ 和 $|\phi\rangle_B$，整体的态可以简单地用二者的张量积 $|\psi\rangle \otimes |\phi\rangle$ 来表示，大多数时候，会把这个态简写为 $|\psi\rangle |\phi\rangle$ 或者 $|\psi\phi\rangle$。

现在考虑一个简单的情形：两个子系统都是二维的。那么，复合系统可以看作一个四维量子系统。如果对子系统分别独立地选取一组基并记作 $\{|0\rangle, |1\rangle\}$，那么对于复合系统，可以用 $\{|00\rangle, |01\rangle, |10\rangle, |11\rangle\}$ 作为一组正交归一基。这里，省略了子系统的下标。利用线性叠加原理，可以构造出这个四维空间中的纯量子态。比如，可以构造下面的一组量子态：

$$\begin{cases} |\Phi^+\rangle = \dfrac{1}{\sqrt{2}}(|00\rangle + |11\rangle) \\[2mm] |\Phi^-\rangle = \dfrac{1}{\sqrt{2}}(|00\rangle - |11\rangle) \\[2mm] |\Psi^+\rangle = \dfrac{1}{\sqrt{2}}(|01\rangle + |10\rangle) \\[2mm] |\Psi^-\rangle = \dfrac{1}{\sqrt{2}}(|01\rangle - |10\rangle) \end{cases} \tag{1.5}$$

由于历史的原因，我们称这四个量子态为贝尔态（Bell state），并将在接下来的章节进一步讨论它们的性质。

思考题 1.1　贝尔态能否写成 $|\psi\rangle_A \otimes |\phi\rangle_B$ 的形式？

1.1.4　量子态的密度矩阵表示

量子态的另一种表示方式是密度矩阵（density matrix）。对于 $|\psi\rangle = a|0\rangle + b|1\rangle$，其对应的密度矩阵算符表示为

$$\begin{aligned} \boldsymbol{\rho} &= |\psi\rangle\langle\psi| \\ &= (a|0\rangle + b|1\rangle)(a^* \langle 0| + b^* \langle 1|) \\ &= |a|^2 |0\rangle\langle 0| + |b|^2 |1\rangle\langle 1| + ab^* |0\rangle\langle 1| + a^* b |1\rangle\langle 0| \\ &= \begin{pmatrix} |a|^2 & ab^* \\ a^* b & |b|^2 \end{pmatrix} \end{aligned} \tag{1.6}$$

对于一个纯态，其对应的密度矩阵具有下面的性质。

方框 1：纯态密度矩阵的性质

1. 自伴性，即厄米矩阵（Hermitian）：$\boldsymbol{\rho}^\dagger = \boldsymbol{\rho}$；
2. 归一化：$\mathrm{tr}(\boldsymbol{\rho}) = 1$；
3. 半正定性：$\boldsymbol{\rho} \geqslant 0$，即 $\forall |\phi\rangle \in \mathcal{H}_d, \langle\phi|\boldsymbol{\rho}|\phi\rangle \geqslant 0$；
4. 纯性：$\mathrm{tr}(\boldsymbol{\rho}^2) = 1$。

例 1.3   满足方框 1 中性质的矩阵一定可以写成如下形式：

$$\boldsymbol{\rho} = |\psi\rangle\langle\psi| \tag{1.7}$$

解   由于 $\boldsymbol{\rho}$ 是一个厄米矩阵，可以找到一个酉矩阵 $\boldsymbol{U}$ 将其对角化：

$$\boldsymbol{U}\boldsymbol{\rho}\boldsymbol{U}^\dagger = \begin{pmatrix} \lambda_0 & & & \\ & \lambda_1 & & \\ & & \lambda_2 & \\ & & & \ddots \end{pmatrix} \tag{1.8}$$

由性质 2～性质 4 知道，$\sum_i \lambda_i = 1$，$\lambda_i \geqslant 0$，$\sum_i \lambda_i^2 = 1$。于是我们知道只有一个本征值 $\lambda_k = 1$，其余均为 0。记 $|\psi\rangle = \boldsymbol{U}|\lambda_k\rangle$，有 $\boldsymbol{\rho} = |\psi\rangle\langle\psi|$。   □

思考题 1.2   当考虑式 (1.6) 对应的量子态的测量问题时，由玻恩规则知，测量结果的概率只由密度矩阵的对角项决定。这是否说明密度矩阵的非对角项是可有可无的？为什么？

1.1.5　实际物理系统

有很多方法可以将量子比特"编码"到实际系统中：电子自旋方向、一个原子或者离子的双能级、光子的路径或者偏振等。物理上，一个自旋 $\frac{1}{2}$ 的系统[①]可以被看作一个简单的量子比特系统。量子比特的许多性质都是由自旋 $\frac{1}{2}$ 系统派生出来的。从历史上看，量子比特的大部分性质是在自旋 $\frac{1}{2}$ 系统中被证明的。

在量子光学中，单个光子的偏振可以用一个量子比特来很好地描述。注意，这并不是一个平凡的结论。光子自旋为 1，但是由于其没有静止质量，完全对称的维度 $s_z = 0$ 被禁止了，换句话说，只允许有两个 Z 方向取值 $s_z = \pm 1$，对应光

---

① 自旋是基本粒子的内禀性质之一，对于电子来说，自旋等于 $\frac{1}{2}$。

子偏振方向。这样，可以将单个光子视为一个二维量子系统，等价于一个自旋 $\frac{1}{2}$ 的电子系统。

沿不同轴的偏振刚好构成了不同的基矢。光子的偏振：水平和竖直偏振分别用 $|H\rangle$ 和 $|V\rangle$ 表示；对角偏振则由 $|+45°\rangle$ 和 $|-45°\rangle$ 表示或者表示为 $|+\rangle$ 和 $|-\rangle$；圆偏振由 $|R\rangle$ 和 $|L\rangle$ 表示。如果令 $|H\rangle = |0\rangle$，$|V\rangle = |1\rangle$，那么

$$\begin{cases} |R\rangle = \dfrac{1}{\sqrt{2}} \begin{pmatrix} 1 \\ i \end{pmatrix} \\[3mm] |L\rangle = \dfrac{1}{\sqrt{2}} \begin{pmatrix} i \\ 1 \end{pmatrix} \end{cases} \tag{1.9}$$

这三种偏振态正好对应三组相互正交的基矢。

对于量子信息来说，这些具体的物理系统都是信息的载体。本书的重点在于量子信息本身，并不会深入探讨这些物理系统的性质。

1.2 测量

如果我们观测或者说测量实验室中制备的一个量子态，会获得怎样的测量结果？同时，它们与测量前的系统有什么关系？对于这一问题，量子力学的解释由测量公理给出。到目前为止，所有的实验结果都与该公理相一致。后面小节中，将详细说明可观测量和测量的具体含义和数学描述。

公理 1.3 (测量公理) 测量是观测者对一个物理系统所处状态获取信息的过程。在量子力学中，对系统的可观测量 A 进行测量的结果是将物理系统制备到 A 的一个本征态上，同时，观测者将获取相应的本征值信息。取得某本征值的概率由其对应的本征态与待测系统量子态内积给出。

1.2.1 可观测量

在量子力学中，可观测量，例如系统的位置、动量、能量，由希尔伯特空间中的厄米算符表示。这是我们在原则上对于物理系统所能观测的最一般的性质。同时，测量公理也隐含了如下的含义：所有的物理量都可以由厄米算符表示。数学上，厄米算符是具有如下性质的算符。

（1）线性算符：对于希尔伯特空间 $\mathcal{H}$ 中的向量 $|\psi\rangle$，线性算符 A 将其线性映射到 $\mathcal{H}$ 中的另一个向量，满足 $\forall a, b, \in \mathbb{C}$，

$$\begin{cases} A : |\psi\rangle \mapsto A|\psi\rangle \\ A(a|\phi\rangle + b|\psi\rangle) = aA|\phi\rangle + bA|\psi\rangle \end{cases} \tag{1.10}$$

（2）自反性，即厄米性：对于线性算符，其伴随算符 $A^\dagger$ 由下式定义，$\forall |\psi\rangle$，$|\phi\rangle \in \mathcal{H}$，

$$\langle \psi | A\phi \rangle = \langle A^\dagger \psi | \phi \rangle \tag{1.11}$$

当且仅当 $A = A^\dagger$，即 $\langle \psi | A | \phi \rangle = \langle \psi | A^\dagger | \phi \rangle = \langle \phi | A | \psi \rangle^*$ 对于任意向量 $|\psi\rangle$，$|\phi\rangle$ 都成立时，线性算符 A 被称为厄米算符。

厄米算符可以用相应希尔伯特空间上的厄米矩阵来表示。这里给出一些伴随矩阵和厄米矩阵的数学性质，在接下来的章节中将会有帮助。

- 如果 A 和 B 都是厄米矩阵，那么 $A+B$ 也是厄米矩阵，因为 $(A+B)^\dagger = A^\dagger + B^\dagger$。此外，$AB + BA$ 和 $i(AB - BA)$ 也是厄米矩阵。
- $(AB)^\dagger = B^\dagger A^\dagger$，因此如果 A 和 B 都是厄米矩阵且相互对易（commuting），即 $AB = BA$，那么 AB 是厄米矩阵。
- 厄米矩阵是正规矩阵（normal matrix），因此可以做谱分解（spectral decomposition）。

对于二维量子系统，一类特殊的可观测量可以用泡利矩阵（Pauli matrices）来表示，它们是一组 2×2 维复矩阵：

$$\sigma_x = \begin{pmatrix} 0 & 1 \\ 1 & 0 \end{pmatrix}, \qquad \sigma_y = \begin{pmatrix} 0 & -i \\ i & 0 \end{pmatrix}, \qquad \sigma_z = \begin{pmatrix} 1 & 0 \\ 0 & -1 \end{pmatrix} \tag{1.12}$$

文献中，三个泡利矩阵有时也被记作 $\{\sigma_1, \sigma_2, \sigma_3\}$ 或者 $\{X, Y, Z\}$。容易看出，每个泡利矩阵都等于自身的伴随矩阵，因此它们是厄米矩阵。此外，它们的迹均为 0。泡利矩阵之间都是反对易的，$\forall i \neq j \in \{x, y, z\}$，

$$\sigma_i \sigma_j = -\sigma_j \sigma_i \tag{1.13}$$

另外，它们有如下关系：

$$\sigma_y = i\sigma_x \sigma_z \tag{1.14}$$

通过计算很容易验证，泡利矩阵也都是幺正的。

历史上，泡利矩阵的形式选取具有明确的物理含义。泡利矩阵与李群（Lie group，一种具有良好微分形式的拓扑群）和李代数（Lie algebra）有着密切的联系，特别是一些常见的群，比如 $SU(2)$ 和 $SO(3)$。对于这一部分感兴趣的读者可以参考文献 [3] 的第 4 章。

对于复合系统，如果只对一个子系统进行观测，那么对于整个系统而言，应该如何描述这一可观测量呢？比如由两个子系统 A 和 B 构成的复合系统，仅对 A 系统观测物理量 σ_x。那么，对于复合系统而言，可以用 $\sigma_x \otimes I$ 来描述这一观测量。

思考题 1.3 对于这一两体复合系统，验证 $\sigma_x \otimes \sigma_x$ 也是一个可观测量。如果对这个观测量进行测量，它的物理含义是什么？

1.2.2 投影测量

从谱分解定理，我们知道厄米矩阵的本征向量构成相应希尔伯特空间的完备基。考虑一个可观测量对应的厄米矩阵 A，对其进行谱分解：

$$A = \sum_i \lambda_i |i\rangle\langle i| \tag{1.15}$$

其中，$\{|i\rangle\}$ 是 A 的本征向量谱，满足特征方程 $A|i\rangle = \lambda_i |i\rangle$。注意，这里可能包含零本征值对应的本征向量。先来考虑一个自然而简单的情形是分解不含简并，即矩阵不同的本征态对应于不同的本征值。对这样的厄米矩阵进行的测量被称作冯·诺依曼测量（von Neumann measurement）。由于 A 的本征态同时给出了其所作用的希尔伯特空间的一组正交归一基矢，因此，对于待测量的物理系统，可以用这组正交归一基矢进行展开：

$$|\psi\rangle = \sum_i c_i |i\rangle \tag{1.16}$$

对这一量子态测量 A，得到结果 λ_i 的概率为

$$p(\lambda_i) = |\langle\psi|i\rangle|^2 = |c_i|^2 \tag{1.17}$$

可以看出，冯·诺依曼测量得到结果 λ_i 的含义是提取出 $|\psi\rangle$ 在相应基矢 $|i\rangle$ 上的叠加系数，也可以说是将 $|\psi\rangle$ 向 $|i\rangle$ 这一向量方向上进行投影。

一般来讲，一个厄米矩阵的本征态可能出现简并情况，即在式(1.15)里，对于不同的 i, j，$\lambda_i = \lambda_j$。对于简并于相同本征值的本征态，它们的线性组合依然满足相同本征值的特征方程，因此，谱分解不唯一。对这样的厄米矩阵进行测量，结果是怎样的？我们可以这样理解：考虑 A 的一个特定分解，以及在这一分解下与 A 具有相同本征态的另一个厄米矩阵 A'，但 A' 的本征值 $\{\lambda_i'\}$ 与 A 有些区别，使得 A' 的谱分解不含简并。我们首先对量子态进行了 A' 所对应的冯·诺依曼测量，随后再对测量结果 λ_i' 重新标记为 A 在相应本征态 $|i\rangle$ 上对应的本征值 λ_i。换句话说，对含有本征值简并的 A 进行测量的结果，可以看作对一冯·诺依曼测量结果进行了"粗粒化"（coarse grain），将一些测量结果进行了合并和重新标记。这里，需要注意的是，尽管测量结果是相同的，但这两种实现并不总是等价，A' 测量及后续的粗粒化处理会破坏简并子空间除了本征值外的一些信息，而 A 测量不会如此。

上面的这种测量被称作投影测量（projection-valued measure, PVM），是冯·诺依曼测量的一种推广。后面将会看到，这种测量过程涵盖了大多数我们要考虑的问题。为了从数学上理解投影测量，我们从另一个角度来看可观测量 A 的谱

分解。考虑 A 所有不同的本征值 λ_i,对于简并于 λ_i 这一本征值的所有本征向量 $|i_n\rangle$,记 $E_i = \sum\limits_n |i_n\rangle\langle i_n|$,则

$$A = \sum_i \lambda_i E_i \tag{1.18}$$

容易看出,$\forall i, j$,

$$\begin{cases} E_i E_j = \delta_{ij} E_i \\ \sum\limits_i E_i = I \end{cases} \tag{1.19}$$

我们称满足这些性质的算符 E_i 为投影算符（projective operator）,其本征值为 0 或者 1。投影算符所对应的测量也就是投影测量。由于上述谱分解中不同本征值对应的投影算符之间相互正交,因此投影测量也被称作一种正交测量。冯·诺依曼测量是 E_i 秩为 1 的特殊情形。

由测量公理可以推出,当对一个系统进行投影算符 E_i 所对应的投影测量时,可以得到下面这些结果:

（1）如果测量前的量子态处于 $|\psi\rangle$,那么测量得到结果 λ_i 的概率为

$$p(\lambda_i) = \|E_i |\psi\rangle\|^2 = \langle\psi| E_i |\psi\rangle \tag{1.20}$$

物理上,这相当于将量子态 $|\psi\rangle$ 投影到 E_i 这一子空间上,这也是投影测量名称的来源。

（2）如果测量得到结果 λ_i,测量后的系统将演化为下面的归一化量子态:

$$\frac{E_i |\psi\rangle}{\|E_i |\psi\rangle\|} \tag{1.21}$$

（3）如果一次测量后同样的测量又立刻重复了一次,那么根据测量公理（在这里即玻恩规则）,第二次测量结果和第一次相同,即如果第一次测量得到 λ_i,第二次将以 1 的概率再次得到该结果。

（4）投影测量有很多良好的性质。特别地,测量结果的期望值是容易计算的。如果对很多份完全相同且独立的系统 $|\psi\rangle$ 分别进行对可观测量 A 的测量,那么测量结果的平均值将趋近于

$$\langle A \rangle \equiv \sum_i \lambda_i p(\lambda_i) = \sum_i \lambda_i \langle\psi| E_i |\psi\rangle = \langle\psi| A |\psi\rangle \tag{1.22}$$

如果用密度矩阵的表示方法,

$$\langle A \rangle = \mathrm{tr}(\rho A) \tag{1.23}$$

例 1.4 写出泡利矩阵测量对应的投影算符。

解 首先，注意到 σ_z 的本征态为 $|0\rangle$ 和 $|1\rangle$，所以对应的投影算符为 $\{|0\rangle\langle 0|, |1\rangle\langle 1|\}$。记 σ_x 的本征态为

$$|\pm\rangle = \frac{1}{\sqrt{2}}(|0\rangle \pm |1\rangle) \tag{1.24}$$

则对应的投影算符为 $\{|+\rangle\langle +|, |-\rangle\langle -|\}$。记 σ_y 的本征态为

$$|\pm i\rangle = \frac{1}{\sqrt{2}}(|0\rangle \pm i|1\rangle) \tag{1.25}$$

则对应的投影算符为 $\{|+i\rangle\langle +i|, |-i\rangle\langle -i|\}$。 □

1.3 幺正变换

当我们对物理系统进行观测时，实际上是我们与物理系统之间发生了相互作用，或者某种关联。而如果一个物理系统没有与外部进行相互作用，其自身状态也可以发生改变。在量子力学中，封闭系统的状态变化由下面的量子演化公理描述。

公理 1.4（量子演化） 在量子力学中，量子态随时间的演化是由薛定谔方程决定的：

$$i\hbar\frac{\partial \Psi}{\partial t} = \hat{H}\Psi \tag{1.26}$$

其中，Ψ 是波函数，$\hat{H}$ 是哈密顿量（Hamiltonian）。

1.3.1 量子演化的数学表示

薛定谔方程描述了量子演化的微分性质。在凝聚态物理、高能物理、量子原子学等领域，这一方程在研究中至关重要。不过在量子信息中，经常考虑的是离散的问题，即我们关心一个系统在经过一段时间后变成了怎样的量子态。考虑量子态从 $t = 0$ 演化到 t，当哈密顿量不随时间变化时，有

$$\Psi(t) = e^{-\frac{i}{\hbar}\hat{H}t}\Psi(t = 0) \tag{1.27}$$

这里，我们不会讨论薛定谔方程的细节问题。唯一需要明确的是，这里我们假设 $\hat{H}$ 是一个厄米算符，对应我们研究的系统是一个封闭系统，如果 $\hat{H}$ 不是厄米算符，对应了开放系统，需要用后面在 2.4.2 节中介绍的方法来研究。在本书中，演化 = 操作 = 变换。如果想设计在特定系统中，例如在超导量子系统或离子阱系统中，量子操作的实现，那么薛定谔方程将是我们的重要参考。

现在将 $\mathrm{e}^{-\frac{\mathrm{i}}{\hbar}\hat{H}t}$ 记作一个新的算符 U。按照定义，我们发现

$$\begin{cases} UU^{\dagger} = \mathrm{e}^{-\frac{\mathrm{i}}{\hbar}\hat{H}t}\mathrm{e}^{\frac{\mathrm{i}}{\hbar}\hat{H}t} = \boldsymbol{I} \\ U^{\dagger}U = \mathrm{e}^{\frac{\mathrm{i}}{\hbar}\hat{H}t}\mathrm{e}^{-\frac{\mathrm{i}}{\hbar}\hat{H}t} = \boldsymbol{I} \end{cases} \tag{1.28}$$

数学上，称具有这种性质的算符为幺正算符（unitary operator），其相应的矩阵表示为幺正矩阵。在量子计算中，这一算符的作用也被称作门（gate）。封闭量子系统的演化也被称作是幺正的。对于一个纯态 $|\psi\rangle$，幺正演化可以表示为

$$U : |\psi\rangle \mapsto U|\psi\rangle \tag{1.29}$$

如果用密度矩阵来表示量子态，则幺正演化可以表示为 $\rho \mapsto U\rho U^{\dagger}$。

对于复合系统而言，如果有多个幺正矩阵独立地作用在每个子系统上，那么对于整个系统，作用效果是这些矩阵的张量积。例如，考虑一个两体量子系统，其由两个子系统 A 和 B 构成。幺正矩阵 $\boldsymbol{U}$ 作用在子系统 A 上，$\boldsymbol{V}$ 作用在子系统 B 上，那么对于整个系统，量子演化可以由 $\boldsymbol{U} \otimes \boldsymbol{V}$ 描述。

1.3.2 典型幺正矩阵

现在介绍一些常用的幺正矩阵。这些矩阵将在后面的章节频繁出现，因此，熟悉它们的表示和性质将对后续的学习非常有帮助。

首先，从简单的量子比特系统出发。前面所引入的泡利矩阵不仅是厄米的，同时还是幺正的。不难验证，

$$\begin{cases} \sigma_x\sigma_x^{\dagger} = \sigma_x^{\dagger}\sigma_x = \sigma_x^2 = \begin{pmatrix} 0 & 1 \\ 1 & 0 \end{pmatrix}\begin{pmatrix} 0 & 1 \\ 1 & 0 \end{pmatrix} = \begin{pmatrix} 1 & 0 \\ 0 & 1 \end{pmatrix} = \boldsymbol{I} \\[3mm] \sigma_y\sigma_y^{\dagger} = \sigma_y^{\dagger}\sigma_y = \sigma_y^2 = \begin{pmatrix} 0 & -\mathrm{i} \\ \mathrm{i} & 0 \end{pmatrix}\begin{pmatrix} 0 & -\mathrm{i} \\ \mathrm{i} & 0 \end{pmatrix} = \begin{pmatrix} 1 & 0 \\ 0 & 1 \end{pmatrix} = \boldsymbol{I} \\[3mm] \sigma_z\sigma_z^{\dagger} = \sigma_z^{\dagger}\sigma_z = \sigma_z^2 = \begin{pmatrix} 1 & 0 \\ 0 & -1 \end{pmatrix}\begin{pmatrix} 1 & 0 \\ 0 & -1 \end{pmatrix} = \begin{pmatrix} 1 & 0 \\ 0 & 1 \end{pmatrix} = \boldsymbol{I} \end{cases} \tag{1.30}$$

所以，泡利矩阵不仅可以作为可观测量出现，也可以作为幺正变换出现。当然，变换和测量的物理含义并不相同。泡利操作 σ_x 有时候也被称为比特翻转操作，因为

$$\begin{cases} \sigma_x|0\rangle = |1\rangle \\ \sigma_x|1\rangle = |0\rangle \end{cases} \tag{1.31}$$

泡利操作 σ_z 有时候也被称为相位翻转操作，因为

$$\begin{cases} \sigma_z |0\rangle = |0\rangle \\ \sigma_z |1\rangle = -|1\rangle \end{cases} \tag{1.32}$$

Hadamard 变换是一种被广泛使用的单量子比特幺正运算[①]，其矩阵形式如下：

$$\boldsymbol{H} = \frac{1}{\sqrt{2}} \begin{pmatrix} 1 & 1 \\ 1 & -1 \end{pmatrix} = \frac{1}{\sqrt{2}}(\sigma_x + \sigma_z) \tag{1.33}$$

由于

$$\boldsymbol{H}\sigma_x\boldsymbol{H}^\dagger = \frac{1}{2} \begin{pmatrix} 1 & 1 \\ 1 & -1 \end{pmatrix} \begin{pmatrix} 0 & 1 \\ 1 & 0 \end{pmatrix} \begin{pmatrix} 1 & 1 \\ 1 & -1 \end{pmatrix} = \begin{pmatrix} 1 & 0 \\ 0 & -1 \end{pmatrix} = \sigma_z \tag{1.34}$$

所以这个操作实现了量子态在 X 和 Z 基之间的旋转。

不难看出，Hadamard 门既是厄米的又是幺正的。当然也存在一些非厄米的幺正门，例如 $\pi/2$ 相位门 (S) 和 $\pi/4$ 相位门 (T)，

$$S = \begin{pmatrix} 1 & 0 \\ 0 & \mathrm{i} \end{pmatrix}, \quad T = \begin{pmatrix} 1 & 0 \\ 0 & \mathrm{e}^{\pi\mathrm{i}/4} \end{pmatrix} \tag{1.35}$$

在量子线路中，一个单比特量子门可以像图 1.1 那样表示。

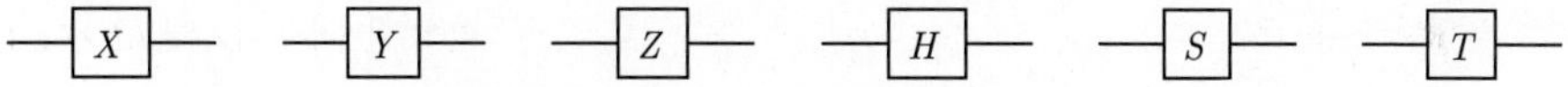

图 1.1　一些典型的量子比特门，分别是 σ_x, σ_y, σ_z, H, S 和 T

还有一个在两体量子比特系统中十分常见的操作——受控非门（controlled-NOT gate, CNOT），或者说受控 X 门（controlled-X gate）。由于 CNOT 作用在两个量子比特上，所以它是一个四维的幺正算子，在计算基矢上，CNOT 可以表示为

$$\mathrm{CNOT} = \begin{pmatrix} 1 & 0 & 0 & 0 \\ 0 & 1 & 0 & 0 \\ 0 & 0 & 0 & 1 \\ 0 & 0 & 1 & 0 \end{pmatrix} \tag{1.36}$$

对于 CNOT，一个更有趣也更具物理操作含义的理解方式是将其看作对两个二维量子系统的联合作用。如在 1.1.3 节讨论的那样，当这个四维量子系统是由两个子

---

① 尽管我们都使用字母 H 来表示，但这里与物理系统的哈密顿函数 $\hat{H}$ 或希尔伯特空间的 $\mathcal{H}$ 无关，请注意区分。

系统构成时，如果我们选取计算基矢是由两个子系统各自的计算基矢构成，那么，CNOT 可以表示为

$$\text{CNOT} = |0\rangle\langle 0| \otimes \boldsymbol{I} + |1\rangle\langle 1| \otimes \sigma_x \tag{1.37}$$

这可以这样来理解：当第一个量子比特处于量子态 $|0\rangle$ 时，第二个量子比特保持不变；当第一个量子比特处于量子态 $|1\rangle$ 时，对第二个量子比特作用 σ_x 操作。也就是说，第一个量子比特起到了"控制"第二个量子比特的作用。这也是受控非门这一名称的来源。

类似地，也可以定义受控相位门（controlled-phase gate）或者说受控 Z 门（controlled-Z gate，简记为 CZ 门）：

$$\text{CZ} = \begin{pmatrix} 1 & 0 & 0 & 0 \\ 0 & 1 & 0 & 0 \\ 0 & 0 & 1 & 0 \\ 0 & 0 & 0 & -1 \end{pmatrix} = |0\rangle\langle 0| \otimes \boldsymbol{I} + |1\rangle\langle 1| \otimes \sigma_z \tag{1.38}$$

如果控制比特是 $|0\rangle$，第二个量子比特保持不变。否则，如果控制比特是 $|1\rangle$，这个算符会在第二个比特上作用相位翻转操作，即 σ_z。

在量子线路中，一个两体量子比特门可以用图 1.2 中的形式来表示。

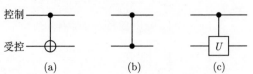

图 1.2　一些典型的两体量子比特门：（a）CNOT; (b) CZ; （c）一般的受控幺正门
（control-U gate）

思考题 1.4　看上去似乎上述两种受控幺正门，CNOT 和 CZ，对控制比特没有进行任何操作。这是否意味着这些算符对于控制比特没有任何影响？

1.3.3　高维幺正变换

在 $\mathcal{H}_d$ 下的幺正算符被定义为满足 $UU^\dagger = U^\dagger U = I_d$ 的线性算符 $U \in \mathcal{L}(\mathcal{H}_d)$，其中 I_d 是 $\mathcal{H}_d$ 上的单位算符。在这一含义下，可以将量子比特系统中的 σ_x, σ_z, H 推广到高维量子比特系统。对于正交基矢 $\{|i\rangle\}_{i\in[d]}$，推广后的 $\sigma_x(x)$ 可以被定义为

$$\sigma_x(x)|j\rangle = |x \oplus j\rangle \tag{1.39}$$

其中，$x \oplus j \equiv x + j \mod d$。推广后的 $\sigma_z(z)$ 可以被定义为

$$\sigma_z(z)|j\rangle = \mathrm{e}^{2\pi \mathrm{i} z j / d}|j\rangle \tag{1.40}$$

为了防止混淆，将虚数单位表示为罗马体 i。在这一小节中，采用如下标记：

$$\begin{cases} X = \sigma_x(1) \\ Z = \sigma_z(1) \end{cases} \tag{1.41}$$

那么，不难看出

$$\begin{cases} \sigma_x(x) = X^x \\ \sigma_z(z) = Z^z \end{cases} \tag{1.42}$$

其中，$x, z \in [d]$。算符 $\{X^x Z^z\}_{x,z \in [d]}$ 被称为 Heisenberg-Weyl 算符，有时也被直接称作 Weyl 算符。

现在，让我们看一下 Weyl 算子的本征态和本征值。为简单起见，将使用狄拉克符号来表示它们的表示矩阵。首先，可以写出 X 和 Z 对应的算符：

$$\begin{cases} X = \sum_{j=0}^{d-1} |j \oplus 1\rangle\langle j| \\ Z = \sum_{j=0}^{d-1} e^{2\pi i j/d} |j\rangle\langle j| \end{cases} \tag{1.43}$$

类似地，从式(1.39)和式(1.40)不难得出，X^x, Z^z 的矩阵形式如下所示：

$$\begin{cases} X^x = \sum_{j=0}^{d-1} |j \oplus x\rangle\langle j| \\ Z^z = \sum_{j=0}^{d-1} e^{2\pi i z j/d} |j\rangle\langle j| \end{cases} \tag{1.44}$$

显然，这些算子并不是厄米的，但它们是幺正的。

Z 和 Z^z 的本征态和本征值非常直接就可以写出来：

$$\begin{cases} Z |j\rangle = e^{2\pi i j/d} |j\rangle \\ Z^z |j\rangle = e^{2\pi i j z/d} |j\rangle \end{cases} \tag{1.45}$$

也就是说，Z 的本征态组成了计算基矢。当 z 和 d 有一个素数公因子时，Z^z 的本征态是简并的。

X 的本征态有点复杂，这里用 $\{|\tilde{j}\rangle\}_{j \in [d]}$ 表示。获取 $|\tilde{j}\rangle$ 具体表达式的标准方法是在基 $\{|j\rangle\}_{j \in [d]}$ 中写下 X 的矩阵元素，并对角化为 $X = U \Lambda U^\dagger$，其中 U

是幺正的，Λ 是对角的。那么，$XU = U\Lambda$ 意味着 U 的所有列都是 X 的本征态。我们把这个标准计算过程留作习题 1.9。

在这里，我们就像以前的物理学家一样，根据量子比特的结果大胆猜测 $\{|\tilde{j}\rangle\}_{j\in[d]}$ 的表达式，然后对其进行验证。我们猜测 X 的本征态，或者说 $\{|\tilde{j}\rangle\}_{j\in[d]}$ 为

$$|\tilde{j}\rangle = \frac{1}{\sqrt{d}}\sum_{k=0}^{d-1}\mathrm{e}^{2\pi\mathrm{i}jk/d}|k\rangle \tag{1.46}$$

因为对于任意 $j \in [d]$，

$$
\begin{aligned}
X|\tilde{j}\rangle &= \frac{1}{\sqrt{d}}\sum_{k=0}^{d-1}\mathrm{e}^{2\pi\mathrm{i}jk/d}X|k\rangle \\
&= \frac{1}{\sqrt{d}}\sum_{k=0}^{d-1}\mathrm{e}^{2\pi\mathrm{i}jk/d}|k\oplus 1\rangle \\
&= \frac{1}{\sqrt{d}}\sum_{k=0}^{d-1}\mathrm{e}^{2\pi\mathrm{i}j(k-1)/d}|k\rangle \\
&= \mathrm{e}^{-2\pi\mathrm{i}j/d}\frac{1}{\sqrt{d}}\sum_{k=0}^{d-1}\mathrm{e}^{2\pi\mathrm{i}jk/d}|k\rangle \\
&= \mathrm{e}^{-2\pi\mathrm{i}j/d}|\tilde{j}\rangle
\end{aligned}
\tag{1.47}
$$

在第三个等于号我们用了 $\mathrm{e}^{2\pi\mathrm{i}j(d-1)/d} = \mathrm{e}^{-2\pi\mathrm{i}j/d}$ 这一结论。类似地，可以证明 $|\tilde{j}\rangle$ 是 X^x 对应本征值 $\mathrm{e}^{-2\pi\mathrm{i}jx/d}$ 的本征态。综上，

$$
\begin{cases}
X|\tilde{j}\rangle = \mathrm{e}^{-2\pi\mathrm{i}j/d}|\tilde{j}\rangle \\
X^x|\tilde{j}\rangle = \mathrm{e}^{-2\pi\mathrm{i}jx/d}|\tilde{j}\rangle
\end{cases}
\tag{1.48}
$$

有趣的是，我们可以计算

$$
\begin{aligned}
Z|\tilde{j}\rangle &= \frac{1}{\sqrt{d}}\sum_{k=0}^{d-1}\mathrm{e}^{2\pi\mathrm{i}jk/d}Z|k\rangle \\
&= \frac{1}{\sqrt{d}}\sum_{k=0}^{d-1}\mathrm{e}^{2\pi\mathrm{i}jk/d}\mathrm{e}^{2\pi\mathrm{i}k/d}|k\rangle \\
&= \frac{1}{\sqrt{d}}\sum_{k=0}^{d-1}\mathrm{e}^{2\pi\mathrm{i}(j+1)k/d}|k\rangle \\
&= |\widetilde{j+1}\rangle
\end{aligned}
\tag{1.49}
$$

从而得出：

$$Z = \sum_{j=0}^{d-1} \left| \widetilde{j \oplus 1} \right\rangle\!\left\langle \tilde{j} \right| \tag{1.50}$$

这与式 (1.43)的形式十分相似。

思考题 1.5　证明下式

$$X^x Z^z = \mathrm{e}^{2\pi \mathrm{i} x z / d} Z^z X^x \tag{1.51}$$

同样地，可以推广 Hadamard 算子得到量子傅里叶变换。也就是说，量子比特系统上的 Hadamard 算子 H 是作用于希尔伯特空间上的量子傅里叶变换算子的一个特例。

定义 1.1 (量子傅里叶变换，quantum Fourier transformation)　将 Z, X 的本征态分别记为 $\{|j\rangle\}_{j\in[d]}, \{|\tilde{j}\rangle\}_{j\in[d]}$。傅里叶变换算子的定义如下：

$$F \equiv \sum_{j=0}^{d-1} |\tilde{j}\rangle\!\langle j| \tag{1.52}$$

这就是量子傅里叶变换，就像量子比特情况中 Hadamard 门那样，交换了 X 和 Z 的基矢态：

$$F|j\rangle = |\tilde{j}\rangle \tag{1.53}$$

例 1.5　证明 F 可以旋转算子 X 和 Z，

$$\begin{cases} F\sigma_x(x)F^\dagger = \sigma_z(x) \\ F\sigma_z(z)F^\dagger = \sigma_x(-z) \end{cases} \tag{1.54}$$

解　首先，我们注意到

$$\begin{aligned} XFZ &= X\left(\sum_{j=0}^{d-1} |\tilde{j}\rangle\!\langle j|\right) Z \\ &= \sum_{j=0}^{d-1} \mathrm{e}^{-2\pi \mathrm{i} j/d} |\tilde{j}\rangle\!\langle j| \, \mathrm{e}^{2\pi \mathrm{i} j/d} \\ &= F \end{aligned} \tag{1.55}$$

第二个等号我们使用了式(1.45)和式(1.48)，$(\langle j| Z)^\dagger = Z^\dagger |j\rangle = \mathrm{e}^{-2\pi \mathrm{i} j/d} |j\rangle$。那么可以得到：

$$FZF^\dagger = X^\dagger \tag{1.56}$$

然后，就可以很快得到 Weyl 算子之间的变换：

$$F\sigma_z(z)F^{\dagger} = (FZF^{\dagger})^z = (X^{\dagger})^z = X^{-z} = \sigma_x(-z) \tag{1.57}$$

类似地，由式(1.50)，有

$$Z^{\dagger}FX = Z^{\dagger}\left(\sum_{j=0}^{d-1}|\tilde{j}\rangle\langle j|\right)X$$

$$= \sum_{j=0}^{d-1}\left|\widetilde{j-1}\right\rangle\left\langle j-1\right|$$

$$= F \tag{1.58}$$

那么，就可以得到另一边的变换：

$$F\sigma_x(x)F^{\dagger} = (FXF^{\dagger})^x = (Z)^x = X^z = \sigma_z(x) \tag{1.59}$$

$\square$

除了空间维数从 2 变为了 d 外，高维量子系统的测量定义与量子比特相同。然而，在一般的 d 系统中 $\sigma_x(1), \sigma_z(1)$ 并不是厄米的（请证明这一点！），这导致了我们不能像量子比特系统中测量 σ_x, σ_z 一样直接测它们。但是对于 $\sigma_x(1)$ 的本征态 $\{|\tilde{j}\rangle\}_j$ 和 $\sigma_z(1)$ 的本征态 $\{|j\rangle\}_j$，可以定义如下观测量：

$$\begin{cases} M_{\sigma_x(1)} \equiv \sum_{j=0}^{d-1} j\,|\tilde{j}\rangle\langle\tilde{j}| \\ M_{\sigma_z(1)} \equiv \sum_{j=0}^{d-1} j\,|j\rangle\langle j| \end{cases} \tag{1.60}$$

例 1.6　计算 Z, X 的本征态 $\{|j\rangle\}_{j\in[d]}, \{|\tilde{j}\rangle\}_{j\in[d]}$ 对这两个可观察量的期望值。

解　首先，证明 $|\langle i|\tilde{j}\rangle|$ 与 i 和 j 无关：

$$|\langle i|\tilde{j}\rangle| = |\langle i|X|\tilde{j}\rangle| = |(\langle i|X)|\tilde{j}\rangle| = |\langle i\oplus -1|\tilde{j}\rangle| \tag{1.61}$$

同样，对于不同的 j，可以证明这个关系，从而可以得到 $|\langle i|\tilde{j}\rangle|^2 = \dfrac{1}{d}, \forall i, j$。这样就很容易验证

$$\begin{cases} \langle\tilde{j}|\,M_{\sigma_x(1)}\,|\tilde{j}\rangle = j \\ \langle\tilde{j}|\,M_{\sigma_z(1)}\,|\tilde{j}\rangle = \dfrac{d-1}{2} \\ \langle j|\,M_{\sigma_x(1)}\,|j\rangle = \dfrac{d-1}{2} \\ \langle j|\,M_{\sigma_z(1)}\,|j\rangle = j \end{cases} \tag{1.62}$$

$\square$

1.4 确定量子态

1.4.1 布洛赫球面

从前面小节我们知道，一个量子比特纯态可以表示为 $a\,|0\rangle + b\,|1\rangle$。当 a, b 为实数时，这个态可以由二维平面上的射线表示。那么如果 a, b 是一般的复数，是否有相应的几何表示方法呢？为了讨论这一问题，首先需要确定一个量子比特纯态有几个独立的自由度。由于 $|a|^2 + |b|^2$ 的取值不影响系统的量子态，可以采用归一化表示方法将其固定为 1。同时，系统的全局相位不影响量子态，$\mathrm{e}^{\mathrm{i}\theta}\,|\phi\rangle$ 与 $|\phi\rangle$ 表示同一个系统。因此，一个量子比特纯态有 2 个独立的自由度。归一化的纯态量子比特可以表示为下面的形式：

$$|\psi\rangle = \cos\frac{\theta}{2}\,|0\rangle + \mathrm{e}^{\mathrm{i}\varphi}\sin\frac{\theta}{2}\,|1\rangle \tag{1.63}$$

可以将纯态表示为在单位球面 $(r = 1, \theta, \varphi)$ 上的一个点，其中 θ 和 φ 分别是量子态与 z 轴的夹角，以及其在 xy 平面上投影与 x 轴的夹角。称该单位球面为布洛赫球面，如图 1.3所示。

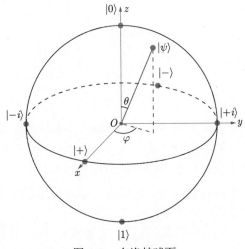

图 1.3　布洛赫球面

由式(1.63)可以看出，$\{|0\rangle, |1\rangle\}$ 是 z 轴上的两个端点量子态，$\{|+\rangle, |-\rangle\}$ 是 x 轴上的两个端点量子态，$\{|+\mathrm{i}\rangle, |-\mathrm{i}\rangle\}$ 是 y 轴上的两个端点量子态：

$$\begin{cases} |\pm\rangle = \dfrac{1}{\sqrt{2}}(|0\rangle \pm |1\rangle) \\[2mm] |\pm\mathrm{i}\rangle = \dfrac{1}{\sqrt{2}}(|0\rangle \pm \mathrm{i}\,|1\rangle) \end{cases} \tag{1.64}$$

对比式 (1.63) 和式 (1.64) 可以看出，这些端点的量子态正好对应 3 个泡利矩阵的本征态。

例 1.7 (布洛赫球面上的纯态)　在文献中，有时会将量子比特用布洛赫球上的角度或者坐标轴表示。

（1）写下 x, y, z 三根轴的端点的量子态：$|x+\rangle$, $|x-\rangle$, $|y+\rangle$, $|y-\rangle$, $|z+\rangle$, $|z-\rangle$;

（2）按照式(1.63)的形式，考虑 $\theta = 90°$，用 φ 表示量子态为 $|\varphi\rangle$，写下量子态 $|+45°\rangle$, $|-45°\rangle$，这两个态是否相互正交？

（3）在布洛赫球面表示方法下，一对相互正交的量子态应该如何表示？

解　（1）将相应的立体角代入式(1.63)，可以得到：$|x+\rangle = |+\rangle$, $|x-\rangle = |-\rangle$, $|y+\rangle = |+i\rangle$, $|y-\rangle = |-i\rangle$, $|z+\rangle = |0\rangle$, $|z-\rangle = |1\rangle$，其中 $|\pm\rangle$ 和 $|\pm i\rangle$ 由式(1.64)给出。

（2）

$$\begin{cases} |+45°\rangle = \cos\dfrac{\pi}{4}|0\rangle + e^{i\frac{\pi}{4}}\sin\dfrac{\pi}{4}|1\rangle = \dfrac{\sqrt{2}}{2}\left(|0\rangle + \dfrac{1+i}{\sqrt{2}}|1\rangle\right) \\ |-45°\rangle = \cos\dfrac{\pi}{4}|0\rangle + e^{-i\frac{\pi}{4}}\sin\dfrac{\pi}{4}|1\rangle = \dfrac{\sqrt{2}}{2}\left(|0\rangle + \dfrac{1-i}{\sqrt{2}}|1\rangle\right) \end{cases} \tag{1.65}$$

两个量子态不正交，因为

$$\langle +45°|-45°\rangle = \frac{1}{2}\left(1 + \frac{1-i}{\sqrt{2}}\frac{1-i}{\sqrt{2}}\right) \neq 0 \tag{1.66}$$

注意，在用偏振构建量子比特的光学系统中，$|\pm 45°\rangle$ 表示的含义会与本题不同，这种情况下，角度通常指偏振的角度，读者需要注意区分。

（3）两个正交的量子态由同一条直线上指向相反方向的两条射线表示。这也从侧面说明了布洛赫球和我们常用的希尔伯特空间有很大的区别。　　　□

通过下面这个简单的问题，可以看到幺正矩阵作用在量子态上时，具有旋转的含义。我们以泡利操作作为例子。

例 1.8　考虑一个量子比特系统，定义基矢为 $\{|0\rangle, |1\rangle\}$。考虑一个一般的量子态 $|\psi\rangle = a|0\rangle + b|1\rangle$，其中 $|a|^2 + |b|^2 = 1$。计算对这一量子态作用 σ_z 的演化结果 $\sigma_z|\psi\rangle$，并用布洛赫球的几何方式予以表示。特别地，当 $|\psi\rangle$ 是泡利矩阵 $\sigma_x, \sigma_y, \sigma_z$ 的本征态时，结果是怎样的？

解

$$\sigma_z|\psi\rangle = a\sigma_z|0\rangle + b\sigma_z|1\rangle$$
$$= a|0\rangle - b|1\rangle \tag{1.67}$$

对比式(1.63)，可以看出 σ_z 将 φ 变成了 $\varphi + \pi$，即在布洛赫球上绕 Z 轴旋转了一个角度 π。具体对于各泡利矩阵的本征态的操作如何，请读者在布洛赫球面上自行给出。□

思考题 1.6 对于高维量子态，我们怎样用类似于布洛赫球面的几何图像予以描述？

1.4.2 量子比特基

从布洛赫球面的讨论出发，我们来考虑更为一般性的数学描述。前面提到的泡利矩阵 $\{\sigma_x, \sigma_y, \sigma_z\}$ 构成二维零迹厄米矩阵空间的一组正交基，即对于任意的一个该空间中的矩阵 M，可以将其线性展开为泡利矩阵的叠加。为了表示方便，通常将三个泡利矩阵表示成向量形式 $\sigma = (\sigma_x, \sigma_y, \sigma_z)$，注意这个"向量"的元素是矩阵。再加上二维单位矩阵 I，为方便起见，这里记为

$$\sigma_0 = \begin{pmatrix} 1 & 0 \\ 0 & 1 \end{pmatrix} \tag{1.68}$$

可以将二维矩阵空间中的任一元素表示为 $\{\sigma_0, \sigma_x, \sigma_y, \sigma_z\}$ 的线性展开：

$$M = \sum_{i \in \{0,x,y,z\}} r_i \sigma_i$$
$$= r_0 \sigma_0 + r \cdot \sigma \tag{1.69}$$

这里，$r \cdot \sigma = r_x \sigma_x + r_y \sigma_y + r_z \sigma_z$ 类似于普通的向量点乘运算。如果 M 是厄米的，则 r 为三维实向量。在我们的讨论中，主要关注量子态，即迹为 1 的半正定矩阵，这样 $r_0 = 1/2$。

我们称泡利矩阵 $\sigma_x, \sigma_y, \sigma_z$ 各自的本征向量对应于 X, Y, Z 基矢，$\{|+\rangle, |-\rangle\}$，$\{|+i\rangle, |-i\rangle\}$，$\{|0\rangle, |1\rangle\}$）。这些态的定义和前面小节中布洛赫球面涉及的量子态一一对应，见式(1.64)。

思考题 1.7 证明一个量子比特密度矩阵用式 (1.69) 展开得到的 r 正好是该量子态在前面小节提到的布洛赫球表示的坐标。

如果从 X, Y, Z 这三组基矢，$\{|+\rangle, |-\rangle\}$，$\{|+i\rangle, |-i\rangle\}$，$\{|0\rangle, |1\rangle\}$，取出不同基矢的态求内积，其模平方均为 1/2，

$$|\langle \pm|0\rangle|^2 = |\langle \pm i|0\rangle|^2 = |\langle \pm i|\pm\rangle|^2 = \frac{1}{2} \tag{1.70}$$

我们称这些基矢相互是无偏的。更一般地，无偏基矢（mutually unbiased bases, MUB）的定义如下。

定义 1.2 (无偏基矢)　d 维希尔伯特空间 $\mathcal{H}_d$ 中的两组相互无偏基矢是正交归一的两组完备向量 $\{\phi_0, \phi_1, \cdots, \phi_{d-1}\}$ 和 $\{\psi_0, \psi_1, \cdots, \psi_{d-1}\}$，使得从两组基矢中任取一个向量，它们内积模长的平方等于系统维度的倒数，$\forall i, j$，

$$|\langle \psi_i | \phi_j \rangle|^2 = \frac{1}{d} \tag{1.71}$$

思考题 1.8　对于 $d \geqslant 2$，给定希尔伯特空间 $\mathcal{H}_d$，

（1）应该如何定义类似于泡利矩阵的高维量子空间的基？提示：请思考泡利矩阵具有哪些良好的数学性质，参考 1.3.3 节。

（2）对于这一高维希尔伯特空间，是否一定有相互无偏基矢？

（3）如果存在相互无偏基矢，一共有多少个？

对于最后一个问题，最一般的情形仍然是待解决的数学难题，但对于某些特定的 d，比如当其为质数幂次时，问题已经得到了完整的解答。

1.4.3　量子层析术

如果想确切地知道 $|\psi\rangle$ 究竟是怎样一个量子态，要怎么做呢？例如，在实验室里，实验员试图确定自己究竟制备了怎样的量子系统。我们不妨从简单的情形入手，假设实验员制备了很多份相同的纯量子态 $|\psi\rangle$，把纯态 $|\psi\rangle$ 对应的密度矩阵记为 ψ，并且 $\psi = |\psi\rangle\langle\psi|$。

回想一下，在式 (1.63) 中，纯态可以由两个角度 ϕ 和 θ 来表示。这一灵感来自对应的布洛赫球上的点，如图 1.3 所表示的量子比特，所以我们的主要任务就是找出量子态在布洛赫球上对应的位置坐标 (x, y, z) 或 (θ, ϕ)，x, y, z 是在笛卡儿坐标系下对应的坐标，而其对应的标准正交基的 X, Y, Z 是由泡利矩阵 $\sigma_x, \sigma_y, \sigma_z$ 决定的。通过简单的 PVM 计算（请核对它们的正确性！），有

$$\begin{cases} x = \langle \sigma_x \rangle = \langle \psi | \sigma_x | \psi \rangle = \mathrm{tr}(\sigma_x \psi) \\ y = \langle \sigma_y \rangle = \langle \psi | \sigma_y | \psi \rangle = \mathrm{tr}(\sigma_y \psi) \\ z = \langle \sigma_z \rangle = \langle \psi | \sigma_z | \psi \rangle = \mathrm{tr}(\sigma_z \psi) \end{cases} \tag{1.72}$$

因此，想要知道 (x, y, z)，只需要测量出 $\langle \sigma_x \rangle, \langle \sigma_y \rangle, \langle \sigma_z \rangle$ 这些期望值。于是通过这三个测量，便可以对 $|\psi\rangle$ 进行"层析"。

对于纯量子态，除了向量表示方法，正如在 1.4.2 节讨论的，其密度矩阵 $\boldsymbol{\rho}$ 应该可以用泡利矩阵 $\{\sigma_0, \sigma_x, \sigma_y, \sigma_z\}$ 来表示。由于 $\mathrm{tr}(\boldsymbol{\rho}) = 1$，可以将 $\boldsymbol{\rho}$ 扩展表示成

$$\boldsymbol{\rho} = \frac{1}{2}(\sigma_0 + \boldsymbol{P} \cdot \boldsymbol{\sigma})$$

$$= \frac{1}{2} \begin{pmatrix} 1 + P_z & P_x - \mathrm{i}P_y \\ P_x + \mathrm{i}P_y & 1 - P_z \end{pmatrix} \tag{1.73}$$

其中，$\boldsymbol{P} = (P_x, P_y, P_z)$ 是一个向量并且 $|\boldsymbol{P}| \leqslant 1$。当 $|\boldsymbol{P}| = 1$ 时，式 (1.73) 可以表示在二维希尔伯特空间中的一个纯态。正如式 (1.73) 给出的那样，Z 基矢的测量提供了关于 P_z 的信息。类似地，X, Y 基矢的测量提供了关于 P_x, P_y 的信息。因此 X，Y 和 Z 基矢的测量在对于一个量子比特的层析上是完整的。或者也可以这么说，

$$\boldsymbol{\rho} = \frac{1}{2}[\mathrm{tr}(\boldsymbol{\rho})\sigma_0 + \mathrm{tr}(\sigma_x\boldsymbol{\rho})\sigma_x + \mathrm{tr}(\sigma_y\boldsymbol{\rho})\sigma_y + \mathrm{tr}(\sigma_z\boldsymbol{\rho})\sigma_z] \tag{1.74}$$

对于高维量子比特，也可以采用类似的方式进行量子态层析，进而确定量子态的具体形式。考虑一个 2^n 维的纯量子态 $|\psi\rangle$，可以将其看作由 n 个量子比特组成的复合系统。对于这一空间上的所有厄米矩阵，可以将其用子系统上的泡利矩阵进行展开。对于用密度矩阵表示的量子态 ρ，

$$\rho = \sum_{i_1, i_2, \cdots, i_n} P_{i_1 i_2 \cdots i_n} \bigotimes_{t=1}^{n} \sigma_{i_t} \tag{1.75}$$

其中，$\sigma_{i_t} \in \{\sigma_0, \sigma_x, \sigma_y, \sigma_z\}$，下标 t 表示这一泡利矩阵是作用在第 t 个子系统上的。由于量子态要满足迹为 1 的条件，一般地，为了确定一个 2^n 维量子态的密度矩阵，其中有 $4^n - 1$ 个参数。

思考题 1.9 读到这里，你可能会好奇，为什么在向量表示之外，要用密度矩阵来重新讨论量子态层析的问题。对此，请考虑下面的问题。

(1) 在二维量子比特情形，对于式 (1.73)，如果测量结果 (x, y, z) 落在了布洛赫球（体）的内部，而不是表面上呢？这个点代表了怎样的物理意义呢？

(2) 对于高维量子比特，假设所研究的 2^n 维量子态可以写成 $\rho = |\psi\rangle\langle\psi|$ 的形式，即量子态是纯态。对于这一情况，式 (1.75) 这一展开式中一般有多少个自由参数？如果这一情况的自由参数数量小于 $4^n - 1$，对于缺少的那些参数，你有什么想法？

第 2 章内容剧透：对"混合"的量子态，不能简单地用向量 $|\psi\rangle$ 来表示，但是仍然可以用密度矩阵 $\boldsymbol{\rho}$ 表示。这个矩阵是一个正半定的对易化厄米算符。我们将在第 2 章讨论"混合"量子态。

量子态层析术（state tomography）是通过适当的测量来重建量子系统的量子态的过程。这里的量子态可以是纯的（可以用矢量表示），也可以是混的（只能用密度矩阵表示)。如果一组测量能够唯一地识别量子态，就称为层析完整（tomographically complete）。也就是说，测量的结果能够提供关于量子态的所有信息。在物理学中，这组测量对应于系统标定。量子态层析术背后蕴含的一般原理是，通过对相同密度矩阵描述的量子系统重复执行许多不同的测量，可以用频率来推断概率，这些概率则与玻恩定则相结合，以确定最符合测量值的密度矩阵。

另一个与之相关的概念是量子过程层析术（quantum process tomography），一些已知的量子态被用来探测一个量子过程，以找出如何具体地描述这个过程。类似地，量子测量断层术的目的是找出进行的测量是什么。

1.5 量子信息守恒

1982 年，Nick Herbert 发表了一篇文章，提出使用量子纠缠实现超光速通信的设想。这一明显有悖于相对论的文章很快引起了物理学界的广泛关注。同年，William Wootters 与 Wojciech Zurek 及 Dennis Dieks 分别发表了题为 *A Single Quantum Cannot be Cloned* 和 *Communication by EPR devices* 的文章，指出量子态具有不可克隆的特性，而所谓的超光速通信违背了这一性质，因此是错误的[①]。这一系列讨论促使人们更加认真地思考量子力学与信息论之间的关系[②]，也在很大程度上推动了包括利用范畴论等数学工具理解量子力学理论本身的研究。在这一节，我们讨论量子力学中的信息守恒相关结论。除了不可克隆定理外，我们还会介绍它的"时间反演"版本——量子不可删除定理，以及关于通用量子非门存在性等结论。

1.5.1 量子不可克隆定理

量子不可克隆定理有许多种等价的表述方式。在这里，我们用类似于文献 [4] 的语言予以描述。

定理 1.1 (量子不可克隆定理, no-cloning theorem)　不可能构造一个能够确定性地复制任意量子态且不改变原始量子态的克隆机器。

假设存在一个"完美"的克隆机器，即存在幺正演化 U，满足 $\forall |\psi\rangle$，

$$|\psi\rangle |0\rangle \to U(|\psi\rangle |0\rangle) = |\psi\rangle |\psi\rangle \tag{1.76}$$

那么对于任意两个量子态 $|\psi_1\rangle$ 和 $|\psi_2\rangle$，有

$$\begin{cases} U(|\psi_1\rangle |0\rangle) = |\psi_1\rangle |\psi_1\rangle \\ U(|\psi_2\rangle |0\rangle) = |\psi_2\rangle |\psi_2\rangle \end{cases} \tag{1.77}$$

将这两个式子做内积，有

---

① 历史上，除了这两篇发表的工作，量子不可克隆定理在此之前已经被注意到。在对 Herbert 文章的审稿过程中，审稿人 Giancarlo Ghirardi 已经发现了这一问题。而在更早的 1970 年，James Park 在解释量子测量对物理系统状态的扰动时，从不同的角度说明了量子不可克隆的性质。

② 需要注意的是，直到今天，Herbert 错误的"超光速量子通信"依然被很多科普文章所采用！在本书后续章节，我们将说明一个正确的通信协议中，究竟何为信息，通信者又应该如何利用量子态和量子操作完成信息的传递。

$$
\begin{cases}
(\langle 0| \langle \psi_1| U^*)(U |\psi_2\rangle |0\rangle) = (\langle 0| \langle \psi_1|)(|\psi_2\rangle |0\rangle) = \langle \psi_1|\psi_2\rangle \\
(\langle 0| \langle \psi_1| U^*)(U |\psi_2\rangle |0\rangle) = (\langle \psi_1| \langle \psi_1|)(|\psi_2\rangle |\psi_2\rangle) = \langle \psi_1|\psi_2\rangle^2
\end{cases} \tag{1.78}
$$

那么可以得到 $\langle \psi_1|\psi_2\rangle = \langle \psi_1|\psi_2\rangle^2$，所以 $\langle \psi_1|\psi_2\rangle$ 只能等于 0 或 1。因此 $|\psi_1\rangle$ 和 $|\psi_2\rangle$ 要么相等，要么互相正交，这与式(1.76)中两个任意态相矛盾。由此导出了不可克隆定理。

思考题 1.10 如果允许克隆后的系统多一个全局相位，即 $U(|\psi\rangle |0\rangle) = e^{i\alpha(\psi)} |\psi\rangle |\psi\rangle$，那么不可克隆原理是否还成立？

思考题 1.11 不可克隆定理是否与海森堡不确定性关系相符？

思考题 1.12 不可克隆定理排除了适用于所有量子态的"通用"克隆机的可能性；或者说，在我们的证明过程中，我们事先不知道想要复制的量子态的具体形式。但是，考虑一下，是否有可能使用一个幺正演化来克隆某些特定的状态？这里，让我们考虑两个简单的情形。

（1）假设已经确定了一个量子态 $|\psi\rangle$。尝试构造一个幺正算符 U，使其满足 $U(|\psi\rangle |0\rangle) = |\psi\rangle |\psi\rangle$。

（2）在 $|\psi\rangle$ 外，同时考虑与其正交的一个量子态 $|\psi^\perp\rangle$，即 $\langle \psi|\psi^\perp\rangle = 0$。尝试构造一个幺正算符 U，使其满足 $U(|\psi\rangle |0\rangle) = |\psi\rangle |\psi\rangle$，$U(|\psi^\perp\rangle |0\rangle) = |\psi^\perp\rangle |\psi^\perp\rangle$。

思考题 1.13 如果放宽不可克隆定理的叙述，会得到一些不同的结果吗？请尝试考虑下面的一些可能性。

（1）对于任意的量子态，能否按照一个给定的成功概率将其克隆？

（2）对于任意的量子态，如果允许克隆机器对其稍微有些破坏，能否克隆出一份量子态？

（3）对于一个未知的量子态 $|\psi\rangle$，假设有很多份相同的拷贝，即 $|\psi\rangle^{\otimes n}$。在这种情况下，能否找到一个克隆机器，在不破坏这些已有拷贝的情况下，多复制出一份完美的拷贝？如果允许这样的复制有可能失败，或者对原有拷贝有一些破坏呢？

为了回答这些问题，你可能需要首先考虑"成功概率"、对量子态"稍微有些破坏"的含义。前面两个问题的答案又被称为"不完美量子克隆"——当我们不再要求完美的量子态复制时，量子克隆又重新变为可能，不过这样做的成功概率存在着一个上限。第三个问题又被称为密码学意义的量子克隆问题，与量子复杂性理论密切相关。这几个问题在量子密码学中都得到了充分的研究，并被巧妙地用于量子密码分析之中，感兴趣的读者可以参考文献 [5]。

在实际物理系统中，由于环境噪声的影响，量子态通常十分脆弱。在经典信息处理中，会通过复制信息的方式构造纠错码，通过探测和纠正错误，从而保护信息；但现在，由于量子不可克隆定理的限制，不能通过复制量子态来抵抗噪声①。

---

① 虽然有这样的根本限制，我们是否就无法构造量子纠错码了呢？答案并非是悲观的，虽然不可克隆定理限制了很多纠错的方法，但事实上，纠错不一定需要复制！

这让我们产生这样的一种印象：量子态很难被保存下来。在实验上，高品质的量子存储确实是一件非常具有挑战性的事情。

1.5.2 量子不可删除定理

现在来考虑量子克隆的一个"反问题"：对于任意一个量子态的两份拷贝，能否通过量子操作删除其中一份呢？或许有些令人惊讶，这一问题的答案也是否定的：量子态还具有某种"鲁棒性"，让我们不能没有代价地将其消除。这便是量子不可删除定理（the no-deletion theorem），其具体描述如下。

定理 1.2　给定任意量子态的两个副本，不可能构造一个删除机器，能够删除其中一份量子态且其随后的状态与被删除的量子态无关。

一个更数学的表述是，对于任意的未知量子态 $|\psi\rangle = a|0\rangle + b|1\rangle$，不存在一个通用的线性等距变换 U，使得

$$U|\psi\rangle|\psi\rangle|A\rangle = |\psi\rangle|0\rangle|A'\rangle \tag{1.79}$$

其中描述量子删除机器的辅助量子比特最终状态 $|A'\rangle$ 独立于被删除的量子态 $|\psi\rangle$。

假设

$$\begin{cases} U|0\rangle|0\rangle|A\rangle = |0\rangle|0\rangle|A_0\rangle \\ U|1\rangle|1\rangle|A\rangle = |1\rangle|0\rangle|A_1\rangle \\ U(|1\rangle|0\rangle|A\rangle + |0\rangle|1\rangle|A\rangle) = |\Psi\rangle \end{cases} \tag{1.80}$$

对于一个未知的量子态 $|\psi\rangle$，设 $|\psi\rangle = a|0\rangle + b|1\rangle$，

$$U|\psi\rangle|\psi\rangle|A\rangle = U(a^2|0\rangle|0\rangle|A\rangle + b^2|1\rangle|1\rangle|A\rangle + ab|1\rangle|0\rangle|A\rangle + ab|0\rangle|1\rangle|A\rangle)$$

$$= a^2|0\rangle|0\rangle|A_0\rangle + b^2|1\rangle|0\rangle|A_1\rangle + ab|\Psi\rangle \tag{1.81}$$

同时由式(1.79)，有

$$U|\psi\rangle|\psi\rangle|A\rangle = |\psi\rangle|0\rangle|A'\rangle = a|0\rangle|0\rangle|A'\rangle + b|1\rangle|0\rangle|A'\rangle \tag{1.82}$$

对于任意的 a, b，式(1.81)与式(1.82)相等，因此有

$$\begin{cases} |\Psi\rangle = |0\rangle|0\rangle|A_1\rangle + |1\rangle|0\rangle|A_0\rangle \\ |A'\rangle = a|A_0\rangle + b|A_1\rangle \end{cases} \tag{1.83}$$

另外，因为 $|a|^2 + |b|^2 = 1$，由对量子态 $|A'\rangle$ 的归一化要求可知，$|A_0\rangle$ 和 $|A_1\rangle$ 相互正交。这也就意味着尽管 $|\psi\rangle$ 从我们所关心的系统中被删除了，但它的信息却被转移到删除机器的末态 $|A'\rangle$ 中。

思考题 1.14　不可克隆加上不可删除是否构成信息的守恒定律？

如果将量子态看作量子信息的一种载体，量子不可克隆定理和量子不可删除定理说明，我们不能没有任何代价地凭空增加或彻底消除这种资源。现在我们所说的"信息"，指的是由态向量描述的量子态，也就是纯态；到目前为止，也许你会对公理 1.1 感到十分自然——虽然介绍了密度矩阵的概念，但本章的所有推导仅用态向量就可以完成。不过在第 2 章将进一步加深这一概念：纯态量子态代表着对系统的完全刻画。

不可克隆定理和不可删除定理与量子引力和黑洞的前沿理论有着有趣的关系。关于这个话题的最著名的争论之一就是黑洞信息悖论。这一悖论最早是由 Stephen Hawking 和 Kip Thorne 提出的，他们坚信被黑洞吞噬的信息永远不会被外界所知。即使黑洞蒸发并完全消失，被吞噬的信息也永远不会被揭示出来。但是 John Preskill 坚信，在正确的量子引力理论中，一定也会找到一种使信息由蒸发的黑洞释放出来的机制。因此，Preskill 和 Hawking 及 Thorne 打了一个赌：当一个初始的纯量子态经过引力坍塌形成黑洞时，黑洞蒸发结束时的最终状态将会是一个纯量子态。

有关这一悖论的辩论也在不断更新。Hawking 在 2004 年承认赌输了（而 Thorne 没有）；近二十余年，为了构造出 Preskill 所坚信的"正确理论"，大量的量子引力理论被提出。但在今天，黑洞信息悖论仍然是理论物理学中一个悬而未决的问题。

思考题 1.15　你对黑洞信息悖论有什么看法？

1.5.3　不存在通用的非门

在量子不可克隆定理和量子不可删除定理之后，人们还发现了一系列与信息的守恒性质相关的结论。在这里，简单介绍一个简单且广为人知的结论：量子力学中不存在通用的非门（not-gate）。一个通用的非门 U 要求对于任意的输入量子态 $|\phi\rangle$，有 $\langle\phi|U|\phi\rangle = 0$。通过前面介绍的投影测量，可以准确地区分 $|\psi\rangle$ 和 $U|\psi\rangle$ 两个量子态，因此在区分物理状态的意义上，U 翻转了量子态。

下面证明这样的 U 并不存在。在 d 维希尔伯特空间中，因为 U 是一个幺正矩阵，对其进行谱分解，设

$$U = e^{i\theta_0} |\psi\rangle\langle\psi| + \sum_{n=1}^{d-1} e^{i\theta_n} |\psi_n^\perp\rangle\langle\psi_n^\perp| \tag{1.84}$$

其中，$\forall n, \langle\psi|\psi_n^\perp\rangle = 0$。那么

$$\langle\psi|U|\psi\rangle = e^{i\theta_1} \neq 0 \tag{1.85}$$

这与 U 是通用的非门这一假设矛盾。

需要特别指出的是，针对计算基矢 $|0\rangle , |1\rangle$ 的非门是存在的。比如 σ_x 门就是一个例子，

$$\begin{cases} \sigma_x |0\rangle = |1\rangle \\ \sigma_x |1\rangle = |0\rangle \end{cases} \tag{1.86}$$

在仅考虑 $|0\rangle , |1\rangle$ 两个量子态的情形下，我们所关心的物理系统实际上是一个经典比特，σ_x 也变成了经典信息处理中的非门。

习题

习题 1.1 (泡利矩阵)　两个矩阵的对易子定义为

$$[\boldsymbol{A}, \boldsymbol{B}] = \boldsymbol{A}\boldsymbol{B} - \boldsymbol{B}\boldsymbol{A} \tag{1.87}$$

试证明泡利矩阵之间的对易关系为

$$[\sigma_i, \sigma_j] = 2\mathrm{i} \sum_{k=1}^{3} \epsilon_{ijk} \sigma_k \tag{1.88}$$

这里将泡利矩阵的下标重新标记为 $i, j, k \in \{1, 2, 3\} \equiv \{x, y, z\}$，Kronecker 符号值为 $\epsilon_{123} = \epsilon_{231} = \epsilon_{312} = 1$，$\epsilon_{321} = \epsilon_{213} = \epsilon_{132} = -1$，其他情况下 $\epsilon_{ijk} = 0$。

习题 1.2 (量子态及可观测量的计算)

(1) 写出 $|+\rangle \langle 0| - \rangle \langle +| + |-i\rangle \langle -i|$ 的矩阵形式。这是一个合法的量子态吗？如果不是的话，请尝试将其归一化。

(2) 用可观测量 H（Hadamard 门）测量（1）中的（归一化）的量子态的期望是什么？

(3) 用可观测量 H（Hadamard 门）测量（1）中的（归一化）的量子态的结果及相应的输出量子态是什么？

习题 1.3 (布洛赫球表示)

(1) 找出下列四个态在布洛赫球面上对应的角度 θ 和 ϕ：$|0\rangle$, $|+\rangle = (|0\rangle + |1\rangle)/\sqrt{2}$, $|-i\rangle = (|0\rangle - \mathrm{i}|1\rangle)/\sqrt{2}$, $(|1\rangle + |-\rangle + |+i\rangle)/\sqrt{5}$。

(2) 对一个任意的量子比特态（可能是纯态或是混态）$\boldsymbol{\rho}$，证明它可以被表示为

$$\boldsymbol{\rho} = \frac{\boldsymbol{I} + \boldsymbol{n} \cdot \boldsymbol{\sigma}}{2} \tag{1.89}$$

其中，$\boldsymbol{\sigma} = \left\{ \sigma_x = \begin{pmatrix} 0 & 1 \\ 1 & 0 \end{pmatrix}, \sigma_y = \begin{pmatrix} 0 & -\mathrm{i} \\ \mathrm{i} & 0 \end{pmatrix}, \sigma_z = \begin{pmatrix} 1 & 0 \\ 0 & -1 \end{pmatrix} \right\}$ 是泡利矩阵组成的向量。此外，写出 $\boldsymbol{n}$ 在布洛赫球表示中的含义。

（3）对于任意两个互相垂直的纯态，证明这两个态在布洛赫球上对应点的连线过球心。

习题 1.4 (量子态的计算)　考虑下面这两个量子态

$$\begin{cases} |\psi\rangle\langle\psi| = \dfrac{1}{2^2} \displaystyle\sum_{i,j=0}^{3} r_{ij}\sigma_i \otimes \sigma_j \\[3mm] |\phi\rangle\langle\phi| = \dfrac{1}{2^2} \displaystyle\sum_{i,j=0}^{3} r'_{ij}\sigma_i \otimes \sigma_j \end{cases} \tag{1.90}$$

其中，$r_{00} = r'_{00} = 1$。定义两个向量 $\boldsymbol{r}_1 = (r_{01}, r_{02}, \cdots, r_{33})$ 及 $\boldsymbol{r}_2 = (r'_{01}, r'_{02}, \cdots, r'_{33})$。尝试找出 $\cos\theta = \dfrac{\boldsymbol{r}_1 \cdot \boldsymbol{r}_2}{|\boldsymbol{r}_1||\boldsymbol{r}_2|}$ 的最小值。

习题 1.5 (保真度)

（1）假设有一个单量子比特（自旋 1/2）处于未知的纯态 $|\psi\rangle$，这个态是从均匀分布在布洛赫球面上的量子集合中随机选取的。随机猜测状态是 $|\phi\rangle$。试计算这一猜测平均保真度 F。保真度（fidelity）定义为

$$F = |\langle\phi|\psi\rangle|^2 \tag{1.91}$$

（2）在（1）小题中随机选择一个单量子比特纯态之后，对自旋沿 $\hat{z}$-轴进行测量。这种测量制备了一个可以由下述密度矩阵描述的量子态：

$$\boldsymbol{\rho} = P_\uparrow\langle\psi|P_\uparrow|\psi\rangle + P_\downarrow\langle\psi|P_\downarrow|\psi\rangle \tag{1.92}$$

其中，$P_{\uparrow,\downarrow}$ 表示对 $\hat{z}$ 轴上自旋向上和自旋向下的态的投影。从平均的保真度（On the average, with what fidelity）

$$F \equiv \langle\psi|\rho|\psi\rangle \tag{1.93}$$

角度来说，这个矩阵能够多好地表示初始的态 $|\psi\rangle$？与（1）的答案相比，保真度 F 的提升可以粗略衡量我们通过测量操作了解到多少信息。

习题 1.6 (量子不可克隆定理)

（1）假设有两个互相正交的量子态 $|\psi\rangle$ 和 $|\psi^\perp\rangle$，且满足 $\langle\psi|\psi^\perp\rangle = 0$。构造一个可以克隆这两个态的 2 量子比特的幺正变换，也就是说，找到满足下式的幺正算符 U：

$$U|\psi\rangle|0\rangle = |\psi\rangle|\psi\rangle \tag{1.94}$$

$$U|\psi^\perp\rangle|0\rangle = |\psi^\perp\rangle|\psi^\perp\rangle \tag{1.95}$$

（2）证明无法以 100% 的正确率分辨两个不互相正交的态。

习题 1.7 (由克隆导出超光速通信)

（1）证明

$$|\Phi^+\rangle = \frac{1}{\sqrt{2}}(|00\rangle + |11\rangle) = \frac{1}{\sqrt{2}}(|++\rangle + |--\rangle) \tag{1.96}$$

（2）如果存在通用的量子克隆器，那么甲就有可能通过利用和乙之间共享的 EPR 对 $|\Phi^+\rangle$，来实现以比光速更快的速度向乙发出信号。也就是说，证明存在一种协议，可以利用量子克隆器实现这种超光速通信。

习题 1.8（相位随机化的相干态[6]） 在量子光学中，光子数基矢（Fock basis）$\{|n\rangle\}_{n=0}^\infty$ 被广泛应用，其中 k 表示光子数。相干态的定义如下：

$$|\alpha\rangle \equiv \mathrm{e}^{-\frac{|\alpha|^2}{2}} \sum_{n=0}^\infty \frac{\alpha^n}{\sqrt{n!}} |n\rangle \tag{1.97}$$

其中，$\alpha \in \mathbb{C}$。

（1）如果在光子数基矢下测量式 (1.97) 中的相干态，那么测量结果（光子数）的概率分布是什么？

（2）有时候我们会将一个复数 α 写成 $|\alpha|\mathrm{e}^{\mathrm{i}\theta}$ 的形式，其中 $\theta \in [0, 2\pi)$。证明如果相干态的相位 θ 是随机化的，那么总的态可以写成如下形式：

$$\int_0^{2\pi} |\alpha\rangle\langle\alpha| \, d\theta = \sum_{n=0}^\infty P(n) |n\rangle\langle n| \tag{1.98}$$

其中，$P(n)$ 服从泊松分布，并且平均光子数为 $\mu = |\alpha|^2$。

习题 1.9 求 Weyl 算符 X 的本征态。

习题 1.10（相互无偏基） 对于两组在希尔伯特空间 $\mathcal{H}_d$ 上的相互无偏基 $\{|e_1\rangle, |e_2\rangle, \cdots, |e_d\rangle\}$ 和 $\{|f_1\rangle, |f_2\rangle, \cdots, |f_d\rangle\}$，它们满足各自的任意基量子态 $|e_j\rangle$ 和 $|f_k\rangle$ 的内积大小的平方等于维数 d 的倒数，即 $\forall j, k \in \{1, 2, \cdots, d\}$，

$$|\langle e_j | f_k \rangle|^2 = \frac{1}{d} \tag{1.99}$$

一组基中的每两个都是相互无偏的，那么它们被称为相互无偏基（mutually unbiased bases, MUB）。

（1）* 找出量子比特 $\mathcal{H}_2$ 情况下最多可以有的相互无偏基的数量。

（2）** 找出维数 d 为素数幂的情况下最多可以有的相互无偏基的数量[7]。

（3）*** 找出任意维数 d 下最多可以有的相互无偏基的数量。事实上 $d = 6$ 时这个问题已经很难解决了。

量子系统的一般描述

在本章,将介绍两体量子系统,并从两体系统出发来介绍一般量子态,以及对它的测量和演化的数学描述。本章中,会经常以两个量子比特构成的系统为例子,当然这些结果也可以扩展到高维多体系统中。当我们考虑两体量子系统时,会出现很多有趣的问题。特别是,会发现第 1 章中介绍的希尔伯特空间中的射线不足以来表示一个量子态,一般的测量也不是投影测量,一般量子演化的描述也会比幺正矩阵复杂不少。

本章内容是对第 1 章单体系统的拓展,也是量子信息科学的基础。2.1 节可以视作第 1 章介绍的高维量子系统的一个例子,主要介绍了两体量子纯态;2.2 节引入了更为一般的量子态,即混态;2.3 节则介绍了一般量子测量的描述和性质;2.4 节相应地介绍了一般的量子操作的描述,即量子信道;2.5 节给出一般量子演化的一些例子。如果读者发现 2.1 节理解起来有困难,应该重新巩固第 1 章的知识。一般来讲,2.2 节作为量子信息基础应该完全掌握。2.3 节除非作相关领域研究,一般基本掌握即可。2.4 节与 2.5 节相对来说难度较高,只需掌握相关的概念,知道幺正矩阵演化的拓展即可。对于一般的量子演化,掌握 2.5 节中的具体例子即可。另外,本章在数学上大量用到了张量积和偏迹,不熟悉的读者可以参考 0.3 节相关内容。

2.1 两体量子纯态

2.1.1 两体量子系统与量子态

在介绍两体量子系统中的量子态之前,先来看一下这个系统本身及其表示。两体量子系统,顾名思义,可以看作是由两个部分组成的。当然,相应的也有多体量子系统,由多个部分组成。通常,将这些整体系统中的组成部分称为子系统(subsystem)。

现在,假设有个系统由两部分组成,分别记为子系统 A 和子系统 B。两个子系统所对应的希尔伯特空间分别为 $\mathcal{H}_A$ 和 $\mathcal{H}_B$。这样整体系统的希尔伯特空间为 $\mathcal{H}_{AB} = \mathcal{H}_A \otimes \mathcal{H}_B$。这里的 $\otimes$ 是张量积(tensor product)运算,不熟悉的读者可以阅读 0.3.2 节中的相关定义。需要注意的是,子系统 $\mathcal{H}_A$ 和 $\mathcal{H}_B$ 的维度可

以不相同，同时它们本身也可以视作一个系统，拥有各自的基矢。同样地，对于这两个子系统的状态，也可以用各自的量子态描述，例如子系统 A 的状态可以由量子态 $|\psi\rangle_A$ 描述，子系统 B 的状态可以由 $|\phi\rangle_B$ 描述，我们通常会用下标来标记这个量子态属于哪一个子系统。对于两个相互"独立"的态 $|\psi\rangle_A, |\phi\rangle_B$，整体的态可以简单地用二者的张量积 $|\psi\rangle \otimes |\phi\rangle$ 来表示，大多数时候，会把这个态简写为 $|\psi\rangle |\phi\rangle$ 或是 $|\psi\phi\rangle$。这一点来源于量子力学中关于复合系统的公理，是个很自然的想法。很可惜的是，从后面的一些例子可以看出：这个公理不能够描述所有两体量子系统。从这一章开始，将会看到一些真正的"量子"性质。

搞清楚两体量子系统后，考虑一个最简单的两体量子态——双量子比特。这样该量子态对应的希尔伯特空间的维度是 4，因此，这个空间对应有 4 个基矢态。最简单的一组基矢就是 $|00\rangle, |01\rangle, |10\rangle, |11\rangle$。我们也把由 $|0\rangle$ 和 $|1\rangle$ 张量积得到的态组成的这组基矢称为计算基矢（computational basis）。对于更高维的系统，也可以类似地定义计算基矢。

除了计算基矢外，贝尔态基矢是其中被广泛使用的一组基矢，后面会经常用到。在 Z 基矢下，这 4 个贝尔态可以写成如下形式：

$$
\begin{cases}
|\Phi^+\rangle = \dfrac{1}{\sqrt{2}}(|00\rangle + |11\rangle) \\[2mm]
|\Phi^-\rangle = \dfrac{1}{\sqrt{2}}(|00\rangle - |11\rangle) \\[2mm]
|\Psi^+\rangle = \dfrac{1}{\sqrt{2}}(|01\rangle + |10\rangle) \\[2mm]
|\Psi^-\rangle = \dfrac{1}{\sqrt{2}}(|01\rangle - |10\rangle)
\end{cases}
\tag{2.1}
$$

在 X 基矢下则为

$$
\begin{cases}
|\Phi^+\rangle = \dfrac{1}{\sqrt{2}}(|++\rangle + |--\rangle) \\[2mm]
|\Phi^-\rangle = \dfrac{1}{\sqrt{2}}(|-+\rangle + |+-\rangle) \\[2mm]
|\Psi^+\rangle = \dfrac{1}{\sqrt{2}}(|++\rangle - |--\rangle) \\[2mm]
|\Psi^-\rangle = \dfrac{1}{\sqrt{2}}(|-+\rangle - |+-\rangle)
\end{cases}
\tag{2.2}
$$

在 Y 基矢下则为

$$\begin{cases} |\Phi^+\rangle = \dfrac{1}{\sqrt{2}}(|+i-i\rangle + |-i+i\rangle) \\[2mm] |\Phi^-\rangle = \dfrac{1}{\sqrt{2}}(|+i+i\rangle + |-i-i\rangle) \\[2mm] |\Psi^+\rangle = \dfrac{-i}{\sqrt{2}}(|+i+i\rangle - |-i-i\rangle) \\[2mm] |\Psi^-\rangle = \dfrac{i}{\sqrt{2}}(|+i-i\rangle - |-i+i\rangle) \end{cases} \tag{2.3}$$

这里 $|\pm\rangle = (|0\rangle \pm |1\rangle)/\sqrt{2}$，$|\pm i\rangle = (|0\rangle \pm i|1\rangle)/\sqrt{2}$。我们在 $|\Psi^\pm\rangle$ 加了全局相位 i，这么做仅仅是为了数学形式上的统一，并无特殊物理含义。

很多简单有趣的量子信息现象都与贝尔态有关，例如贝尔不等式（Bell's inequality）、隐形传态（teleportation）、超密编码（superdense coding）等，会在后面章节一一展开介绍。

2.1.2　施密特分解

从 2.1.1 节的式(2.1)∼ 式(2.3)，我们发现 4 个贝尔态都可以写成如下形式：

$$|\psi\rangle_{AB} = \sum_i \sqrt{p_i}\,|i\rangle_A\,|i\rangle_B \tag{2.4}$$

$\{|i\rangle_A\}$ 和 $\{|i\rangle_B\}$ 分别是两个子系统 A, B 的两组正交基矢。这种分解的方式可以推广到任意两体系统中的纯态，得到施密特分解（Schmidt decomposition）定理。

定理 2.1 (施密特分解)　对任意一个两体系统的纯态 $|\Psi\rangle_{AB}$，存在两组正交基矢 $\{|\phi_i\rangle_A\}$ 和 $\{|\psi_i\rangle_B\}$ 使得

$$|\Psi\rangle_{AB} = \sum_i \sqrt{p_i}\,|\phi_i\rangle_A\,|\psi_i\rangle_B \tag{2.5}$$

子系统 A 和 B 具有相同的本征值 $p_i \geqslant 0$ 且满足 $\sum_i p_i = 1$，其中非零本征值的数量被称为 $|\Psi\rangle_{AB}$ 的施密特数（Schmidt number）。

证明　这里给出在子系统 A 和 B 的维度相同时施密特分解正确性的证明，更一般的维度不同的情况下的证明留给读者作为练习。取子系统 A 和 B 各自的一组任意的正交基矢 $\{|j\rangle_A\}$ 和 $\{|k\rangle_B\}$，那么 $|\Psi\rangle_{AB}$ 就可以写为如下形式：

$$|\Psi\rangle_{AB} = \sum_{jk} a_{jk}\,|j\rangle_A\,|k\rangle_B \tag{2.6}$$

其中，a_{jk} 可以看作构成了一个矩阵 $\boldsymbol{A}$。可以对这个矩阵进行奇异值分解，$\boldsymbol{A} = \boldsymbol{UDV}$，其中 $\boldsymbol{D}$ 是一个由非负元素组成的归一化的对角矩阵，$\boldsymbol{U}$ 和 $\boldsymbol{V}$ 是两个幺

正矩阵。因此有

$$|\Psi\rangle_{AB} = \sum_{ijk} u_{ji} d_{ii} v_{ik} |j\rangle_A |k\rangle_B \tag{2.7}$$

接下来令 $|\phi_i\rangle_A = \sum_j u_{ji} |j\rangle_A$，$|\psi_i\rangle_B = \sum_k v_{ik} |k\rangle_B$，$\sqrt{p_i} = d_{ii}$，就能得到：

$$|\psi\rangle_{AB} = \sum_i \sqrt{p_i} |\phi_i\rangle_A |\psi_i\rangle_B \tag{2.8}$$

由 U 的幺正性和 $\{|j\rangle_A\}$ 的正交性不难得到 $\{|\phi_i\rangle_A\}$ 构成了一组正交基矢，同样地，$\{|\psi_i\rangle_B\}$ 也构成了一组正交基矢。 □

后面会看到，当施密特数大于 1 时，这个两体系统的态是纠缠的。不难看出，上文提到的四个贝尔态都是纠缠态。

2.1.3 有趣的"悖论"

2.1.2 节的施密特分解告诉我们，两体系统的纯态可以写成一系列量子态张量积的求和。那么，问一个很简单的问题，是不是可以通过选取合适的基矢，让任意的两体系统的态 $|\Psi\rangle_{AB}$ 写成两个子系统中态的张量积形式，$|\Psi\rangle_{AB} = |\psi\rangle_A |\phi\rangle_B$？如果你使用上面介绍的贝尔态尝试一下就可以看出，答案是不能。事实上，由线性代数可知，所有施密特数大于 1 的两体量子态都不能写成张量积形式。让我们看一下其中一个贝尔态，

$$|\Phi^+\rangle_{AB} = \frac{1}{\sqrt{2}}(|0\rangle_A |0\rangle_B + |1\rangle_A |1\rangle_B) \tag{2.9}$$

当我们在 A 系统进行 Z 基矢测量时，有 1/2 的概率测量的结果是 $|0\rangle$ 并且测量之后的态变为了 $|0\rangle_A |0\rangle_B$；另外 1/2 的概率，测量结果为 $|1\rangle$ 且测量之后的态变为 $|1\rangle_A |1\rangle_B$。一个朴素的想法是，根据第 1 章量子态的表示方法，A 系统的态可以表示为

$$|\psi\rangle_A = \frac{1}{\sqrt{2}}(|0\rangle + e^{i\alpha} |1\rangle) \tag{2.10}$$

这里有个相对相位的自由度 $\alpha \in [0, 2\pi)$。考虑这个贝尔态在 X 和 Y 基矢下的表示，

$$\begin{cases} |\Phi^+\rangle_{AB} = \dfrac{1}{\sqrt{2}}(|+\rangle_A |+\rangle_B + |-\rangle_A |-\rangle_B) \\[2mm] |\Phi^+\rangle_{AB} = \dfrac{1}{\sqrt{2}}(|+i\rangle_A |-i\rangle_B + |-i\rangle_A |+i\rangle_B) \end{cases} \tag{2.11}$$

同样通过上述的简单想法来计算，有 $\beta, \gamma \in [0, 2\pi)$，

$$|\psi\rangle_A = \frac{1}{\sqrt{2}}(|+\rangle + e^{i\beta}|-\rangle) \tag{2.12}$$

$$|\psi\rangle_A = \frac{1}{\sqrt{2}}(|+i\rangle + e^{i\gamma}|-i\rangle) \tag{2.13}$$

很遗憾，式(2.10)、式(2.12)、式(2.13)联立并没有对于相对相位 α, β, γ 的解。事实上，我们可以很快看到，式(2.10)和式(2.12)联立就可以得出 $|\psi\rangle_A = |\pm i\rangle$，而这个结论与式(2.13)矛盾。哪里出问题了？

思考题 2.1 这个贝尔态不管用 X, Y, Z 哪组基矢下做测量，得到两个不同结果的概率都是完全随机的1:1，这样一个态如果在布洛赫球里面表示，应该在哪个位置？该位置还是一个希尔伯特空间中的射线吗？

事实上，这个"悖论"来源于我们不能将其中的子系统 A 中的量子态当作一个射线，或者"纯态"。在第 1 章中讲的态线性叠加是一个非平凡的操作。这里，简单地把两个会出现的态线性叠加起来，出现了矛盾。为了解决这个矛盾，会在下面用偏迹来引入密度矩阵。

2.2 一般态

前面提到，对于两个相互独立子系统态 $|\psi\rangle, |\phi\rangle$，整体的态可以简单地用二者的张量积 $|\psi\rangle|\phi\rangle$ 来表示。这一点来源于量子力学中关于复合系统的公理，是个很自然的想法。但这个公理能够描述所有两体量子系统吗？即是不是所有的两体系统的态 $|\Psi\rangle_{AB}$ 都可以像上面那样写成两个态的张量积形式？从 2.1.3 节例子中可以看出，有一些态是不能写成张量积形式的。而无论是在理论还是在实验上，物理学家们都已经发现了存在不能被分解成张量积形式的量子态 $|\Psi\rangle_{AB}$。那么在给定一个这样不可分的态 $|\Psi\rangle_{AB}$ 时，应该如何表示子系统的状态呢？这里，将引入密度矩阵的偏迹来解决这个问题。

2.2.1 从偏迹到子系统的密度矩阵

先来看一下复合系统的密度矩阵，对于 $|\Psi\rangle_{AB} = |\psi\rangle_A |\phi\rangle_B$，其密度矩阵写为

$$\begin{aligned}
\boldsymbol{\rho}_{AB} &= |\Psi\rangle\langle\Psi|_{AB} \\
&= (|\psi\rangle_A |\phi\rangle_B)(\langle\psi|_A \langle\phi|_B) \\
&= |\psi\rangle\langle\psi|_A \otimes |\phi\rangle\langle\phi|_B \\
&= \boldsymbol{\rho}_A \otimes \boldsymbol{\rho}_B
\end{aligned} \tag{2.14}$$

由偏迹和张量积的定义可以看出，$\rho_A = \mathrm{tr}_B(\rho_{AB})$，$\rho_B = \mathrm{tr}_A(\rho_{AB})$。

对于任意一个复合系统的量子态 $|\Psi\rangle_{AB}$，都可以把它表示成一个密度矩阵。那么，一般地，是不是其子系统的密度矩阵都可以从复合系统密度矩阵的偏迹给出？答案是肯定的。事实上，复合系统的密度矩阵和子系统的密度矩阵就是用偏迹联系起来的，这是量子力学的公理之一。

公理 2.1 给定一个孤立的复合系统量子态 $|\Psi\rangle_{AB}$，其子系统的态由偏迹给出：

$$\begin{cases} \rho_A = \mathrm{tr}_B(|\Psi\rangle\langle\Psi|_{AB}) \\ \rho_B = \mathrm{tr}_A(|\Psi\rangle\langle\Psi|_{AB}) \end{cases} \tag{2.15}$$

一个量子态最一般的形式可以用密度矩阵来表示。这里用 $\mathcal{D}(\mathcal{H}_A)$ 来表示作用在希尔伯特空间 $\mathcal{H}_A$ 上所有密度矩阵的集合。在量子信息中，当我们说量子态的时候，往往指的是系统的密度矩阵而不是右矢形式。可以尝试计算一下 2.1 节中提到的贝尔态在子系统 A 的密度矩阵：

$$\begin{aligned} \rho_A &= \mathrm{tr}_B(|\Phi^+\rangle\langle\Phi^+|_{AB}) \\ &= \frac{1}{2}\mathrm{tr}_B[(|00\rangle + |11\rangle)(\langle 00| + \langle 11|)] \\ &= \frac{1}{2}(|0\rangle\langle 0| + |1\rangle\langle 1|) \end{aligned} \tag{2.16}$$

从结果不难看出，对于一个一般的密度矩阵 ρ，不能写成左右矢的形式，$\rho \neq |\phi\rangle\langle\phi|$。

你可能很好奇为什么用偏迹操作来得到子系统的态。这是因为偏迹操作是唯一能给出与观测量相符的物理量的线性算符。如果你想对这一点有更深的理解，可以考虑一下下面的问题。这一点会在 2.3.1 节定义好一般测量之后进一步讨论。

思考题 2.2 验证如果乙执行幺正算符或投影测量时没有通知甲测量结果，甲的局部密度矩阵不会改变。

另外，如果复合系统不是一个孤立系统，复合系统和子系统的量子态之间的关系由下面的推论给出。

推论 2.1 给定一个复合系统量子态 ρ_{AB}，其子系统的态由偏迹给出：

$$\begin{cases} \rho_A = \mathrm{tr}_B(\rho_{AB}) \\ \rho_B = \mathrm{tr}_A(\rho_{AB}) \end{cases} \tag{2.17}$$

证明 把所有和联合系统 AB 有相互作用的系统记为 C，这里如果有必要把整个世界的系统包含进来，这样 ABC 系统形成了一个孤立系统，可以由一个希尔伯特空间中的态 $|\Psi\rangle_{ABC}$ 给出。根据公理 2.1，可以将 BC 看作一个整体求偏迹来求子系统 A 中的态：

$$\rho_A = \mathrm{tr}_{BC}(|\Psi\rangle\langle\Psi|_{ABC}) \tag{2.18}$$

由偏迹操作的定义有

$$\rho_A = \text{tr}_{BC}(|\Psi\rangle\langle\Psi|_{ABC})$$

$$= \text{tr}_B[\text{tr}_C(|\Psi\rangle\langle\Psi|_{ABC})] \tag{2.19}$$

继续采用公理 2.1，如果将系统 AB 看作一个整体，有 $\rho_{AB} = \text{tr}_C(|\Psi\rangle\langle\Psi|_{ABC})$，所以

$$\rho_A = \text{tr}_B[\text{tr}_C(|\Psi\rangle\langle\Psi|_{ABC})]$$

$$= \text{tr}_B(\rho_{AB}) \tag{2.20}$$

同样地，可以得到 $\rho_B = \text{tr}_A(\rho_{AB})$。 □

在方框 2 中，列举了由公理 2.1 给出的密度矩阵 ρ 的性质，相关的证明留做习题。事实上，满足这三条性质的矩阵一定是一个量子态，即可以由公理 2.1 给出，其证明将在 2.2.3 节中给出。

方框 2：密度矩阵的性质

1. 厄米性：$\rho^\dagger = \rho$。
2. 半正定：$\rho \geqslant 0$。
3. 归一化：$\text{tr}(\rho) = 1$。

我们注意到，除了不满足 $\rho^2 = \rho$，这里的密度矩阵 ρ_A 和之前介绍的纯态的密度矩阵 $|\psi\rangle\langle\psi|$ 有一样的性质。你可以很快计算一下这条性质发生了怎样的改变，然后证明一下：$\rho^2 = \rho \Leftrightarrow \text{tr}(\rho^2) = 1$。根据这个性质，可以定义一个量来区分纯态与非纯态，即纯度（purity）。

定义 2.1（纯度） 一个态 ρ 的纯度定义为 $\text{tr}(\rho^2)$。

思考题 2.3 证明满足密度矩阵性质方框 2 的 ρ 都有 $\text{tr}(\rho^2) \leqslant 1$。

从矩阵的秩出发，不难证明，一个态可以写成左右矢的形式，$\rho = |\psi\rangle\langle\psi|$，当且仅当它的纯度为 1，即 $\text{tr}(\rho^2) = 1$。这个时候，量子态可以用希尔伯特空间的一条射线来表示，我们说这个态是纯态。因此，纯度可以用来区分纯态与非纯态。

例 2.1 一个复合系统处在量子态 $|\Psi\rangle_{AB} = a|0\rangle_A|0\rangle_B + b|1\rangle_A|1\rangle_B$ 上，求子系统的量子态及其纯度。

解 首先写出复合系统量子态的密度矩阵形式，

$$\rho_{AB} = aa^*|00\rangle\langle00| + bb^*|11\rangle\langle11| + ab^*|00\rangle\langle11| + a^*b|11\rangle\langle00| \tag{2.21}$$

子系统量子态由偏迹给出，

$$\begin{cases} \rho_A = \text{tr}_B(\rho_{AB}) = aa^*|0\rangle\langle0| + bb^*|1\rangle\langle1| \\ \rho_B = \text{tr}_A(\rho_{AB}) = aa^*|0\rangle\langle0| + bb^*|1\rangle\langle1| \end{cases} \tag{2.22}$$

子系统的纯度为

$$
\begin{cases}
\text{tr}(\rho_A^2) = \text{tr}\left[(aa^*\,|0\rangle\langle0| + bb^*\,|1\rangle\langle1|)(aa^*\,|0\rangle\langle0| + bb^*\,|1\rangle\langle1|)\right] = |a|^4 + |b|^4 \\
\text{tr}(\rho_B^2) = \text{tr}\left[(aa^*\,|0\rangle\langle0| + bb^*\,|1\rangle\langle1|)(aa^*\,|0\rangle\langle0| + bb^*\,|1\rangle\langle1|)\right] = |a|^4 + |b|^4
\end{cases}
\tag{2.23}
$$

$\square$

这里，我们看到 $\rho_A = \rho_B$，实际上，从 2.1.2 节施密特分解定理 2.1 不难看出，对纯态 $|\psi\rangle_{AB}$，总是能找到 A 和 B 系统的一组合适基矢，$\{|\phi_i\rangle_A\}$，$\{|\psi_i\rangle_B\}$，使得

$$
\begin{cases}
\rho_A = \sum_i p_i\,|\phi_i\rangle\langle\phi_i|_A \\
\rho_B = \sum_i p_i\,|\psi_i\rangle\langle\psi_i|_B
\end{cases}
\tag{2.24}
$$

于是，我们看到，ρ_A 和 ρ_B 有相同的非零本征值。需要强调的是，$|\phi_i\rangle_A$ 和 $|\psi_i\rangle_B$ 代表了不同系统的量子态，它们可以代表不同的量子态。

当然，一般情况下，我们没有 $\rho_A = \rho_B$，比如 $\rho_{AB} = \rho_A \otimes \rho_B$，这样两个系统的量子态可以没有任何关系。那么，为什么当 ρ_{AB} 是一个纯态时，子系统 A 和 B 的量子态有如此紧密的联系，这之中是不是还有什么更深层次的原因呢？后面章节中，会从信息的角度来进一步讨论。

2.2.2 纯态的混合

由量子态性质——方框 2，我们知道，密度矩阵是厄米的，所以总是可以被对角化，即有如下谱分解（spectrum decomposition）定理，其证明见 0.3.1 节矩阵运算部分，正规矩阵的定义。

定理 2.2（谱分解定理） 对于任意归一化的正定厄米算符 ρ，总存在一组正交归一的纯态及其对应的非负实数 $\{p_i, |i\rangle\}$，满足 $p_i \geqslant 0$，$\sum_i p_i = 1$，并且 $\langle i|j\rangle = \delta_{ij}$，使得

$$
\rho = \sum_i p_i\,|i\rangle\langle i|
\tag{2.25}
$$

对于前面提到的量子态纯度的定义 $\text{tr}(\rho^2)$，现在从谱分解定理，有

$$
\text{tr}(\rho^2) = \sum_i p_i^2 \leqslant \sum_i p_i = 1
\tag{2.26}
$$

显然，如果 $\rho = \rho^2$，那么只有一个 $\{p_i\}$ 等于 1，其他都应该是 0，因此 ρ 是一个纯态。这样就证明了思考题 2.3。

我们来看一下谱分解是否唯一。首先，一个正规矩阵的本征值是唯一的，也就是说，上述分解的 $\{p_i\}$ 是唯一的。如果这些本征值不简并，即均不相同，那么相应的本征态也是唯一确定的，于是谱分解是唯一的。但是如果本征值是简并的，即某个本征值对应了两个以上的本征态，也就是对应了一个希尔伯特空间的子空间，而我们可以采用这个子空间中的任意一组基矢来用作谱分解的 $|i\rangle$，这样，谱分解并不唯一。显然，简并情况下不同的分解之间可以用幺正变换来相互转换。

例 2.2　对于 2.1.3 节中的贝尔态，

$$\begin{aligned}
|\Phi^+\rangle_{AB} &= \frac{1}{\sqrt{2}}(|00\rangle + |11\rangle) \\
&= \frac{1}{\sqrt{2}}(|++\rangle + |--\rangle) \\
&= \frac{1}{\sqrt{2}}(|+i-i\rangle + |-i+i\rangle)
\end{aligned} \tag{2.27}$$

写出子系统 A 的量子态，讨论其谱分解。

解　子系统 A 的量子态由偏迹给出，

$$\begin{aligned}
\rho_A &= \mathrm{tr}_B\left(|\Phi^+\rangle\langle\Phi^+|_{AB}\right) \\
&= \frac{1}{2}\left(|0\rangle\langle0| + |1\rangle\langle1|\right) \\
&= \frac{1}{2}\left(|+\rangle\langle+| + |-\rangle\langle-|\right) \\
&= \frac{1}{2}\left(|+i\rangle\langle+i| + |-i\rangle\langle-i|\right) \\
&= \frac{\boldsymbol{I}}{2}
\end{aligned} \tag{2.28}$$

该式已经给出了 ρ_A 的三种不同的谱分解，对应贝尔态在三种不同基矢下的表示。从这里可以看出，由于本征值简并，谱分解并不唯一。事实上，对于任意两个正交的量子比特态 $|\phi\rangle, |\phi^\perp\rangle \in \mathcal{H}_2$，$\langle\phi|\phi^\perp\rangle = 0$，可以作为其谱分解，

$$\rho_A = \frac{\boldsymbol{I}}{2} = \frac{1}{2}\left(|\phi\rangle\langle\phi| + |\phi^\perp\rangle\langle\phi^\perp|\right) \tag{2.29}$$

□

对于上述例子中的 ρ_A，我们注意到，$\mathrm{tr}(\rho^2) = 1/2 < 1$，其纯度小于 1，所以并非是一个纯态。我们把所有纯度小于 1 的非纯态，$\mathrm{tr}(\rho^2) < 1$，称为混态（mixed state）。从谱分解定理可以看出，如果分解的非零本征值数量为 1，那么这个态是纯态，如果有超过一个非零本征值，那么这个态是混态。

实际上，混态并不总是需要像谱分解定理里那样写成一组相互正交的纯态。例如，$\rho = \frac{1}{2}(|0\rangle\langle 0| + |+\rangle\langle +|)$ 也是一个混态。所以，更一般地，一个混态 ρ 的密度矩阵总可以写成如下形式[①]：

$$\rho = \sum_i p_i |\phi_i\rangle\langle\phi_i| \tag{2.30}$$

其中，$p_i \geq 0, \sum_i p_i = 1$，不同的纯态 $|\phi_i\rangle\langle\phi_i|$ 之间没有必然的关系。这里，可以把 $\{p_i\}$ 看成一个概率分布。从数学形式上可以看出，混态可以看作由多个纯态按一定的概率混合得到，这也是为什么我们将之称为混态。

在实验上，考虑如何制备一个量子态。对于式(2.30)这样的量子态 ρ，可以用下面三个不同的角度来看该态的制备。

（1）可以直接从公理 2.1出发来制备 ρ。考虑有一个仪器，先制备了下面这个 AB 联合系统的纯态：

$$|\Psi\rangle_{AB} = \sum_i \sqrt{p_i}\,|\phi_i\rangle_A |i\rangle_B \tag{2.31}$$

这里，$\{|i\rangle_B\}$ 是一组正交归一基矢。之后单独将 A 系统输出，就会得到 $\rho_A = \mathrm{tr}_B\left(|\Psi\rangle\langle\Psi|_{AB}\right) = \sum_i p_i |\phi_i\rangle\langle\phi_i|$，就是式(2.30)量子态 ρ。

（2）这个仪器在制备 $|\Psi\rangle_{AB}$ 之后，可以对系统 B 在基矢 $\{|i\rangle_B\}$ 上进行测量。不难看出，测量将会以 p_i 的概率得到 $|i\rangle_B$ 的结果，同时 A 系统上的态对应的密度矩阵会相应地变为 $|\phi_i\rangle\langle\phi_i|$。如果这个仪器不会向外界透露测量结果，那么该测量是不会影响输出系统 A 的量子态[②]的。因此外界用户得到的系统 A 的量子态还是由式(2.30)给出。

（3）更进一步地，既然外界用户无法得知仪器有没有进行测量，也无法区分有测量操作与无测量操作时输出的量子态，那么，这个仪器可以直接省略制备 $|\Psi\rangle_{AB}$ 和测量系统 B 的步骤，以 p_i 的概率输出一个量子态 $|\phi_i\rangle$，这样也能制备出式(2.30)中的量子态 ρ。

对比上述三种情况下制备的量子态，从一个外界用户看来在物理上无法区别。于是，对于用户来讲，系统 A 的量子态均由式(2.30)给出。反过来，也找到了式(2.30)的物理含义：各种可能的态 $|\phi_i\rangle$ 都有一定的概率 p_i 出现，这也是我们上面所提到的"概率混合"的物理含义，也是混态名称的由来。更一般地，如果设备以 p_i 的概率输出量子态 ρ_i，那么这个输出的量子态应该写为

---

① 严格证明这个将混态分解为纯态的关键点在于：密度矩阵空间 $\mathcal{D}(\mathcal{H}_A)$ 是一个凸空间，而且纯态是这个空间的极点（extreme points）。定理 2.2可以看作这个分解的特例。

② 可以想象一下，仪器在做测量的时候，A, B 两个子系统已经类空间隔了。外界用户甚至不知道仪器有没有对系统 B 进行测量。

$$\rho = \sum_i p_i \rho_i \qquad (2.32)$$

需要强调的是，上述后两种制备方案中，仪器均不能向外界透露测量结果或者选择结果 i。如果仪器稍后将 i 的信息发给外界用户，用户手里的态就不再是混态 ρ 了，而变成了 $|\phi_i\rangle$。这个从信息的角度来看并不意外。量子态本来就是描述一个系统的状态，即系统的量子信息，也就是一个观察者对一个系统的认识。于是，量子态也就可以随着观察者获得更多信息而改变。这也是为什么我们说"物理是信息的"。关于这一点，可以看下面这两个问题。

例 2.3 （1）如果一个系统处在一个纯态上，是否还会因为观察者得到信息而改变？

（2）既然得到信息能够改变量子态，是否存在"失去"信息而改变量子态的情况？

解 （1）物理上，一个系统如果处在纯态，它是一个孤立系统，即数学上来讲，该系统和任何其他系统组成的联合系统的量子态一定是一个简单的张量积形式，$|\phi\rangle\langle\phi| \otimes \rho_E$。从信息的角度来看，一个纯态已经包含了该系统的所有信息，观察者不可能从外界得到另外"有用"的信息。所以，如果一个系统处在一个纯态上，不会因为观察者得到信息而改变。

（2）第 1 章量子演化中我们知道，所有的量子操作都是幺正的，也就是可逆的。获得信息也可以看成一种量子操作。那么，既然有"获得信息"而改变量子态的操作，那么是否存在与之相反的"失去信息"而改变量子态的操作。这个就是信息擦除实验的基础。对此更深刻的理解，当前学术界的主流是多宇宙解释，有兴趣的读者可以找相关文献阅读。□

思考题 2.4 在第 1 章我们了解了量子不可克隆定理，但是当时的证明仅仅是对纯态而言的。对于混态来说还有不可克隆定理成立吗？

2.2.3 混态的纯化

从 2.2.2 节我们知道，对于任意一个密度矩阵 ρ_A，总可以找到它的一个纯态分解：

$$\rho_A = \sum_i p_i |\phi_i\rangle\langle\phi_i| \qquad (2.33)$$

这里，如果 $\{|\phi_i\rangle\}$ 组成一个正交归一基矢，那么该分解也称为谱分解，由定理 2.2 给出。应该如何理解这种对于 ρ_A 的分解？一方面，可以从信息缺失角度来看。这里的信息缺失，以一种概率混合的"不确定"的形式记录下来，即如果观测者甲不确定系统 A 确切的量子态是什么，只知道这个态是某个集合中一个特定的量子态 $|\phi_i\rangle$ 的概率为 p_i，那么在她看来，系统量子态由式 (2.33) 给出。

在大多数情况下，我们并没有雄心勃勃地试图了解整个宇宙的物理描述。我们只是满足于观察自己的小角落。因此，在实践中，我们所做的观测总是局限于一个大得多的量子系统的一小部分。所以，式(2.33)可以看成一个大系统中的子系统量子态描述。因此，找到一个这部分系统对应的、虚拟的总系统有助于更直观地了解整个系统的演化。于是有如下量子态纯化（state purification）定理。

定理 2.3 (量子态纯化定理)   对于系统 A 的任意一个量子态 ρ_A，可以构造出 ρ_A 的一个"纯化" $|\Psi\rangle_{AB}$，使得

$$\rho_A = \mathrm{tr}_B(|\Psi\rangle\langle\Psi|_{AB}) \tag{2.34}$$

证明   首先，$\boldsymbol{\rho}_A$ 是迹为 1 的半正定厄米矩阵。可以找到 $\boldsymbol{\rho}_A$ 的一个纯态分解，见式(2.33)，比如谱分解。然后取系统 B 的一组正交归一量子态 $\{|i\rangle_B\}$，最后构造出一个纯化量子态：

$$|\Psi\rangle_{AB} = \sum_i \sqrt{p_i} |\phi_i\rangle_A |i\rangle_B \tag{2.35}$$

这里 $p_i > 0$，$\sum_i p_i = 1$。 $\square$

纯化之后得到的态 $|\Psi\rangle_{AB}$ 是个纯态，所以我们知晓复合系统 AB 的全部信息。这个点物理上也非常有趣。一定程度我们假设了整个世界是一个孤立系统，处在一个纯态上，那么，系统 B 是客观上存在的。

当然对于一个混态来说，纯化的构造并不唯一，两种不同的纯化 $|\Psi_1\rangle_{AB}$ 和 $|\Psi_2\rangle_{AB}$ 之间的关系可以由下式给出：

$$|\Psi_1\rangle_{AB} = (I_A \otimes U_B) |\Psi_2\rangle_{AB} \tag{2.36}$$

这两个态的差异可以由一个单独作用于 $\mathcal{H}_B$ 的幺正变换给出。证明留作习题 2.5。这里的物理含义也很清楚，既然得不到系统 B，那么并不能确定 B 上是否做了量子操作。反过来可以看出来，无论对系统 B 做何种量子操作，系统 A 的量子态不变。这个和非讯令性（no-signaling）相吻合。

例 2.4   纯化下面这个密度矩阵：

$$\boldsymbol{\rho} = \begin{pmatrix} \dfrac{4}{9} & \dfrac{1}{100} \\[2mm] \dfrac{1}{100} & \dfrac{5}{9} \end{pmatrix} \tag{2.37}$$

解   第一步，找到 $\boldsymbol{\rho}$ 的谱分解：

$$\boldsymbol{\rho} = \lambda_0 |\phi_0\rangle\langle\phi_0| + \lambda_1 |\phi_1\rangle\langle\phi_1| \tag{2.38}$$

其中，λ_0, λ_1 是 $\boldsymbol{\rho}$ 的本征值，$|\phi_0\rangle, |\phi_1\rangle$ 则是对应的本征态。

第二步，ρ 的纯化可以写成

$$|\psi_{AB}\rangle = \sqrt{\lambda_0}\,|\phi_0\rangle_A\,|0\rangle_B + \sqrt{\lambda_1}\,|\phi_1\rangle_A\,|1\rangle_B \qquad (2.39)$$

这里，简单地取拓展的纯化 B 系统的计算基矢 $|0\rangle_B, |1\rangle_B$ 作为纯化态。具体数值请自行代入计算。□

例 2.5　考虑量子态 $|\Phi^+\rangle_{AB} = \dfrac{1}{\sqrt{2}}(|0\rangle_A\,|0\rangle_B + |1\rangle_A\,|1\rangle_B)$，系统 A, B 分别在甲和乙手中。现在乙对手中的系统 B 进行了 Z 基矢测量。

(1) 如果乙测量完之后不告诉甲测量的结果，甲手中的态是什么？

(2) 如果乙告诉了甲测量的结果，$|0\rangle$ 或是 $|1\rangle$，甲手中的态是什么？

解　(1) 由于甲不知道乙的测量结果，而乙的测量结果有一半概率是 $|0\rangle_B$，一半概率是 $|1\rangle_B$，所以甲手中的态也有一半的概率为 $|0\rangle_A$，一半概率为 $|1\rangle_A$，概率混合后为 $\dfrac{1}{2}(|0\rangle\langle0| + |1\rangle\langle1|)$。

(2) 如果乙告诉甲测量结果为 $|0\rangle_B$，则原来的态坍缩到 $|00\rangle_{AB}$，甲手中的态为 $|0\rangle_B$；同理，如果乙告诉甲测量结果为 $|1\rangle_B$，甲手中的态为 $|1\rangle_A$。□

从例 2.5 中可以看出，乙在得到测量结果后就能够知道甲手中的纯态究竟是哪一个，但在甲看来，如果乙没有告诉她结果，系统 A 的一些信息缺失了，她手中的态就是一个混态。当乙告诉甲关于测量结果的信息时，这个混态就变成了纯态：信息是物理的，并且物理也是信息的！

在量子信息中，我们认为所有的混态 ρ_A 是由对一个更大的、不可分的系统求偏迹得到的。这里我们可以看到整个系统的不可分性和子系统中信息的缺失之间的紧密联系。我们将在后面章节从信息论的角度更清晰地阐述这一点。

有了纯化的概念，就可以来比较一下量子态的相干叠加与经典混合之间的区别。考虑这样一个相干叠加得到的态 $|\psi\rangle = (|0\rangle + |1\rangle)/\sqrt{2}$，它对应的密度矩阵是

$$|\psi\rangle\langle\psi| = \frac{1}{2}\begin{pmatrix} 1 & 1 \\ 1 & 1 \end{pmatrix} \qquad (2.40)$$

现在将它与另一个由经典混合得到的密度矩阵

$$\rho = \frac{1}{2}(|0\rangle\langle0| + |1\rangle\langle1|) = \frac{1}{2}\begin{pmatrix} 1 & 0 \\ 0 & 1 \end{pmatrix} \qquad (2.41)$$

进行对比。如果在 Z 基矢上测量它们，这两个态的测量结果都会是以相等的概率得到 $z = 0$ 和 $z = 1$。看上去似乎这两个态有相同的产生随机性的能力。但是，如果在 X 基矢上对这两个态进行测量，那么它们是可以被分辨的。事实上，对于两个不同的量子态，总可以找到一个合适的测量来区分它们。

例 2.6 如果现在要在 $\frac{1}{\sqrt{2}}(|0\rangle + |1\rangle)$ 和 $\rho = \frac{1}{2}|0\rangle\langle 0| + \frac{1}{2}|1\rangle\langle 1|$ 中选择一个态来产生随机数，那么应该选择哪一个态？

解 由于 $\frac{1}{\sqrt{2}}(|0\rangle + |1\rangle)$ 是一个纯态，任意的额外信息都不会改变这个态，然而窃听者可以通过测量混态 $\rho = \frac{1}{2}|0\rangle\langle 0| + \frac{1}{2}|1\rangle\langle 1|$ 的纯化系统来对它进行攻击。因此，我们更倾向于使用前一个态来产生随机数。对这个问题感兴趣的同学，可以阅读文献 [8]。 □

这里，开始提到了"信息"的概念，并且发现它与量子态的纯度有着密切的关系。关于"信息"，特别是"量子信息"，将在第 4 章进一步解释。

2.2.4 混态的布洛赫球表示和量子层析

现在我们已经熟悉了混态 ρ，让我们重新考虑布洛赫球面上的表示。混态仍然可以表示在布洛赫球上吗？回忆一下第 1 章的表示，一个量子比特 ρ 可以写成

$$\rho = \frac{1}{2}(\sigma_0 + r \cdot \sigma)$$
$$= \frac{1}{2}[\text{tr}(\rho)\sigma_0 + \text{tr}(\sigma_x\rho)\sigma_x + \text{tr}(\sigma_y\rho)\sigma_y + \text{tr}(\sigma_z\rho)\sigma_z] \tag{2.42}$$

因此 $r = (x, y, z)$ 可以被看作 ρ 的坐标。这个表示并没有限定 ρ 必须是一个纯态，对于纯态，$|r|^2 = 2\,\text{tr}(\rho^2) - 1 = 1$，所以对应的点在布洛赫球面上，而对于一个混态 ρ_A^2，

$$|r|^2 = 2\,\text{tr}(\rho_A^2) - 1 = x^2 + y^2 + z^2 < 1 \tag{2.43}$$

这个可以由混态的纯度小于 1 来证明。因此，(x, y, z) 所代表的点是在布洛赫"球"内部而不是在球面上。

通过布洛赫球，也能很直观地表示混态分解，见式 (2.32)。将这个分解代入式 (2.42) 中，可以得到：

$$\rho = \frac{1}{2}[\text{tr}(\rho)\sigma_0 + \text{tr}(\sigma_x\rho)\sigma_x + \text{tr}(\sigma_y\rho)\sigma_y + \text{tr}(\sigma_z\rho)\sigma_z]$$
$$= \frac{1}{2}\left[\text{tr}\left(\sum_i p_i\rho_i\right)\sigma_0 + \text{tr}\left(\sigma_x\sum_i p_i\rho_i\right)\sigma_x + \right.$$
$$\left. \text{tr}\left(\sigma_y\sum_i p_i\rho_i\right)\sigma_y + \text{tr}\left(\sigma_z\sum_i p_i\rho_i\right)\sigma_z\right]$$
$$= \frac{1}{2}\left[\sigma_0 + \sum_i p_i\,\text{tr}(\sigma_x\rho_i)\sigma_x + \sum_i p_i\,\text{tr}(\sigma_y\rho_i)\sigma_y + \sum_i p_i\,\text{tr}(\sigma_z\rho_i)\sigma_z\right] \tag{2.44}$$

所以 ρ 对应的向量 r 满足:

$$r = \left(\sum_i p_i x_i, \sum_i p_i y_i, \sum_i p_i z_i \right) = \sum_i p_i r_i \tag{2.45}$$

其中, r_i 是 ρ_i 在布洛赫球上的向量表示, x_i, y_i, z_i 则是对应的坐标, p_i 满足 $p_i > 0, \sum_i p_i = 1$。可以看出, 这种分解就对应于布洛赫球表示里的分解, 如图 2.1 所示。

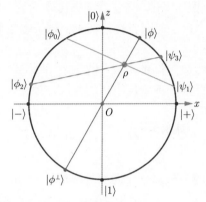

图 2.1 混态分解的布洛赫球表示。为了更加清晰地展示混态与纯态在布洛赫球的位置, 图中取了布洛赫球在 x 轴与 z 轴所在平面上的截面作为一个例子。更一般的分解所涉及的混态与纯态, 并不一定局限在这一平面上, 甚至都不一定在同一平面上

对于将混态分解为两个纯态的概率混合, 即 $\rho = p_0 |\psi_0\rangle\langle\psi_0| + p_1 |\psi_1\rangle\langle\psi_1|$ 的情况, 由于 p_i 的性质, 这三个态对应的点一定在同一条直线上。当这条直线经过布洛赫球的球心时, $|\phi\rangle, |\phi^\perp\rangle$ 互相正交, 对应将 ρ 进行谱分解的情况。当这条直线没有经过球心时, 就对应更一般的纯态分解的情况。显然, 这种分解不唯一, 图中显示了另外一种分解方法, $\rho = p_2 |\psi_2\rangle\langle\psi_2| + p_3 |\psi_3\rangle\langle\psi_3|$。事实上, 一个混态可以写成多个纯态的分解, 比如, ρ 可以写成 $|\psi_0\rangle, |\psi_1\rangle, |\psi_2\rangle, |\psi_3\rangle$ 的混合。

类似地, 之前学到的纯态量子层析方法也适用于混态。只需要测量三个可观测量 $\sigma_x, \sigma_y, \sigma_z$ 的平均值 $\mathrm{tr}(\sigma_x\rho), \mathrm{tr}(\sigma_y\rho), \mathrm{tr}(\sigma_z\rho)$, 这样就可以代入式(2.42)得到相应的密度矩阵。

这里, 还可以把结果拓展到一个 n 比特的系统。首先, 引入 n 比特泡利算符, 对一个矢量 $v \in \{I, x, y, z\}^n$, 有

$$P_{\boldsymbol{v}} = \bigotimes_{i=1}^{n} \sigma_{v_i} \tag{2.46}$$

其中, v_i 是矢量 v 的第 i 个元素。那么, 对 n 比特系统的层析可以由下式给出:

$$\rho = 2^{-n} \sum_{\boldsymbol{v} \in \{I, x, y, z\}^n} \mathrm{tr}(\rho P_{\boldsymbol{v}}) P_{\boldsymbol{v}} \tag{2.47}$$

求和式中有 4^n 项，所以应该有 $4^n - 1$ 的测量值。这种对密度矩阵的表示方法被称作 Pauli-Liouville 表示，感兴趣的同学可以阅读文献 [9] 和文献 [10]。注意，对 I^n 的测量实际上并不需要执行。这种层析的过程可能不是最佳的，因为任何局部 I 测量都可以省略。总的来说，只需要执行 3^n 次测量，但相对于 n 还是指数多的。

2.2.5 量子态距离的度量

从上述布洛赫球中我们看出，有些量子态比较接近，有些比较远。在量子信息中，时不时会讨论两个量子态有多接近。两个量子态相似度有许多不同的度量。下面讨论几种常用的。

为了度量两个密度矩阵之间的距离，先来看看概率论中的距离度量。给定两个概率分布 $\{p_x\}$ 和 $\{q_x\}$，一种度量距离的方式是迹距离（trace distance）：

$$D(p_x, q_x) \equiv \frac{1}{2} \sum_x |p_x - q_x| \tag{2.48}$$

另一种度量的方式是这两个概率分布间的保真度（fidelity）：

$$F(p_x, q_x) \equiv \sum_x \sqrt{p_x q_x} \tag{2.49}$$

从谱分解定理不难看出，密度矩阵和概率分布有很强的相通性。于是可以类似地定义量子态之间的迹距离和保真度。

定义 2.2 (迹距离)　两个量子态 ρ 和 σ 之间的迹距离定义如下：

$$D(\rho, \sigma) \equiv \frac{1}{2} \operatorname{tr} |\rho - \sigma| \tag{2.50}$$

定义 2.3 (保真度)　两个量子态 ρ 和 σ 之间的保真度定义如下：

$$F(\rho, \sigma) \equiv \operatorname{tr} \sqrt{\rho^{\frac{1}{2}} \sigma \rho^{\frac{1}{2}}} \tag{2.51}$$

当 $\rho = |\phi\rangle\langle\phi|$ 是纯态时，有

$$F(\rho, \sigma) = \sqrt{\langle\phi| \sigma |\phi\rangle} \tag{2.52}$$

定理 2.4 (Uhlmann 定理)　给定两个量子态 ρ 和 σ，

$$F(\rho, \sigma) \equiv \max_{|\psi\rangle, |\phi\rangle} |\langle\psi|\phi\rangle| \tag{2.53}$$

其中最大值在所有 ρ 的纯化 $|\psi\rangle$ 和 σ 的纯化 $|\phi\rangle$ 中取。

迹距离和保真度之间的关系如下:

$$1 - F(\rho, \sigma) \leqslant D(\rho, \sigma) \leqslant \sqrt{1 - F(\rho, \sigma)^2} \tag{2.54}$$

不等式的证明留作习题 2.11。

需要注意的是,保真度并不是一个真正的距离度量(metric),因为它不满足三角不等式。但是 ρ 和 σ 之间的夹角是一个距离度量。

$$A(\rho, \sigma) = \arccos F(\rho, \sigma) \tag{2.55}$$

除了迹距离和保真度之外,还经常使用量子相对熵(quantum relative entropy)来度量两个量子态有多接近。

定义 2.4 (量子相对熵) 定义两个密度矩阵 ρ 和 σ 之间的相对熵为

$$S(\boldsymbol{\rho}||\boldsymbol{\sigma}) \equiv \operatorname{tr}(\boldsymbol{\rho}\log\boldsymbol{\rho} - \boldsymbol{\rho}\log\boldsymbol{\sigma}) \tag{2.56}$$

量子相对熵是相对熵在量子力学中的扩展产物,在数学意义上,它不是严格意义上的距离度量,因为它不对称,也不服从三角不等式。我们还没有真正涉及熵的概念,将在后面章节中再回到这个定义。

2.3 一般测量

在第 1 章中,已经学习了投影测量的内容,特别是秩为 1 的投影测量 —— 冯·诺依曼测量。下面介绍量子力学中对于测量过程的最一般描述,从中会发现,冯·诺依曼测量是一种特殊但常见的情形。

2.3.1 正定算子测量

在前几节中,引入了一个非常重要的概念——混态,并且通过概率混合和纯化将其与第 1 章的重点——纯态联系了起来。那么对于第 1 章介绍的投影测量来说,是否也可以类似地进行混合呢?答案是肯定的,只要以不同的概率进行不同的测量就可以了,那这种概率混合后的测量是不是还是投影测量呢?不妨让我们考虑下面这个场景:

例 2.7 观测者甲将一个未知的量子比特态 ρ 输入一个用来进行量子测量的设备,这个设备会以 50% 的概率对输入的量子比特进行 Z 基矢测量,另外 50% 的概率则会进行 X 基矢测量,并输出测量结果 $\{1, -1\}$,这个设备进行的测量是投影测量吗?

解 这个设备进行的测量不是投影测量,当输出的测量结果是 1 时,甲有可能进行了 Z 测量,对应测量结果的态为 $|0\rangle$,也有可能进行了 X 测量,对应测量

结果的态为 $|+\rangle$，因此测量结果是 1 时对应的测量后的态为 $|0\rangle$ 与 $|+\rangle$ 按一定概率混合得到的混态，具体概率取决于被测量的态 ρ。同理，测量结果是 -1 时对应的测量后的态为 $|1\rangle$ 与 $|-\rangle$ 按一定概率混合得到的混态。一般情况下，对应不同测量结果的态并不正交，所以这不是一个投影测量。 □

从这个例子就可以看出，单纯的投影测量是无法描述所有的测量操作的，因此需要更严格地表述一下第 1 章中的测量公理。

公理 2.2 量子测量由一组测量算子 $\{M_m\}_m$ 描述，作用于待测量系统所处的希尔伯特空间上，指标 m 对应于实验中可能的测量结果。如果测量过程刚开始时刻量子系统处于状态 ρ，那么结果 m 发生的概率为

$$\mathrm{Pr}(m) = \mathrm{tr}\left(M_m \rho M_m^\dagger\right) \tag{2.57}$$

测量后相应的系统末态为

$$\frac{M_m \rho M_m^\dagger}{\mathrm{tr}\left(M_m \rho M_m^\dagger\right)} \tag{2.58}$$

根据概率公式(2.57)的求和归一性，我们可以得出，测量算子满足完备性条件：

$$\sum_m M_m^\dagger M_m = \boldsymbol{I} \tag{2.59}$$

对于这个公理，我们还有一些话想说。首先，这个公理告诉我们，测量是一个随机实验。而在使用密度矩阵的描述中，在物理上，实际上涉及两种类型的随机性，我们有时表示为内禀随机性（intrinsic randomness）和外在随机性（extrinsic randomness），这两者合在一起称为名义随机性（nominal randomness）。内禀随机性源于量子力学的不可预测性，而外在随机性也包含了信息不完全导致的不可预测性。内禀随机性的概念与量子相干性和叠加性有着深刻联系，感兴趣的同学可以阅读文献 [11]。

其次，我们在表示系统时有点草率。最终系统可以不同于原始系统，特别是态空间（希尔伯特空间）的维数可能会变化。如果明确地用 $\rho \in \mathcal{D}(\mathcal{H}_A)$，$M_m : \mathcal{H}_A \mapsto \mathcal{H}_{A'}$ 来表示的话，有

$$\begin{cases} \dfrac{M_m \rho M_m^\dagger}{\mathrm{tr}\left(M_m \rho M_m^\dagger\right)} \in \mathcal{D}(\mathcal{H}_A') \\[2mm] \sum_m M_m^\dagger M_m = I_A \end{cases} \tag{2.60}$$

这里也反映出来，一般情况下，矩阵 M_m 并不一定是方阵。

思考题 2.5 证明式(2.57)对于任意密度矩阵 $\boldsymbol{\rho}$ 和测量算符都是非负的。

在很多情况下，系统的最终状态并不重要，只需要关注得到每种结果的概率。这种情况下可以用正定算子测量（positive operator-valued measure, POVM）来很好地描述测量。在测量假设中，得到测量结果 m 的概率为 $\mathrm{tr}(M_m\rho M_m^\dagger)$。利用求迹算子的循环性质，其概率可以写成 $\mathrm{tr}(M_m^\dagger M_m\rho)$。由此，可以定义一个新的算符：

$$E_m = M_m^\dagger M_m \tag{2.61}$$

很容易看出 $E_m \geqslant 0$ 是一个半正定算子。将集合 $\{E_m\}_m$ 称为一个 POVM，并将 E_m 称为 POVM 元素（element，注意不要与测量算符混淆）。在上述的定义下，不难验证，这些 POVM 元素满足性质见方框 3。其中前面两条由式 (2.61) 可以很快验证，最后一条可由概率归一化得出。

方框 3: 一般测量 POVM 元素的性质

1. 厄米性：$\boldsymbol{E}^\dagger = \boldsymbol{E}$。
2. 半正定：$\forall m$, $E_m \geqslant 0$。
3. 归一化：$\sum\limits_m E_m = \boldsymbol{I}$。

例 2.8 写出例 2.7 中测量对应的 POVM 元素，并验证其满足 POVM 元素的性质。

解 由例 2.7 中可能的测量结果，不难得出：

$$\begin{cases} \boldsymbol{E}_1 = \dfrac{1}{2}(|0\rangle\langle 0| + |+\rangle\langle +|) = \begin{pmatrix} \dfrac{3}{4} & \dfrac{1}{4} \\ \dfrac{1}{4} & \dfrac{1}{4} \end{pmatrix} \\[6mm] \boldsymbol{E}_{-1} = \dfrac{1}{2}(|1\rangle\langle 1| + |-\rangle\langle -|) = \begin{pmatrix} \dfrac{1}{4} & -\dfrac{1}{4} \\ -\dfrac{1}{4} & \dfrac{3}{4} \end{pmatrix} \end{cases} \tag{2.62}$$

容易验证，$\boldsymbol{E}_1, \boldsymbol{E}_{-1}$ 均为正定矩阵，且 $\boldsymbol{E}_1 + \boldsymbol{E}_{-1} = \boldsymbol{I}$。 □

思考题 2.2 中，只考虑了投影测量，而现在已经有了一般测量算符的定义。考虑下面的问题，我们可以看到，即使将测量扩展到一般的测量，偏迹操作也能给出与观测量相符的物理量。

思考题 2.6 假设甲和乙共享了一个可以由密度矩阵 ρ_{AB} 来描述的量子系统。考虑一个甲可能会在她的系统上进行的局部测量，其 POVM 为 $\{E_m\}_m$。那么总体的 POVM 因此可以写成 $\{E_m^A \otimes I^B\}_m$。证明由全体的密度矩阵预测的测量结果概率分布和局部的密度矩阵 ρ_A 给出的预测结果是一样的，其中，$\rho_A = $

$\text{tr}_B(\boldsymbol{\rho}_{AB})$,

$$\text{tr}\big[(E_m^A \otimes I^B)\boldsymbol{\rho}_{AB}\big] = \text{tr}(E_m^A \boldsymbol{\rho}_A) \tag{2.63}$$

因此，全局量子理论的预测与局部量子理论的预测是一致的。

2.3.2 Naimark 定理

我们先重新表述一下投影测量（projection-valued measure, PVM），通常记为 $\{M_m\}_m$，满足：

(1) $M_m^\dagger = M_m$；

(2) $M_m M_{m'} = \delta_{m,m'} M_m$；

(3) $\sum_m M_m^\dagger M_m = I$。

相对于一般的测量，投影测量有两个额外的要求，即测量算子是厄米和相互正交的投影算符。例如，$\{|0\rangle\langle 0|, |1\rangle\langle 1|\}$ 是单比特系统两输出的投影值测量，而 $\{|0\rangle\langle 0| + |1\rangle\langle 1|, |2\rangle\langle 2|\}$ 是三维系统两输出的投影测量。

不难验证，投影测量是 POVM 的特殊情况，即测量算子与 POVM 元素相同，$E_m = M_m^\dagger M_m = M_m$。我们可以从密度矩阵和它纯化后的纯态之间的关系类似角度理解 POVM 测量和投影测量之间的区别。一个更有趣的事实是，任何 POVM 都可以看作一个 PVM 在一个更大的系统上的实现，这是由 Naimark[①]定理给出的[12]。

定理 2.5（Naimark 定理） 对任意一个 POVM，$\{E_a\}_{a=0}^{n-1}$，满足 $E_a \geqslant 0$ 且 $\sum_{a=0}^{n-1} E_a = I$，可以将原希尔伯特空间扩展成更大的空间，使得延拓空间中存在投影测量 $\{P_a\}_{a=0}^{n-1}$，满足

$$P_a = \begin{pmatrix} E_a & \cdots \\ \cdots & \cdots \end{pmatrix}$$

即原希尔伯特空间中的 POVM 可以通过在延拓空间中进行投影测量来实现。

证明 通常来说，POVM 可以有秩不为 1 的元素。但在这种情况下可以先对这些 POVM 元素执行谱分解，并将 POVM 视为一个只具有秩为 1 的元素的 POVM，然后将结果组合。因此，不失一般性，在接下来的证明中可以认为 POVM 元素 E_a 都是秩为 1 的。

考虑一个希尔伯特空间 $\mathcal{H}$，记 $\dim \mathcal{H} = N$。POVM 可以由一系列秩为 1 的正定算符，$\{E_a\}_{a\in[n]}$，$n \geqslant N$，来描述。E_a 可以写成

$$E_a = |\psi_a\rangle\langle\psi_a| \tag{2.64}$$

---

① 由于苏联期刊翻译中使用的俄语罗马化，有时它也被称为 Neumark 定理。

其中，$|\psi_a\rangle\langle\psi_a|$ 是次归一化的（迹小于 1）。也就是说，对于 $\mathcal{H}$ 的一组正交基矢 $\{|i\rangle\}$ 展开，$|\psi_a\rangle = \sum_{i=0}^{N-1} \psi_{ai}|i\rangle$，我们有：$\forall a \in [n]$，$\sum_{i=0}^{N-1} |\psi_{ai}|^2 \leqslant 1$。那么基于 POVM 元素的归一性，$\forall i,j \in [N]$，有

$$\sum_{a=0}^{n-1} (E_a)_{ij} = \sum_{a=0}^{n-1} \psi_{aj}^* \psi_{ai} = \delta_{ij} \tag{2.65}$$

现在，把式 (2.65) 中的 $\sum_{a=0}^{n-1} \psi_{aj}^* \psi_{ai}$ 看作两个 n 维列向量 ψ_j 和 ψ_i 的内积，其中 $\psi_j = (\psi_{0j}, \psi_{1j}, \cdots, \psi_{(n-1)j})^{\mathrm{T}}, \psi_i = (\psi_{0i}, \psi_{1i}, \cdots, \psi_{(n-1)i})^{\mathrm{T}}$。对于任意 $i \in [N]$，这样定义的向量 ψ_i 都是归一化的，并且它们之间相互正交。可以将这些向量扩展到 n 维空间的标准正交基，也就是说，可以找到 n 个 n 维列向量 u_i，其中 $u_{ai} = \psi_{ai}, \forall a \in [n], i \in [N]$，使得 $\forall i,j \in [n]$，有

$$\sum_{a=0}^{n-1} u_{aj}^* u_{ai} = \delta_{ij} \tag{2.66}$$

由于这些向量构成了一组标准正交基，(u_{ai}) 组成了一个幺正矩阵。注意，对于第 a 行，由前 N 项构成的向量与向量 $|\psi_a\rangle$ 一致。这表明，通过扩大希尔伯特空间，$\mathcal{H}' = \mathcal{H} \oplus \mathcal{H}^{\perp}$，可以构造 $\mathcal{H}'$ 的一组标准正交基 $|u\rangle$：

$$|u\rangle = |\tilde{\psi}^{\perp}\rangle + |\tilde{\psi}^{\perp}\rangle$$

其中，$|\tilde{\psi}\rangle, |\tilde{\psi}^{\perp}\rangle \in \mathcal{H}'$ 是由 $|\psi\rangle$ 和 $|\psi^{\perp}\rangle$ 分别在对方空间对应的位置添加 0 得到的扩大后的希尔伯特空间上的态。因此，$\mathcal{H}$ 上的 POVM$\{E_a\}_{a=0}^{n-1}$ 被扩展为 $\mathcal{H}'$ 上的投影测量，且这个投影测量是由秩为 1 的算符 $\{|u_a\rangle\langle u_a|\}_a$ 所给出的。 □

这个 Naimark 定理可以看作量子态纯化在测量中的类比，即总可以把一个一般的测量"纯化"成一个投影测量。这样，可以重新审视一下例 2.7中仪器所作的操作，实际上，由于甲完全不知道仪器做了怎样的操作，我们总可以假设仪器内部还有一个辅助空间 $\mathcal{H}_D$，处在量子态 $|+\rangle_D$ 上，这个仪器实际上是先对 $|+\rangle_D$ 进行了 Z 基矢的测量，根据测量的结果，1 的话就对输入的态进行 Z 基矢测量，-1 的话就进行 X 基矢测量。那么对于总体的态 $|+\rangle_D \otimes \rho$，所做的测量就是一组投影测量 $\{|00\rangle\langle00|, |01\rangle\langle01|, |1+\rangle\langle1+|, |1-\rangle\langle1-|\}$。

同样地，一般的测量也可以看作缺失了一部分信息的投影测量。如果甲知道了仪器对 $|+\rangle_D$ 的测量结果，那么她就确定地知道仪器对 ρ 进行了 Z 基矢测量还是 X 基矢测量，这种情况下，仪器做的测量在甲看来就是投影测量了。

在量子态中，还学习到与纯态的概率混合相对应的混态的纯态分解，例 2.7也表明，投影测量的概率混合可以是一个非投影测量。那么，是不是也可以类比一

下式(2.32)，得出任何一个非投影测量都可以写成几个投影测量的混合的结论呢？有趣的是，答案是否定的。有不少非投影测量也不能写成其他测量的混合。有兴趣的读者可以参考 extremal POVM 相关文献[13-14]。

2.3.3　量子仪器

在很多情形中，不对测量算子的形式进行限制。根据测量公理，它们仅需要满足线性和完备性的要求。为了同时刻画观测者能够观测的经典结果和量子态演化后的系统状态，有时会用量子仪器的图像来描述量子测量过程。

在 2.3.2 节中，我们已经看到，如果只关注测量的经典结果，一个量子仪器可以对应于一个 POVM，而这一对应展示了 POVM 与投影测量之间的深刻联系。现在我们说明，对于一些问题而言，投影测量足以描述最一般的量子测量结果。考虑一组 POVM$\{M_m\}_m$ 作用于系统 $\mathcal{H}_A$ 上的量子态 ρ，这个过程可以由图 2.2 描述的操作实现：一开始，一个辅助系统 $\mathcal{H}_E$ 被制备到量子态 $|0\rangle\langle0|$；随后一个线性算子 U 作用在两体系统 $\mathcal{H}_A \otimes \mathcal{H}_E$ 上，

$$U(\rho \otimes |0\rangle\langle0|)U^\dagger = \sum_m M_m \rho M_m^\dagger \otimes |m\rangle\langle m| \tag{2.67}$$

其中，$\{|m\rangle\}$ 构成了系统 $\mathcal{H}_E$ 的一组正交完备基，U 是一个等距变换（isometry）算子。可以证明，U 可以扩展为更大空间中的幺正算子（证明留作习题 2.12）。随后，如果对系统进行投影测量 $\{P_m\}$，其中投影算子为 $P_m = I_A \otimes |m\rangle\langle m|$，那么测量结果为 m 的概率为

$$\Pr(m) = \mathrm{tr}\left[P_m U(\rho \otimes |0\rangle\langle0|)U^\dagger\right] = \mathrm{tr}\left(M_m \rho M_m^\dagger\right) \tag{2.68}$$

相应的系统末态演化为

$$\frac{P_m U(\rho \otimes |0\rangle\langle0|)U^\dagger P_m^\dagger}{\mathrm{tr}[P_m U(\rho \otimes |0\rangle\langle0|)U^\dagger]} = \frac{M_m \rho M_m^\dagger \otimes |m\rangle\langle m|}{\mathrm{tr}\left(M_m \rho M_m^\dagger\right)} \tag{2.69}$$

在对辅助系统 E 求偏迹后，我们可以看到，A 上的量子态与测量公理的描述是一致的。因此，这样一种利用投影测量的描述方法也可以看作对测量过程的一种等价描述。

在后面讨论量子信道的内容时，我们会说明，量子仪器可以理解为一个量子信道，而 Naimark 定理可以看作 Stinespring 延拓的一种特殊情况。

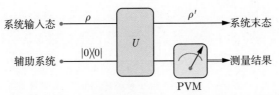

图 2.2 通过幺正算子和投影测量实现一个量子仪器。这里投影测量可以是秩为 1 的，$\{|m\rangle\langle m|\}$。一般情况下，ρ 和 ρ' 的维度是不一样的

2.3.4 联合测量和贝尔态测量

在实际量子信息处理任务中，经常会涉及同时对两个或者多个子系统同时进行测量的任务。这种同时作用于多个系统的测量被称作联合测量（joint measurement）。其中一种重要的类型是贝尔态测量（Bell state measurement）。完备的双比特贝尔态测量是一种投影测量，其效果是将量子态投影到贝尔基中的某一个。可以用 Hadamard 操作和 CNOT 操作来实现贝尔态测量。当 CNOT 门作用于计算基矢态上时，可以很快得到：

$$
\begin{cases}
\text{CNOT}\,|0\rangle\,|0\rangle = |0\rangle\,|0\rangle \\
\text{CNOT}\,|0\rangle\,|1\rangle = |0\rangle\,|1\rangle \\
\text{CNOT}\,|1\rangle\,|0\rangle = |1\rangle\,|1\rangle \\
\text{CNOT}\,|1\rangle\,|1\rangle = |1\rangle\,|0\rangle
\end{cases}
\tag{2.70}
$$

为了对贝尔态进行投影测量，考虑幺正矩阵

$$
U = (H \otimes I)\text{CNOT}
\tag{2.71}
$$

容易验证，当该矩阵作用于贝尔态时，

$$
\begin{cases}
U(|00\rangle + |11\rangle) = (H \otimes I)\,|+0\rangle = |00\rangle \\
U(|00\rangle - |11\rangle) = (H \otimes I)\,|-0\rangle = |10\rangle \\
U(|01\rangle + |10\rangle) = (H \otimes I)\,|+1\rangle = |01\rangle \\
U(|01\rangle - |10\rangle) = (H \otimes I)\,|-1\rangle = |11\rangle
\end{cases}
\tag{2.72}
$$

这四种量子态可以用局域 Z 测量进行分辨，也就是计算基矢态。在实验中，如果要分辨一个贝尔态是贝尔基中的哪一个，可以使用上面这一过程来完成态区分的任务。贝尔态测量可以用图 2.3 所示的量子线路实现。

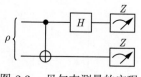

图 2.3　贝尔态测量的实现

2.4　一般的量子操作

在量子信息的语言中，量子操作、量子信道、量子态演化本质上都是同一件事——将一个量子态映射到另一个量子态：

$$\Lambda(\rho) = \rho' \tag{2.73}$$

一般来说，ρ 和 ρ' 的维度不一定相同。对于映射 Λ，它应该满足什么样的数学性质？直观上，它至少需要满足下面 3 个条件：

（1）线性: $\Lambda(\rho_1 + \rho_2) = \Lambda(\rho_1) + \Lambda(\rho_2)$；

（2）保正定性: $\forall \rho \geqslant 0, \Lambda(\rho) \geqslant 0$；

（3）保迹: $\mathrm{tr}(\Lambda(\rho)) = \mathrm{tr}(\rho)$。

线性的要求来自量子力学关于量子态演化的基本公理。稍后通过 Stinespring 扩展会更加深入地理解这一性质。由于演化是真实且物理的，只要映射的原象是量子态，映射的象也应该是量子态——这反映在另外的两个性质上。但有趣的是，保正定性并不是一个操作是量子演化的允分条件。接下来我们要说明，如果一个映射对应于一个实际的物理操作，它必须是完全正定（completely positive）的。

2.4.1　量子信道

量子信道是一个可以传输量子和经典信息的通信通道。在日常中，经典信息可以通过文档的形式在互联网上传输，这便可以看作信道的一个例子。在量子信息中，量子信道的严格定义由两个算子空间之间的完全正定保迹映射所描述。

为了数学内容的完整性，首先介绍 C^* 代数（C-star algebra），这是量子信道理论的代数基础。

定义 2.5 (C^* 代数)　一个 C^* 代数 A 是复数域上定义了映射 $*$ 的 Banach 代数。代数映射原象集中的一个元素 x 的象记为 x^*，映射 $*$ 具有下述性质：

（1）$*$ 是对合映射（involution），即对于代数 A 中的任一元素 x，都有 $x^{**} = (x^*)^* = x$；

（2）对于代数 A 中的任意元素 x, y: $(x+y)^* = x^* + y^*, (xy)^* = y^* x^*$；

（3）对于任一复数 $\lambda \in \mathcal{C}$ 和代数 A 中的任一元素 x: $(\lambda x)^* = \overline{\lambda} x^*$，其中 $\overline{\lambda}$ 表示 λ 的复共轭；

（4）对于代数 A 中的任一元素 x：$\|x^*x\| = \|x\|\|x^*\|$，其中 $\|\cdot\|$ 是代数 A 上定义的范数。

在接下来的讨论中，不会进一步讨论抽象的 C^* 代数。事实上，量子信息理论中的许多问题可以限定在下面这个具体的 C^* 代数情境中：在定义欧几里得距离的 n 维复数线性空间 $\mathbb{C}^n$ 上，如果考虑作用于上述所有 $n \times n$ 维矩阵所定义的矩阵空间，并选取矩阵空间上的矩阵范数 $\|\cdot\|$，那么全部 $n \times n$ 维复矩阵将张成一个 C^* 代数。在本书中，将简单地把 C^* 代数看成上述复数域上的矩阵空间。在这个代数上，首先定义关于映射正定性质的一些基本概念，包括正定映射（positive map）、k-正定映射（k-positive map）和完全正定映射（completely positive map）。

定义 2.6 （正定映射、k-正定映射、完全正定映射） 考虑两个 C^* 代数 A, B 及其之间一个线性映射 $\Lambda : A \to B$，可以自然地导出另一个映射，$id_k \otimes \Lambda :$ $\mathbb{C}^{k \times k} \otimes A \to \mathbb{C}^{k \times k} \otimes B$，其中 id_k 是空间 $\mathbb{C}^{k \times k}$ 上的恒等变换。

- Λ 被称作是正定的，如果 Λ 将 A 中的任一半正定算子映射到 B 中的半正定算子，$\forall a \geqslant 0 \Rightarrow \Lambda(a) \geqslant 0$。
- Λ 被称作是 k-正定的，如果 $id_k \otimes \Lambda$ 是一个正定映射。
- Λ 被称作是完全正定的，如果对于任意正整数 k，$id_k \otimes \Lambda$ 都是正定映射。

有了上面关于映射正定性的概念，我们给出量子信道的数学定义：

定义 2.7 （量子信道） 量子信道是两个线性算子空间上的线性完全正定保迹（completely positive and trace preserving, CPTP）映射。

量子信道又被称为"超算子"（super operator）。"超"代表该映射的作用对象是算子，而不是在希尔伯特空间上的向量。为什么要考虑定义 2.6 中导出的映射？实际物理实验中，所实际关心的系统可能是一个更大系统的一部分。不失一般性，总可以考虑所观测系统的纯化系统。按照量子力学公理，在整个系统上的演化应该满足幺正变换。一般来说，对于作用在 $\mathcal{H}_A \otimes \mathcal{H}_B$ 上的幺正算子，如果仅关注它作用在 $\mathcal{H}_A$ 的效果，它对 $\mathcal{H}_A$ 中元素的作用效果不一定是幺正变换。事实上，A 系统上的演化可以描述为一个量子信道。

对于量子信道 $\Lambda(\cdot)$，可以将其表示为算子求和的形式：

$$\begin{cases} \Lambda(\rho) = \sum_i F_i \rho F_i^\dagger \\ \sum_i F_i^\dagger F_i = I \end{cases} \tag{2.74}$$

其中，F_i 被称作信道 Λ 的 Kraus 算子（Kraus operator）。

此外，还有一种信道的表示方式——蔡矩阵（Choi matrix）。信道 $\Lambda : \mathbb{C}^{n \times n} \to \mathbb{C}^{m \times m}$ 所对应的蔡矩阵由下式给出：

$$\boldsymbol{J}_\Lambda = (id_{\mathbb{C}^{n \times n}} \otimes \Lambda)\left(\sum_{i,j} |i\rangle\langle j| \otimes |i\rangle\langle j|\right) = \sum_{i,j} |i\rangle\langle j| \otimes \Lambda(|i\rangle\langle j|) \tag{2.75}$$

这里的蔡矩阵 $\boldsymbol{J}_\Lambda \in \mathbb{C}^{n \times n} \otimes \mathbb{C}^{m \times m}$ 记录了如何将一个 $\mathbb{C}^{n \times n}$ 的矩阵元素映射到 $\mathbb{C}^{m \times m}$。$\boldsymbol{J}_\Lambda$ 的秩被称作信道 Λ 的蔡秩（Choi rank）。我们也会将一个归一化蔡矩阵称作蔡态（Choi state）：

$$\chi_\Lambda = \frac{1}{n} J_\Lambda \tag{2.76}$$

可以看到这个矩阵满足量子态的所有条件。事实上，对于给定的一个信道 Λ，可以通过下面的线路图（图 2.4）产生蔡态。具体的证明留作习题 2.13。

下面的定理可以帮助我们判断一个映射是否是完全正定的。

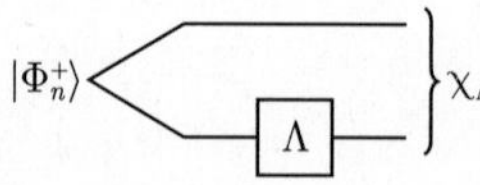

图 2.4　由信道 Λ 产生蔡态，其中 $|\Phi_n^+\rangle$ 为 n 维希尔伯特空间上的最大纠缠态

定理 2.6 (蔡文端定理)[15]　考虑一个正定映射 $\Lambda : C^{n \times n} \mapsto C^{m \times m}$，下面的几个叙述是相互等价的：

（1）Λ 是 n 正定的；

（2）Λ 是完全正定映射；

（3）由 Λ 通过式(2.75)定义的矩阵 $\boldsymbol{J}_\Lambda$ 是半正定的。

有了蔡矩阵我们可以计算信道作用后的结果 $\Lambda(\boldsymbol{\rho})$。不过，这种作用不能直接计算，而需要对蔡矩阵和量子态的密度矩阵进行一些预处理（张量指标重排，tensor index realignment）：

$$\begin{cases} \boldsymbol{J}_\Lambda' = \sum_{i,j} \langle ij| \otimes \Lambda(|i\rangle\langle j|) \\ \boldsymbol{\rho}' = \sum_{i,j} \rho_{ij} |ij\rangle \end{cases} \tag{2.77}$$

那么我们可以用向量乘法得到作用后的量子态 $\Lambda(\boldsymbol{\rho})$：

$$\boldsymbol{J}_\Lambda' \boldsymbol{\rho}' = \sum_{i,j} \rho_{ij} \Lambda(|i\rangle\langle j|) = \Lambda(\boldsymbol{\rho}) \tag{2.78}$$

如果要更直观地理解这个过程，我们用张量网络的方法来表示，如图 2.5 所示。在附录中对张量网络表示方法进行了简单介绍。这里为了清晰地表示作用的过程，把原像空间记为 A，像空间记为 B。蔡矩阵可以看作四指标张量，其元素为 $(\boldsymbol{J}_\Lambda)_{j_A j_B}^{i_A i_B}$，张量上标 i_A, i_B 为行指标，下标 j_A, j_B 为列指标，满足 $i_A, j_A \in [n]$ 和 $i_B, j_B \in [m]$。密度矩阵 $\boldsymbol{\rho} \in \mathbb{C}^{n \times n}$ 是二指标张量，其元素为 $(\boldsymbol{\rho})_j^{i_A}$。首先将 $\boldsymbol{\rho}$ 向量化，变为一个 $n^2 \times 1$ 的列向量，其元素为 $(\boldsymbol{\rho})_{i_A j_A}$。这种向量化的方法对应于按顺序将密度矩阵的每一行进行转置后从上到下排列为一个列向量。同时，需要将蔡矩阵中的元素重排，变为 $(\boldsymbol{J}_\Lambda)_{i_A j_A}^{i_B j_B}$，这样蔡矩阵就由原来的 $nm \times nm$ 矩

阵变为了 $m^2 \times n^2$ 矩阵。将这个矩阵左乘向量化后的密度矩阵,可以得到 $m^2 \times 1$ 的新列向量,即

$$(\Lambda(\boldsymbol{\rho}))_{i_A j_A} = \sum_{i_A j_A} (\boldsymbol{J}_\Lambda)^{i_B j_B}_{i_A j_A} (\boldsymbol{\rho})_{i_A j_A} \tag{2.79}$$

$(\Lambda(\boldsymbol{\rho}))_{i_A j_A}$ 就是 $\Lambda(\rho)$ 按同样的方法进行向量化后的结果。

思考题 2.7 其实还有另外一种对密度矩阵进行向量化的方式,即直接将每一列按顺序从上到下排列得到列向量,$(\rho)^{i_A}_{j_A} \to (\rho)_{j_A i_A}$。在这种向量化的方法下试着写出蔡矩阵重排后的元素及它们的张量网络表示。

量子信道还有多种其他表示方法,比如 Pauli-Liouville 表示、chi 矩阵表示等。不同的表示方法在不同的量子问题里面具有优势,这里就不一一展开讨论。一般来讲,上述 Kraus 算子和蔡矩阵是最常用最基本的两种表示方法。在大多数情况下,不区分量子态的演化和量子态经过量子信道作用这两种表述方法。

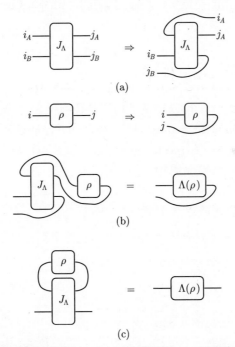

图 2.5 蔡矩阵作用的张量网络表示:(a)表示蔡矩阵 $\boldsymbol{J}_\Lambda$ 和密度矩阵 $\boldsymbol{\rho}$ 指标重排的过程;(b)$\boldsymbol{J}_\Lambda$ 和 $\boldsymbol{\rho}$ 指标重排后的乘积;(c)对应由(b)给出的矩阵指标重排反映了蔡矩阵和信道作用的关系

2.4.2 主方程

量子信道本质上是一种将开放量子系统动力学演化统一到封闭系统幺正演化的描述方式。在量子信息之外,比如量子光学和凝聚态领域,开放系统动力学演

化问题得到了长时间的关注和研究。由于任何真正的量子系统都不是绝对封闭的，因而会与环境产生相互作用，从而导致衰减（decay）和退相干（decoherence）现象。因此，对于开放量子系统，不仅要关注量子系统本身，还要考虑环境对系统的影响，因此上述的描述方式就不合适了。为了解决开放量子系统的问题，需要寻找对于非么正变换开放系统动力学过程的合适的微分方程描述，现在已经发展出了很多数学上等价，但在物理操作含义上具有不同特点的描述方式，其中一种便是使用密度矩阵及其对应的主方程（master equation）。其中，Lindblad 方程是最常用的主方程之一，用来描述密度矩阵的含时演化，其具体形式如下：

$$\frac{\mathrm{d}\rho}{\mathrm{d}t} = -\frac{i}{\hbar}[H, \rho] + \sum_j [2L_j \rho L_j^\dagger - \{L_j^\dagger L_j, \rho\}] \tag{2.80}$$

其中，$\{x, y\} = xy + yx$ 表示反对易子；H 是系统哈密顿量，刻画了封闭系统的动力学演化，代表了系统相干（coherent）演化的部分，从数学上来说，H 是一个厄米算子；L_j 是 Lindblad 算子，反映了系统与环境的耦合相互作用。关于这个问题的更多描述参见文献 [16] 的 8.4.1 节。

2.4.3 Stinespring 延拓

类似于量子态的纯化，可以将量子信道进行纯化。这一过程被称作量子信道的等距变换延拓（isometric extension），或称为 Stinespring 延拓（Stinespring dilation）。需要说明的是，Stinespring 延拓不是唯一的信道延拓方式。在不同的场景中，其他延拓方式可能会更加方便。

定理 2.7 (Stinespring 延拓) 对任意一个量子信道，$\Lambda : \mathcal{D}(\mathcal{H}_A) \mapsto \mathcal{D}(\mathcal{H}_B)$，和一个维度为 Λ 的蔡秩的希尔伯特空间 $\mathcal{H}_E$，存在一个等距变换，$U : \mathcal{H}_A \mapsto \mathcal{H}_B \otimes \mathcal{H}_E$，满足 $\forall \rho_A \in \mathcal{D}(\mathcal{H}_A)$，

$$\mathrm{tr}_E(U\rho_A U^\dagger) = \Lambda(\rho_A) \tag{2.81}$$

等距变换 U 定义为 $U^\dagger U = I_A$。

证明 考虑量子信道的 Kraus 表示，$\Lambda(\rho) = \sum_{i=1}^r K_i \rho K_i^\dagger$，其中 r 是 Λ 的蔡秩。考虑下面的算子：

$$U = \sum_{i=1}^r K_i \otimes |i\rangle^E \tag{2.82}$$

其中，K_i 作用在系统 A 上，这里引入了一个 r 维辅助系统 E。按定义，U 将 $\mathcal{H}_A$ 上的向量映射到空间 $\mathcal{H}_B \otimes \mathcal{H}_E$ 中。容易验证 U 是等距变换：

$$U^\dagger U = \left(\sum_{i=1}^r K_i^\dagger \otimes \langle i|^E\right)\left(\sum_{i'=1}^r K_{i'} \otimes |i'\rangle^E\right)$$

$$= \sum_{i=1}^{r} K_i^\dagger K_i = I^A \qquad (2.83)$$

同时，$\forall \rho_A \in D(\mathcal{H}_A)$，由此定义出来的映射满足

$$U\rho_A U^\dagger = \left(\sum_{i=1}^{r} K_i \otimes |i\rangle^E\right) \rho_A \left(\sum_{i'=1}^{r} K_{i'}^\dagger \otimes \langle i'|^E\right)$$

$$= \sum_{i,i'} K_i \rho_A K_{i'}^\dagger \otimes |i\rangle\langle i'|^E$$

因此有

$$\text{tr}_E(U\rho_A U^\dagger) = \sum_{i,i'} K_i \rho_A K_{i'}^\dagger \langle i'|i\rangle$$

$$= \sum_{i} K_i \rho_A K_i^\dagger = \Lambda(\rho_A)$$

$\square$

在这个定理中，等距变换 U 等价于引入辅助系统后，联合作用于 $\mathcal{H}_A$ 和辅助系统的一个幺正算子。不难看出，对量子信道的延拓就像对量子态的纯化，总可以通过引入辅助系统来寻找更大的空间，使得研究对象在这个空间中是"纯"的，可以参考 2.3.2 节的 Naimark 定理。

2.5 带有噪声的量子演化

实际实验中，量子态的演化过程与理想过程总会有所偏差。对于实验观测者而言，他所能观测的量子系统演化不会是封闭系统的幺正演化。实际上，观测者的观测也会对系统产生影响。在这一节，我们从量子系统信息丢失的角度来解释演化中的噪声影响。

2.5.1 随机幺正演化导致的演化过程

我们从一个具体的例子开始讨论——量子比特翻转信道（quantum bit-flip channel）。考虑实验中制备一个量子态 $|\psi\rangle$ 的过程。由于噪声的影响，最终制备出来的量子态以一定概率发生了量子比特翻转，即制备结果有 $1-p$ 的概率得到预期目标态 $|\psi\rangle$，有 p 的概率得到 $\boldsymbol{X}|\psi\rangle$，这里 $\boldsymbol{X}$ 是泡利矩阵。这样的量子态可以由一个混态来描述：

$$(1-p)|\psi\rangle\langle\psi| + p\boldsymbol{X}|\psi\rangle\langle\psi|\boldsymbol{X}^\dagger \qquad (2.84)$$

一般地，一个量子比特翻转信道可以表示为

$$\rho \mapsto (1-p)\rho + p\boldsymbol{X}\rho\boldsymbol{X}^\dagger \tag{2.85}$$

这一具体噪声模型可以推广到更一般的随机幺正演化，即按照一定的概率，一个量子态 ρ 经历了一个集合中某一个幺正算子的作用，$\{p_k, U_k\}$。容易验证，作用后的量子系统对应的密度矩阵为

$$\boldsymbol{\rho} \mapsto \sum_k p_k U_k \rho U_k^\dagger \tag{2.86}$$

这是最常见的量子信道形式。下面我们介绍一些常用的以幺正演化混合出来的量子信道。

与刚刚提到的量子比特翻转信道类似，另一个重要的信道模型是量子相位翻转信道（quantum phase-flip channel）。相位翻转，顾名思义就是将量子态 $|+\rangle$ 变成 $|-\rangle$，而 $|-\rangle$ 变成 $|+\rangle$，也就是泡利 Z 操作。对于该信道的表示，只要将式(2.85)中的 X 替换成 Z：

$$\rho \mapsto (1-p)\rho + pZ\rho Z \tag{2.87}$$

计算基矢态上的相位翻转对应于其共轭基矢态上的比特翻转。

上面介绍的比特翻转和相位翻转属于一类更一般的信道模型——泡利信道（Pauli channel）。这类信道的作用效果是对量子态按照一定概率分布随机进行泡利算子旋转。对于 n-qubit 系统，泡利信道可以表示为

$$\rho \mapsto \sum_{i\in\{0,1\}^{2n}} p_i P_i \rho P_i^\dagger \tag{2.88}$$

更一般地，这里 P_i 是泡利群元素。泡利群是由泡利算符作为生成元生成的群。作用在 n 个量子比特上的泡利群 $\mathcal{G}_n$ 由泡利算子 $\{\sigma_0, \sigma_x, \sigma_y, \sigma_z\}$ 的 n 次张量积加上相位因子 $\pm 1, \pm i$ 构成：

$$\mathcal{G}_n = \{\pm 1, \pm i\} \otimes \{\sigma_0, \sigma_x, \sigma_y, \sigma_z\}^{\otimes n} \tag{2.89}$$

从式(2.88)不难看出，泡利群元素的相位因子在这里是不起任何作用的，所以实际会用到的元素一共就只有 4^n 个，这也对应于角标 i 的取值范围 $i \in \{0,1\}^{2n}$。更进一步地，如果将这个式子与 2.2.4 节中提到的量子比特层析术的式子进行比较，不难看出，二者十分相似。实际上，对于泡利信道，完全可以像量子比特那样，用层析术来得到对这个信道的具体描述。更一般地，对于一个 d 维的希尔伯特空间，也可以用推广后的泡利矩阵来定义泡利信道。

思考题 2.8 一般的泡利信道, 如果对于所有 i, $p_i = d^{-2}$, 即所有泡利操作等概率出现, 那么不管输入什么量子态, 输出都是最大混态, I/d, 这里 d 是希尔伯特空间的维度, I 是单位矩阵。

对于二维情形, 泡利信道可以表示为

$$\rho \mapsto \sum_{i,j=0}^{1} p_{ij} \sigma_z^i \sigma_x^j \rho \sigma_x^j \sigma_z^i \tag{2.90}$$

对此, 我们来考虑一个特殊情况, $p_{00} = 1 - p$ 且所有其他 $p_{ij} = p/3$, 这时称为去极化信道 (depolarising channel), 表示为

$$\rho \mapsto (1-p)\rho + p\frac{I}{2} \tag{2.91}$$

在这一信道模型中, 我们以一定概率完全丢失初始量子态的全部信息, 即按照一定的概率将初始量子态替换为最大混态。这个信道模型可以很自然地推广到 d 维的情形。

2.5.2 信息丢失导致的演化过程

从实验观测的角度, 噪声也可以看作测量信息丢失导致的结果。考虑对初始量子态 ρ, 进行了 POVM 测量 $\{E_k\}$, 其中测量算子为半正定算子并满足完备性条件 $\sum_k E_k = I$, 对应于 Kraus 算子为 $E_k = M_k^\dagger M_k$。根据量子测量公理, 测量结果为 k 的概率为

$$p_k = \mathrm{tr}\left(M_k \rho M_k^\dagger\right) \tag{2.92}$$

相应的测量末态为

$$\frac{M_k \rho M_k^\dagger}{\mathrm{tr}\left(M_k \rho M_k^\dagger\right)} \tag{2.93}$$

但如果丢失了测量结果 k 这一信息, 那么测量后的系统将变成服从一定概率分布的系综, 也就是混态。相应的密度矩阵将变成

$$\sum_k p_K(k) \frac{M_k \rho M_k^\dagger}{p_K(k)} = \sum_k M_k \rho M_k^\dagger \tag{2.94}$$

可以将这样一个演化结果表示为一个带噪声的信道 $\mathcal{N}(\rho)$:

$$\mathcal{N}(\rho) = \sum_k M_k \rho M_k^\dagger \tag{2.95}$$

需要说明的是，虽然将式(2.95)解释为量子测量结果丢失，这一表示方法实际上代表了一个密度矩阵的一般演化过程，其中 M_k 就是前面所描述的 Kraus 算子。事实上，任意的带有噪声的演化过程都可以表示为式(2.95)的形式。另外，密度矩阵 ρ 的演化应该是保迹的，因为演化结果也是密度矩阵，迹为 1：

$$\mathrm{tr}[\mathcal{N}(\rho)]$$

$$= \mathrm{tr}\left(\sum_k M_k \rho M_k^\dagger\right)$$

$$= 1 \tag{2.96}$$

对于一个冯·诺依曼测量，如果测量结果丢失了，称为退相干信道（dephasing channel）。考虑 d 维系统，选取计算基矢为 $|0\rangle, \cdots, |n-1\rangle$，退相干信道可以表示为

$$\rho \mapsto \sum_{i=0}^{d-1} |i\rangle\langle i| \rho |i\rangle\langle i| \tag{2.97}$$

擦除信道（erasure channel）是另一种重要信息丢失模型。它有简单的描述方式，并将在稍后研究量子信道容量问题时发挥重要作用。在光学实验中，擦除信道也是一种刻画光子传输损耗的简化模型。一个经典擦除信道以 $0 \leqslant 1-\varepsilon \leqslant 1$ 的概率如实传输一个比特，以 ε 的概率将其替换为一个擦除标记 e。信道输出结果比输入的字母表要多一个字符，即擦除字符 e。将擦除信道进行量子推广是非常直接的，它可以表示为

$$\rho \mapsto (1-\varepsilon)\rho + \varepsilon |e\rangle\langle e| \tag{2.98}$$

其中，擦除标记 $|e\rangle$ 不在原先的态空间内，$|e\rangle\langle e| \perp \mathrm{supp}(\rho)$。

在量子通信理论分析中，一种具有重要作用的信道理论模型是经典至量子信道（classical-to-quantum channel），也被称为经典-量子信道（classical-quantum channel）。经典-量子信道的作用效果是，首先将输入的量子态在某一指定的正交归一基上进行投影测量，再根据测量结果，制备并输出一个量子密度矩阵。假设信道的输入是一个密度矩阵 ρ，它所作用的希尔伯特空间有一正交归一基 $\{|k\rangle\}$，经典-量子信道首先将输入量子态在这一基上进行测量。对于测量结果 k，相应的测量末态为

$$\frac{|k\rangle\langle k| \rho |k\rangle\langle k|}{\langle k| \rho |k\rangle} \tag{2.99}$$

经典-量子信道将这一测量末态与一个密度矩阵 σ_k 关联起来：

$$\frac{|k\rangle\langle k| \rho |k\rangle\langle k|}{\langle k| \rho |k\rangle} \otimes \sigma_k \tag{2.100}$$

随后信道对第一个系统取偏迹运算,只将第二个系统输出。这样,信道的作用效果可以描述为

$$\mathcal{N}(\boldsymbol{\rho}) = \sum_k \langle k| \boldsymbol{\rho} |k\rangle \boldsymbol{\sigma}_k \qquad (2.101)$$

2.5.3 去极化信道

作为这一章内容的例子,我们从不同角度解释去极化信道。考虑一个二维去极化信道 Λ,它以概率 $1-p$ 如实传输一个量子比特,以 p 的概率发生错误。指定计算基矢态为 $\{|0\rangle, |1\rangle\}$,传输过程中可能发生三种错误:

(1)比特翻转错误: $|\psi\rangle \mapsto \sigma_x |\psi\rangle$。

(2)相位翻转错误: $|\psi\rangle \mapsto \sigma_z |\psi\rangle$。

(3)同时发生比特翻转和相位翻转错误: $|\psi\rangle \mapsto \sigma_y |\psi\rangle$。

对于去极化信道,可以理解为这三种错误以相同的概率发生。

Stinespring 延拓: 考虑信道作用在量子比特空间 A 上。它可以通过在一个更大的空间 $\mathcal{H}_A \otimes \mathcal{H}_E$ 上进行幺正变换来实现,其中 E 是环境空间,从而满足

$$U(|\psi\rangle_A \otimes |0\rangle_E) = \sqrt{1-p} |\psi\rangle_A \otimes |0\rangle_E + \sqrt{p/3}(\sigma_x |\psi\rangle_A \otimes |1\rangle_E +$$
$$\sigma_y |\psi\rangle_A \otimes |2\rangle_E + \sigma_z |\psi\rangle_A \otimes |3\rangle_E) \qquad (2.102)$$

环境的演化同时记录了系统 A 中的变化。

Kraus 算子: 通过下面的 Kraus 算子:

$$\begin{cases} M_0 = \sqrt{1-p}I \\ M_1 = \sqrt{\dfrac{p}{3}}\sigma_x \\ M_2 = \sqrt{\dfrac{p}{3}}\sigma_y \\ M_3 = \sqrt{\dfrac{p}{3}}\sigma_z \end{cases} \qquad (2.103)$$

(作为习题 2.9,请检查这些算子满足完备性条件)信道 Λ 的作用效果为

$$\Lambda(\rho) = \sum_{i=0}^3 M_i \rho M_i^\dagger \qquad (2.104)$$

Choi 算子: 考虑一个在系统 A 和辅助系统 R 上的最大纠缠态 $|\Phi^+\rangle$。其中,辅助系统 R 保持不变,系统 A 经历了信道 Λ 的作用。对于整个联合系统,它的

演化结果为

$$\mathcal{I} \otimes \Lambda(|\Phi^+\rangle\langle\Phi^+|) = (1-p)|\Phi^+\rangle\langle\Phi^+| + \frac{p}{3}\left(|\Phi^-\rangle\langle\Phi^-| + |\Psi^+\rangle\langle\Psi^+| + |\Psi^-\rangle\langle\Psi^-|\right)$$

(2.105)

当 $p = 3/4$ 时，末态演化为最大混态 $I/4$。

布洛赫球: 考虑经历信道作用前的量子比特为

$$\rho = \frac{I + r \cdot \sigma}{2}$$

(2.106)

在演化后，量子态变为

$$\begin{cases} \rho = \dfrac{I + r' \cdot \sigma}{2} \\ r' = \left(1 - \dfrac{4p}{3}\right) r \end{cases}$$

(2.107)

在布洛赫球的几何图像中，这个量子态的布洛赫向量"缩短"了。

习题

习题 2.1 (偏迹)

(1) 假设 Alice 和 Bob 共享一个量子系统 ρ^{AB}。考虑 Alice 可能在她的系统上进行的一个局域测量，其测量算符为 $\{M_m\}_m$。因此全局测量算符是 $\{M_m^A \otimes I^B\}_m$。证明全局密度矩阵所预测的概率与局域密度矩阵 ρ^A 所预测的概率是相同的。

$$\text{tr}\left[(M_m^A \otimes I^B)\rho^{AB}\right] = \text{tr}\left(M_m^A \rho^A\right)$$

(2.108)

因而，全局量子理论的预测与局域量子理论的预测是一致的。

(2) 证明如果 Bob 在没有通知 Alice 测量结果的情况下对他的系统执行幺正操作或测量，Alice 的局域密度矩阵不会改变。

习题 2.2 (偏迹与态分解相互对易)　对于两体量子态 ρ^{AB}，子系统 A 的状态由求偏迹后的态 $\rho^A = \text{tr}_B(\rho^{AB})$ 给出。对于联合态的任意分解，$\rho_i^{AB} = \sum_i p_i \rho_i^{AB}$，其中 $p_i > 0$ 及 $\sum p_i = 1$，尝试将 ρ_A 分解为具有相同混合概率 $\{p_i\}$ 的态的叠加。反过来呢？已知 ρ^A 的态分解，能把 ρ^{AB} 分解成以一定概率混合的态吗？

习题 2.3 (密度矩阵的性质)　试证明由公理 2.1 给出的密度矩阵 $\boldsymbol{\rho}$ 有如下性质：

(1) 厄米性：$\boldsymbol{\rho}^\dagger = \boldsymbol{\rho}$。

(2) 半正定：$\boldsymbol{\rho} \geqslant 0$。

(3) 归一化：$\text{tr}(\boldsymbol{\rho}) = 1$。

习题 2.4 (量子态的纯化)

（1）找出拥有如下形式的谱分解的态 ρ 的一个纯化：

$$\rho = \sum_i \lambda_i \, |i\rangle\langle i| \tag{2.109}$$

并证明所有的纯化都可以通过在参考系上的幺正操作互相联系起来。

（2）找到以下经典-量子态的纯化：

$$\rho = \sum_x p(x) \, |x\rangle\langle x| \otimes \rho_x \tag{2.110}$$

习题 2.5 (不同纯化间的关系)　对于系统 A 的一个量子态 ρ_A，可以构造出 ρ_A 的两个不同的纯化 $|\Psi_1\rangle_{AB}$ 和 $|\Psi_2\rangle_{AB}$，试证明它们之间的关系可以由下式给出：

$$|\Psi_1\rangle_{AB} = (I_A \otimes U_B) \, |\Psi_2\rangle_{AB} \tag{2.111}$$

即这两个态的差异可以由一个单独作用于 $\mathcal{H}_B$ 的幺正变换给出。

习题 2.6 (施密特分解)　令 $|\psi\rangle \in \mathcal{H}_A \otimes \mathcal{H}_B$ 为复合系统 AB 上的一个纯态。在 A 和 B 的正交基大上表示 $|\psi\rangle$ 为

$$|\psi\rangle = \sum_{i,j=1}^{d_A, d_B} c_{ij} \, |a_i\rangle \, |b_j\rangle \tag{2.112}$$

可以看出 $|\psi\rangle$ 的施密特分解为

$$|\psi\rangle = \sum_{k=1}^{d} \lambda_k \, |\alpha_k\rangle \, |\beta_k\rangle \tag{2.113}$$

其中，$d \leqslant \min\{d_A, d_B\}$ 是施密特数。

（1）从矩阵 $CC^\dagger$ 中计算 λ_k，其中 $C = (c_{ij})$ 是由式(2.112)中的系数组成的矩阵。

（2）证明如果 λ_k 互不相同（非简并），两个系统的基矢 $|\alpha_k\rangle$ 和 $|\beta_k\rangle$ 对任意的 k 都可以用同一个等距变换联系起来。

习题 2.7 (施密特数的性质)　假设 $|\psi\rangle \in \mathcal{H}_A \otimes \mathcal{H}_B$ 是由系统 A 和 B 构成的复合系统上的一个纯态，

（1）证明 $|\psi\rangle$ 的施密特数 $\mathrm{Sch}(\psi)$ 等于约化密度矩阵 $\rho_A = \mathrm{tr}_B(|\psi\rangle\langle\psi|)$ 的秩（注意厄米算子的秩等于其支撑集的维数）。

（2）假设 $|\psi\rangle = \sum_j |\alpha_j\rangle \, |\beta_j\rangle$ 是 $|\psi\rangle$ 的一个表示，其中 $|\alpha_j\rangle$ 和 $|\beta_j\rangle$ 分别是系统 A 和 B 上（未归一化）的态。证明这样一个分解中的项数大于或等于施密特数 $\mathrm{Sch}(\psi)$。

(3) 假设 $|\psi\rangle = \alpha |\phi\rangle + \beta |\gamma\rangle$，试证明

$$|\mathrm{Sch}(\phi) + \mathrm{Sch}(\gamma)| \geqslant \mathrm{Sch}(\psi) \geqslant |\mathrm{Sch}(\phi) - \mathrm{Sch}(\gamma)| \tag{2.114}$$

习题 2.8 (偏迹)　对于两个量子态 $\rho, \tau \in \mathcal{D}(\mathcal{H})$，它们之间的归一化迹距离定义如下：

$$d(\rho, \tau) = \frac{1}{2} \parallel \rho - \tau \parallel_1 \tag{2.115}$$

其中，$\parallel \cdot \parallel_1$ 表示 1 范数 —— 矩阵特征值的绝对值之和。

（1）对于两个量子比特态 ρ, τ，它们可以在布洛赫球上表示为

$$\begin{cases} \rho = \dfrac{1}{2}(I + r \cdot \sigma) \\[2mm] \tau = \dfrac{1}{2}(I + s \cdot \sigma) \end{cases} \tag{2.116}$$

证明它们的归一化迹距离可以由它们对应的布洛赫向量之间的欧几里得距离得到，即

$$2d(\rho, \tau) = \parallel \rho - \tau \parallel_1 = \parallel r - s \parallel_2 \tag{2.117}$$

（2）在一些量子信息处理任务，如量子态区分中，考虑迹距离的其他等价定义会让任务处理更加方便。其中一个常用的定义是最大概率差。对于两个量子态 $\rho, \tau \in \mathcal{D}(\mathcal{H})$，证明下述等式：

$$d(\rho, \tau) = \max_{0 \leqslant \Lambda \leqslant I} \mathrm{tr}[\Lambda(\rho - \tau)] \tag{2.118}$$

Λ 是希尔伯特空间 $\mathcal{H}$ 上的半正定算子。在这里，$\mathcal{H}$ 的维度是固定的，但不一定是二维的。

习题 2.9 (去极化信道的 Kraus 算子)　试证明去极化信道的 Kraus 算子

$$\begin{cases} M_0 = \sqrt{1-p}I \\[2mm] M_1 = \sqrt{\dfrac{p}{3}}\sigma_x \\[2mm] M_2 = \sqrt{\dfrac{p}{3}}\sigma_y \\[2mm] M_3 = \sqrt{\dfrac{p}{3}}\sigma_z \end{cases} \tag{2.119}$$

满足归一化条件。

习题 2.10 (* 简化的量子边际问题[17])　量子边际问题描述如下: 给定一组局域密度矩阵 $\{\rho_j\}$, 确定是否存在 n 体态 $\rho^{(n)}$, 使 $\{\rho_j\}$ 为 $\rho^{(n)}$ 的约化密度矩阵。

(1) 证明对任意给定的 d 维密度矩阵 $\boldsymbol{\rho}_A$, 总存在一个两体量子态 ρ_{AB}, 使得 $\mathrm{tr}_B(\rho_{AB}) = \boldsymbol{\rho}_A$。

(2) 考虑一个二量子比特态 ρ_{AB}, 称 ρ_{ABC} 是 ρ_{AB} 的一种对称扩展, 当且仅当其满足

$$\rho_{AB} = \mathrm{tr}_C(\rho_{ABC}) = \mathrm{tr}_B(\rho_{ABC}) = \rho_{AC} \tag{2.120}$$

证明当且仅当

$$\mathrm{tr}(\rho_B^2) \geqslant \mathrm{tr}(\rho_{AB}^2) - 4\sqrt{\det(\rho_{AB})} \tag{2.121}$$

其中, $\rho_B = \mathrm{tr}_A(\rho_{AB})$ 时, ρ_{AB} 有对称扩展 ρ_{ABC}。

提示: 考虑这样的情况, 有一个纯态的扩展 $|\psi_{ABC}\rangle$, 使用量子比特 A, B 和量子比特 C 之间的施密特分解; 再证明 $\det(\rho_{AB}) = 0$。

习题 2.11　证明 Uhlmann 定理, 即给定两个量子态 ρ 和 σ, 证明

$$F(\rho, \sigma) \equiv \max_{|\psi\rangle, |\phi\rangle} |\langle\psi|\phi\rangle| \tag{2.122}$$

其中最大值在所有 ρ 的纯化 $|\psi\rangle$ 和 σ 的纯化 $|\phi\rangle$ 中取。

习题 2.12　考虑一组 POVM 测量 $\{M_m\}_m$ 作用于系统 $\mathcal{H}_A$ 上的量子态 ρ, 这个过程可以由下面的操作实现: 一开始, 一个辅助系统 $\mathcal{H}_E$ 被制备到量子态 $|0\rangle\langle 0|$。随后一个线性算子 U 作用在两体系统 $\mathcal{H}_A \otimes \mathcal{H}_E$ 上,

$$U(\rho \otimes |0\rangle\langle 0|)U^\dagger = \sum_m M_m \rho M_m^\dagger \otimes |m\rangle\langle m| \tag{2.123}$$

其中, $\{|m\rangle\}$ 构成了系统 $\mathcal{H}_E$ 的一组正交完备基, U 是一个等距变换 (isometry) 算子, 具有保持向量内积不变的效果。证明 U 可以扩展为更大空间中的幺正算子 (提示: 尝试按照 Naimark 定理的分析方法证明该结论)。

习题 2.13　证明给定一个信道 Λ, 可以用图 2.4 所示的量子线路产生对应的蔡态, 其中 $|\Phi_n^+\rangle$ 为 n 维希尔伯特空间上的最大纠缠态。

第 3 章

有趣的量子现象和应用

在本章中，将介绍量子系统的一些有趣的现象和简单应用，包括贝尔不等式、量子密集编码、量子隐形传态、纠缠交换、远程态制备等。这些应用的基本原理推导只需用到第 1 章和第 2 章的知识，但它们在量子信息中却有着十分深远的理论意义和应用价值。例如，对于贝尔不等式含义的理解引发了对于量子力学基本诠释的讨论，至今仍是物理哲学和理论物理的一大热点。此外，这几个应用是一系列复杂量子任务的基本组件。通过这些基本应用，将初步学习如何利用量子资源，获得超越经典物理所允许的更强大的量子信息处理能力。

在 3.1 节，首先介绍贝尔不等式。在 3.1.1 节简单讨论贝尔不等式的历史及其背后的物理哲学，之后将从物理学和计算机科学不同的视角来审视这一概念。在 3.2 节，将介绍量子超密编码。在 3.3 节，将介绍量子隐形传态。另外，纠缠交换和远程态制备可以看作量子隐形传态的特例。从本章开始，除了讲解相关物理概念，也会介绍近年来对这些问题的研究最新进展。

3.1 贝尔不等式

贝尔不等式（Bell's inequalities）是量子力学区别于经典力学的重要判据，在量子力学发展过程中起到了举足轻重的作用。同时，由贝尔不等式引发的量子特性讨论也是很多量子信息研究方向的基础。获得 2022 年诺贝尔物理学奖的三位科学家，Alain Aspect，John F. Clauser，Anton Zeilinger，获奖工作便是与贝尔不等式相关的研究。3.1.1节主要是梳理一下相关的历史发展，初学者可以跳过该节，直接从 3.1.2节开始学习。

3.1.1 从 EPR 佯谬到贝尔定理

1935 年，爱因斯坦（Einstein），Podolsky，Rosen（EPR）发表了他们题为 *Can Quantum-Mechanical Description of Physical Reality Be Considered Complete?* 的著名文章。在这篇文章里，他们正式提出了对于量子力学的观点：量子理论不完备。在 EPR 阐述的"完备的物理理论"概念中，最重要的部分是所谓的"现实性要素"（elements of reality）。他们认为，所有现实中存在的要素都必须在完备的物理体系中有所体现。原则上，一个物理属性若能被称为现实性要素，一个必要条件是其满足以下性质：在观测一个物理系统的属性之前，该属性的值可以立即被确定地预测，并且系统的状态在测量之后不受干扰。此外，他们进一步主张，现实性要素应该是"局域的"。用现代物理语言来说，根据相对论，现实性要素应该具有确定的空时坐标。这两个内容合起来又被称作"局域现实性"（local realism），是 EPR 对完备的物理理论应该具有的性质的主张。

为了举出一个显示量子理论不完备性的"反例"，EPR 提出了一个"佯谬"。在 EPR 的原始文章中，他们考虑的是对坐标和动量的测量，阐述起来比较拗口。这里将使用第 1 章和第 2 章量子信息的语言予以重述。如图 3.1所示，考虑两个空间上分离的人[①]，甲和乙，握有一对处于自旋单态的粒子，

$$|\Psi^-\rangle_{AB} = \frac{1}{\sqrt{2}}(|01\rangle - |10\rangle) \tag{3.1}$$

根据量子理论，甲根据对其粒子的测量结果可以立刻准确地预测出乙粒子所在的量子态。甲决定对她的粒子随机在 X 或者 Z 基矢上做测量，得到结果 ± 1 后，乙的系统将"立即"变成以下量子态中的一个：$|1\rangle_B, |0\rangle_B, |-\rangle_B, |+\rangle_B$。

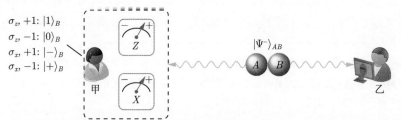

图 3.1 EPR 所提出的场景。两个相距很远的个体，甲和乙，一开始共享一个两体量子态 $|\Psi^-\rangle_{AB}$，见式(3.1)。如果甲在 X 和 Z 基矢上对她所拥有的粒子进行测量，并且得到了结果 ± 1，根据测量选择及其结果，甲可以确定性地预测乙手中的量子态

更一般地，甲和乙一开始共享一个一般的两体量子态 ρ_{AB}。同样地，甲随机做 X 或 Z 基矢测量，得到结果后，乙的系统将立即变成以下量子态中的一个：

$$
\begin{aligned}
Z\text{基矢} &\begin{cases} \langle 0| \rho_{AB} |0\rangle_A, & \text{结果为} +1 \\ \langle 1| \rho_{AB} |1\rangle_A, & \text{结果为} -1 \end{cases} \\
X\text{基矢} &\begin{cases} \langle +| \rho_{AB} |+\rangle_A, & \text{结果为} +1 \\ \langle -| \rho_{AB} |-\rangle_A, & \text{结果为} -1 \end{cases}
\end{aligned}
\tag{3.2}
$$

为方便起见，省略了归一化系数，并用带下标的左右矢记号简写子系统内积运算。

[①] 准确地说，这里需要使用狭义相对论中的空时坐标，"分离"指的是类空间隔（space-like separation）。

根据 EPR 的说法，一方面，甲和乙相距很远，按照局域性要求，乙量子态的 X 或 Z 基矢测量结果不能超光速传递到甲，而且甲的测量不应该影响乙的量子态；既然甲通过对她的量子态测量 X 基矢便可以瞬间确定乙的量子态 X 基矢测量值，只能认为后者在甲的测量前就已经确定，类似地，乙的量子态 Z 基矢测量值也是事先确定的。但另一方面，如果假设波函数，即右矢，是对物理状态的完整描述，那么从量子理论推导出的结果就会产生矛盾。原因是 X 和 Z 基矢测量并不对易，因此无法找到一种方法，在测量之前就同时为两个可观察对象，即 X, Z 基矢下的测量结果赋值。通过这一佯谬，EPR 试图说明，基于波函数和玻恩定则诠释的量子理论缺少了局域现实性要素，因此，量子理论是不完备的。

基于 EPR 佯谬场景，薛定谔进一步提出了下面的问题。一方面，甲不能通过选择她的测量向乙传递任何信息，因为乙的手中的约化态与甲的选择无关。另一方面，甲可以决定乙一侧的波函数是泡利矩阵 σ_z 的本征态，还是 σ_x 的本征态，或者说，甲"操纵"了乙的态。从上面的例子中可以看出，乙的量子态会变得与原来的态完全不同。薛定谔认为这是一种"魔法"，迫使乙相信甲可以从远处影响他的粒子。因此，EPR 的场景现在也被称为"EPR 操纵（EPR steering）"。在一开始的德语文章中，薛定谔把这种现象称为 Verschränkung（即英文中的 entanglement，纠缠）。纠缠是量子信息里面最重要的概念之一。在第 4 章，会给出纠缠态严格的定义和度量。在这一章，先来看一下纠缠导致的一些反直觉的结果，特别是和经典力学冲突的现象。

思考题 3.1 薛定谔的思路和他提出的思想实验有什么问题吗？

在 EPR 的论文之后，玻尔又写了一篇同名论文来反击。双方提出了一系列思想实验，但始终无法终结这一争论。大约 30 年后，约翰·贝尔（John Bell）提出了一种可以通过实验来解决这场争论的方案，该方案现在被称为"贝尔实验"。贝尔最初提出的方案如下：假设两个相距很远的个体，甲和乙，处于给定的两体量子态，并且他们各自有一个测量设备。在实验中，甲根据一个变量 $x \in \{0, 1\}$ 选择两个可能的测量之一[①]。类似地，乙根据 $y \in \{0, 1\}$ 选择测量。他们的测量设备会给出二进制输出 $a, b \in \{\pm 1\}$。甲和乙各自随机进行测量并记录测量结果。经过多轮实验，他们聚在一起，评估下列不等式是否成立[②]：

$$|\mathbb{E}(ab|x = 0, y = 0) - \mathbb{E}(ab|x = 0, y = 1)| \leqslant 1 + \mathbb{E}(ab|x = 1, y = 1) \tag{3.3}$$

这里 ab 是变量相乘，即如果 a 和 b 取值相同，那么 $ab = +1$，不同则 $ab = -1$。条件期望值 $\mathbb{E}(ab|x = 0, y = 0) = \sum\limits_{a,b} ab \Pr(a, b|x = 0, y = 0)$，其他定义类似。如果不等式(3.3)成立，那么甲和乙就可以得出结论：他们的实验可以有一个"局域

---

① 这里，随机变量 x, y 不要和测量基矢中的 X, Y 混淆。

② 严格地讲，应该先定义 x, y, a, b 对应的随机变量及其概率分布，然后才能讨论期望、条件概率、条件期望等。本章中，为了方便阐述，在不致混淆的情况下，对随机变量及其取值在记号上不做区分。

现实性元素"或"局域隐变量模型"（local hidden-variable model）的解释。如果不等式(3.3)不成立，那么实验结果将否定 EPR 对物理理论基本性质的主张。形如式(3.3)的能够用来说明局域隐变量模型和量子理论差异的不等式通常被统称为贝尔不等式（Bell's inequalities）。基于这个不等式，贝尔发现量子理论中存在一些无法用局域隐变量理论解释的关联，如下面的贝尔定理（Bell theorem）所示。

定理 3.1 (贝尔定理)　不存在基于局域隐变量的物理理论能够重现量子力学的所有预测。

思考题 3.2　限定甲和乙的测量只能在泡利矩阵 $\sigma_x, \sigma_y, \sigma_z$ 里面选择，试着构造违反贝尔不等式的情形。提示：甲和乙的变量 $0,1$ 对应的测量不一定相同。

3.1.2　Clauser-Horne-Shimony-Holt 不等式

在各种贝尔不等式中，贝尔最初提出的不等式是形式上最简单的一个。在展示两种物理理论差异的意义上，这一不等式有许多等价的写法，其中最有名的一个是 Clauser-Horne-Shimony-Holt（CHSH）不等式。可以从许多不同角度表述这一不等式。在这一小节，首先从物理可观测量的角度来研究它。

如图 3.2 所示，空间上分离的两方，甲和乙，在实验开始前共同处在一个特定的物理状态中，随后各自对自己的系统进行随机测量。他们选择的观测量由 x 和 y 表示，测量结果由 a 和 b 表示。在 CHSH 不等式情形下，每个人都有两个可以选择的观测量，我们将这一选择记为 $x, y \in \{0,1\}$，同时测量结果也只有两个取值，记为 $a, b \in \{\pm1\}$。用联合条件概率分布 $\Pr(a, b|x, y)$ 来描述实验结果。所选择的这种实验描述方式不依赖于具体的物理理论，即可以把甲和乙的物理系统和测量看作"黑盒"，在每个人的黑盒上有一些按钮，可以用来选择要进行测量的观测量，同时还有一个仪表盘，能够用于读取测量结果。这样的实验通常被称作贝尔实验。

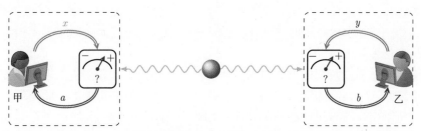

图 3.2　贝尔不等式测试。甲和乙分别随机输入 $x, y \in \{0,1\}$ 来决定各自做的测量，之后分别拿到测量结果 $a, b \in \{+1, -1\}$

现在来考虑不同的物理理论对于黑盒内部的运作方式会有哪些限制。首先，假设甲和乙所在的世界里，相对论是成立的，因此，只要甲和乙相隔足够远，且他们的测量过程足够快，那么他们的观测量选择不应该影响对方的测量结果，即

满足"非讯令条件"（no-signaling condition）。在此要求下，所有可能的实验得到的概率分布 $\Pr(a,b|x,y)$ 应满足如下等式：

$$\begin{cases} \forall b,y, \quad \sum_a \Pr(a,b|x=0,y) = \sum_a \Pr(a,b|x=1,y) \\ \forall a,x, \quad \sum_b \Pr(a,b|x,y=0) = \sum_b \Pr(a,b|x,y=1) \end{cases} \tag{3.4}$$

这些概率分布所构成的集合记为 $\mathcal{P}_{NS}$。

进一步，如果甲和乙所在世界的自然规律由经典物理，即局域隐变量理论给出，一般地，可以这样来描述他们最初的物理状态和测量过程：甲和乙的观测结果是确定的，实验结果的随机性完全是由测量前缺少信息所致。统计上，甲和乙最初的物理状态由一个经典隐变量，即共享的随机变量 λ 所描述，是甲和乙测量结果统计关联的来源。在每个给定的 λ 取值下，甲、乙各自的实验结果是完全局域的，所有可能的实验得到的概率分布 $\Pr(a,b|x,y)$ 应满足：存在隐变量 λ 及其分布 $q(\lambda)$，使得

$$\Pr(a,b|x,y) = \sum_\lambda q(\lambda)\Pr(a|x,\lambda)\Pr(b|y,\lambda) \tag{3.5}$$

这些概率分布所构成的集合记为 $\mathcal{P}_C$。一般来说，应该把这个假设下的式子写成积分形式，但是可以证明，当 a,b,x,y 是有限维时，只要对一个有限维的隐变量 λ 进行求和就足够了。

思考题 3.3 在描述 $\mathcal{P}_C$ 时，允许观测者甲和乙各自的测量结果具有局域随机性，即当选定要测量的观测量和隐变量取值时，测量结果可以有不依赖于另一观测者的随机性。不过事实上，可以不引入这一随机性，而将其包含在 λ 内。请尝试证明，对于 $\mathcal{P}_C$ 中的任一实验结果，可以找到一种如下等价的局域隐变量模型实验解释：对于甲，在给定 x 和隐变量 λ 的取值后，测量结果 a 将取定值 $+1$ 或 -1；对于乙的实验结果的描述也是类似的。换句话说，实验结果完全由一个确定性的真值表给出。

而如果甲和乙所在世界的自然规律由量子物理给出，我们将二者初始的物理状态描述为一个共享的量子状态 ρ_{AB}。在此要求下，所有可能的实验结果应该由量子测量给出，所有可能的实验得到的概率分布 $\Pr(a,b|x,y)$ 应满足：存在量子态 ρ_{AB} 和 A,B 系统的量子测量 $\{M_x^a\}$，$\{M_y^b\}$，使得

$$\Pr(a,b|x,y) = \operatorname{tr}\big[\rho_{AB}(M_x^a \otimes M_y^b)\big] \tag{3.6}$$

其中，测量元素 M_x^a, M_y^b 的下标和上标分别对应可观测量及其测量结果。这些概率分布所构成的集合记为 $\mathcal{P}_Q$。

思考题 3.4 尝试证明 $\mathcal{P}_C \subsetneq \mathcal{P}_Q \subsetneq \mathcal{P}_{NS}$。

现在，考虑下面这个表达式 S 的取值：

$$S = \sum_{x,y} (-1)^{xy} \mathbb{E}(ab|x,y)$$

$$= \sum_{a,b,x,y} (-1)^{xy} ab \Pr(a,b|x,y) \tag{3.7}$$

该式被称作 CHSH 表达式，S 称为贝尔值。将实验结果的概率分布 p 所给出的贝尔值记为 $S(p)$。记在局域隐变量模型下贝尔值所能达到的最大取值为 S_C，数学上可以证明：

$$\forall p \in \mathcal{P}_C, \quad S(p) \leqslant S_C = 2 \tag{3.8}$$

证明 将局域隐变量模型的限制条件——式(3.5)代入式(3.7)：

$$S = \sum_{a,b,x,y} (-1)^{xy} ab \sum_\lambda q(\lambda) \Pr(a|x,\lambda) \Pr(b|y,\lambda)$$

$$= \sum_\lambda q(\lambda) \sum_{a,b,x,y} (-1)^{xy} ab \Pr(a|x,\lambda) \Pr(b|y,\lambda)$$

$$= \sum_\lambda q(\lambda) \sum_{x,y} (-1)^{xy} \left[\sum_a a \Pr(a|x,\lambda) \sum_b b \Pr(b|y,\lambda) \right] \tag{3.9}$$

记 $c_x = \sum_a a \Pr(a|x,\lambda)$，$d_y = \sum_b b \Pr(b|x,\lambda)$，那么有 $|c_x|, |d_y| \leqslant 1$。于是，上式中对于任意 λ，求和项满足

$$\sum_{x,y} (-1)^{xy} c_x d_y = c_0(d_0 + d_1) + c_1(d_0 - d_1)$$

$$\leqslant |d_0 + d_1| + |d_0 - d_1|$$

$$\leqslant 2 \tag{3.10}$$

而隐变量 λ 的概率分布 $q(\lambda)$ 总是正的，于是对于隐变量模型，有 $S \leqslant 2$。 $\square$

这一不等式被称作 CHSH 贝尔不等式，是贝尔不等式的一种常见表达式。如果在实验中发现有实验结果违反了这个不等式，将需要局域隐变量理论之外的物理理论来解释结果，这样的现象通常被称作非局域行为（nonlocal behavior）。如果选择接受量子理论，那么 S 的最大可达值为 $S_Q = 2\sqrt{2}$。由于这一界限最早由 Tsirelson 证明，这一界限又被称作 Tsirelson 界。这里给出一种达到 Tsirelson 界的实验实现方式。假设在 CHSH 实验过程中，甲和乙共享一个贝尔态 $|\Phi^+\rangle = (|00\rangle + |11\rangle)/\sqrt{2}$。甲和乙首先各自独立地按照均匀分布选取 $x, y \in \{0, 1\}$。根据每个人自己的选择，甲在子系统上执行一个双元素投影测量 $\{A_x^+, A_x^-\}$，输出一个比

特 $a \in \{+1, -1\}$ 的结果。类似地，乙在子系统上执行双元素测量 $\{B_y^+, B_y^-\}$，输出为 $b \in \{+1, -1\}$。如果他们的测量对应于下面的投影测量：

$$\begin{cases} A_0 = A_0^+ - A_0^- = \sigma_z \\ A_1 = A_1^+ - A_1^- = \sigma_x \\ B_0 = B_0^+ - B_0^- = \dfrac{1}{\sqrt{2}}(\sigma_z + \sigma_x) \\ B_1 = B_1^+ - B_1^- = \dfrac{1}{\sqrt{2}}(\sigma_z - \sigma_x) \end{cases} \tag{3.11}$$

那么 CHSH 表达式将取得 $2\sqrt{2}$ 的取值：

$$\begin{aligned} S &= \sum_{x,y=0,1} (-1)^{xy} \mathbb{E}(ab|x,y) \\ &= \sum_{x,y=0,1} (-1)^{xy} \langle \Phi^+ | A_x \otimes B_y | \Phi^+ \rangle \\ &= \langle \Phi^+ | \sum_{x,y=0,1} (-1)^{xy} A_x \otimes B_y | \Phi^+ \rangle \\ &= \langle \Phi^+ | \sqrt{2}(\sigma_z \otimes \sigma_z + \sigma_x \otimes \sigma_x) | \Phi^+ \rangle \\ &= 2\sqrt{2} \end{aligned} \tag{3.12}$$

在这一计算过程中，利用了矩阵乘法运算的线性性质，组合出了下面的可观测量：

$$\hat{O} = \sum_{x,y=0,1} (-1)^{xy} A_x \otimes B_y \tag{3.13}$$

称这个可观测量为 CHSH 表达式对应的贝尔算子（Bell operator）。

思考题 3.5 在量子理论的框架下讨论贝尔不等式更一般的实现方式。假设在 CHSH 实验过程中，甲和乙共享一个一般的两体量子态 ρ_{AB}。甲和乙首先各自独立地根据概率分布 $p_A(x)$ 和 $p_B(y)$ 选择 $x, y \in \{0, 1\}$。

（1）假设两个人所做的测量是投影测量，即根据每个人自己的选择，甲在子系统上执行一个双元素投影测量 $\{A_x^+, A_x^-\}$，输出一个比特 $a \in \{+1, -1\}$ 的结果，且 $A_x^{+\,2} = A_x^+, A_x^{-\,2} = A_x^-$。类似地，乙在子系统上执行双元素投影测量 $\{B_y^+, B_y^-\}$，输出为 $b \in \{+1, -1\}$。请写出这一情况下 CHSH 表达式对应的贝尔算子的具体形式。

（2）在投影测量的限制下，请尝试推导出 Tsirelson 界，即无论甲和乙共享怎样的量子态，以及进行何种投影测量，CHSH 表达式都不超过 $2\sqrt{2}$。

（3）如果允许两人的测量变为一般的 POVM，Tsirelson 界会发生变化吗？

对于更一般的非迅令理论,CHSH 表达式的取值上界则为 $S_{NS} = 4$,这也是没有任何限制条件下的最大值。这样的概率分布最早由 Popescu 和 Rohrlich 给出,也称这样的概率分布为 Popescu-Rohrlich 盒子(Popescu-Rohrlich boxes),或简称为 PR 盒子。这里给出一种 PR 盒子:

$$\Pr(ab|xy) = \begin{cases} \dfrac{1}{2}, & ab = (-1)^{xy} \\ 0, & ab \neq (-1)^{xy} \end{cases} \tag{3.14}$$

比如对于测量选择为 $x = y = 0$ 的情形,PR 盒子只有两种可能的输出,$a = b = +1$ 或 $a = b = -1$,每种情况发生的概率为 1/2。容易验证,这个分布满足非讯令条件,同时对于任意测量选择,都有 $(-1)^{xy}\mathbb{E}(ab|x,y) = 1$,从而给出 $S = 4$ 的结果,但是却没有办法通过量子测量予以实现。

3.1.3 非局域博弈

在理论计算机领域的研究中,人们逐渐发现了贝尔不等式在通信复杂性、交互式证明等方向上的重要价值。在这些研究中,人们通常从一个博弈(game,有时也称为游戏)场景出发,用非局域博弈(nonlocal game)的方式来描述贝尔实验。博弈论的观点通常可以提供对贝尔不等式的直观理解,此外,还可以理解非局域性如何作为量子资源来助力甲和乙在非局域性博弈中获得更好的结果。

这里以 CHSH 不等式为例,构建一个 "CHSH 游戏"。游戏玩家是两个空间上分开的个体,甲和乙。甲和乙试图相互合作以在游戏中取得更高的分数。在游戏开始之前,甲和乙可以就游戏策略达成一致,并共享一些物理资源,但在游戏开始后,甲和乙不能互相交流。如图 3.3所示,游戏开始时,裁判随机地选择两个比特 x 和 y 的值,把 x 发给甲,把 y 发给乙。每一轮,甲和乙分别发回给裁判一个比特 a 和 b。由于玩家在拿到输入之后就不能交流,甲的结果 a 不会依赖于乙的输入 y,同样地,乙的结果 b 也不会依赖于甲的输入 x。在收到结果 a 和 b 后,裁判判断 x 和 y 的和(AND)是否等于 a 和 b 的异或(XOR)。如果是,则判定甲和乙赢了比赛,否则失败。也就是说,获胜的条件是

$$xy = a \oplus b \tag{3.15}$$

这里等式左边是普通乘积,右边 $\oplus$ 是异或操作,即求和然后取模 2。也就是说,如果输入为 $x = y = 1$,甲和乙要输出不同的比特,其他三种情况下,甲和乙要输出相同的结果,才能赢得游戏。

在完全了解游戏规则的前提下,我们来看一下,甲和乙可能采用怎样的策略来获取尽可能高的游戏获胜概率。这里甲和乙可能的策略受到一些物理规律的限制,类似 3.1.2 节提到的非讯令条件公式(3.4)、经典局域隐变量限制公式(3.5)、或者量子力学限制公式(3.6)。

图 3.3 CHSH 非定域游戏。裁判分别给甲和乙随机输入一个比特 $x, y \in \{0,1\}$，要求他们分别输出一个比特 $a, b \in \{0,1\}$。游戏过程中，甲和乙不允许通信

思考题 3.6 试找出 CHSH 游戏获胜概率和由式(3.7)给出的贝尔值之间的关系。

假设甲和乙在游戏开始前共享经典的关联信息，即共享随机数，那么他们的游戏策略能产生的概率受到经典局域隐变量理论限制，即式(3.5)。对于所有的经典策略，经过类似式(3.8)的证明，可以知道甲和乙在该博弈游戏中能达到的最大获胜概率为 3/4。显然，由 CHSH 不等式违背，我们容易想到，如果甲和乙共享了一些量子资源，他们可以获得更高的成功概率。

例 3.1 (超越经典的量子策略) 找到一个能够使甲和乙的获胜概率达到 $\Pr(获胜) = \cos^2(\pi/8) > 85\%$ 的量子策略。

解 前面章节提到的贝尔态在这里就有用武之地了。首先，甲和乙共享一个贝尔态，

$$|\Phi^+\rangle_{AB} = \frac{1}{\sqrt{2}}(|00\rangle + |11\rangle) \tag{3.16}$$

然后，根据他们拿到的输入值 x, y，甲和乙分别测量自己那部分量子态：甲当 $x = 0$ 时测量 A_0，当 $x = 1$ 时测量 A_1，对应的测量结果分别记为 $a_0, a_1 \in \{\pm 1\}$；乙则是当 $y = 0$ 时测量 B_0，当 $y = 1$ 时测量 B_1，对应的测量结果分别记为 $b_0, b_1 \in \{\pm 1\}$。甲和乙测量结果是 $+1$ 时，输出比特 0；-1 时，输出比特 1。这样，如果输入为 $x = y = 1$，甲和乙要得到不同结果，其他三种情况下，甲和乙要得到相同的结果，才能赢得游戏。

这里量子策略的关键在于测量的选择：

$$\begin{cases} A_0 = \sigma_z \\ A_1 = \sigma_x \\ B_0 = \dfrac{1}{\sqrt{2}}(\sigma_x + \sigma_z) \\ B_1 = \dfrac{1}{\sqrt{2}}(-\sigma_x + \sigma_z) \end{cases} \tag{3.17}$$

下面来计算甲和乙赢得游戏的概率，先考虑第一种情况 $x = y = 0$。这时，甲和乙需要输出相同结果，即 $a_0 b_0 = +1$，才能赢得游戏，记相应的概率为 $\Pr(获胜|x = y = 0)$。

于是有 $1-\Pr(\text{获胜}|x=y=0)$ 的概率结果不同，$a_0 b_0 = -1$。所以，对于整体系统测量，$A_0 B_0$ 的平均值为

$$
\begin{aligned}
\langle A_0 \otimes B_0 \rangle_{\Phi^+} &= 2\Pr(\text{获胜}|x=y=0) - 1 \\
&= \langle \Phi^+ | A_0 \otimes B_0 | \Phi^+ \rangle \\
&= \frac{1}{\sqrt{2}} \left(\langle \Phi^+ | \sigma_z \otimes \sigma_x | \Phi^+ \rangle + \langle \Phi^+ | \sigma_z \otimes \sigma_z | \Phi^+ \rangle \right) \\
&= \frac{\sqrt{2}}{2}
\end{aligned}
\tag{3.18}
$$

于是得到：

$$
\Pr(\text{获胜}|x=y=0) = \frac{2+\sqrt{2}}{4}
\tag{3.19}
$$

其他三种情况可以类似地计算，唯一需要注意的是，当 $x=y=1$ 时，测量结果要求不同，于是，$\langle A_1 B_1 \rangle_{\Phi^+} = 1 - 2\Pr(\text{获胜}|x=y=0)$。具体计算留作思考题。可以得到，四种情况下赢得游戏的概率都相同，所以

$$
\Pr(\text{获胜}) = \frac{2+\sqrt{2}}{4} = \cos^2\left(\frac{\pi}{8}\right)
\tag{3.20}
$$

$\square$

思考题 3.7 例 3.1 中的角度 $\pi/8$，应该如何理解？提示：甲得到结果后，乙的量子态和"获胜"的量子态在布洛赫球表示的关系。

思考题 3.8 例 3.1 中的量子策略是否最优？即，成功概率是否可以超越 $\cos^2\left(\frac{\pi}{8}\right)$？提示：3.1.2 节思考题 3.5 提到的 Tsirelson 界。

通过上面的例题和讨论，你应该已经意识到，CHSH 游戏只是 CHSH 不等式的一种等价表述方式。实际上，CHSH 表达式和 CHSH 游戏的获胜概率之间仅相差一个线性变换。表 3.1 列出了两种表述方式的变换关系。对于一般的贝尔表达式，也可以通过线性变换，构造相应的非局域游戏。

表 3.1 CHSH 游戏和 CHSH 表达式之间的对应关系

参数	CHSH 游戏	CHSH 表达式
输入、输出取值范围	$x,y \in \{0,1\}, a,b \in \{0,1\}$	$x,y \in \{0,1\}, a,b \in \{+1,-1\}$
对应项	$\Pr(a \oplus b = 0|xy)$	$\dfrac{1+\mathbb{E}(ab|x,y)}{2}$
	$\Pr(a \oplus b = 1|xy)$	$\dfrac{1-\mathbb{E}(ab|x,y)}{2}$

很显然，不是所有的量子态都可以违背贝尔不等式。直观上来讲，有些量子态并不违背贝尔不等式，可以用局域隐变量理论来解释，展现出"经典力学"的性

质。而那些违背贝尔不等式的量子态，显然和经典力学冲突，具有独特的量子特性。在贝尔不等式违背实验中展现出来的超越经典理论的关联与纠缠有关。从这个例子看出，四个贝尔态都可以用来违背贝尔不等式，它们都是纠缠态。这一章后面还会阐述由贝尔态引入的其他奇特量子特性，本质上都是由纠缠引起的。在第 4 章中，会严格定义纠缠，并对其进行量化。需要注意的一件事是，并不是所有的纠缠态都能使甲和乙的获胜概率优于经典策略，从而违反贝尔不等式。此外，为了使甲和乙能够获得量子优势，即获胜概率大于 3/4，他们各自测量的可观测量需要是非对易的。

3.1.4 贝尔实验的漏洞

自从 20 世纪 70–80 年代，John S. Clauser 和 Alain Aspect 等开展贝尔不等式实验验证以来，已经出现了许多关于贝尔定理的实验证明。在实验中，为了得到贝尔不等式违背的结论，需要一些必要的假设。类似于 CHSH 贝尔不等式的情形，依然考虑甲和乙两个相隔很远的实验者，记他们各自选择测量的物理观测量为 x 和 y，测量结果为 a 和 b，不过这些变量不一定是二维的。具体来说，贝尔不等式实验中主要涉及下面三个漏洞。

● 局域性漏洞：在理想的贝尔实验中，甲和乙的测量事件需要相互独立。也就是说，甲的测量应该独立于乙的测量选择，反之亦然。因此，实验中的概率分布应满足

$$
\begin{cases}
\sum_b \Pr(a,b|x,y) = \sum_b \Pr(a,b|x,y'), & \forall a, x, y \neq y' \\
\sum_a \Pr(a,b|x,y) = \sum_a \Pr(a,b|x',y), & \forall b, y, x \neq x'
\end{cases}
\tag{3.21}
$$

在 CHSH 贝尔不等式中，这对应于式 (3.4) 所示内容。如果式(3.21)这一条件不满足，即使在局域隐变量理论中，甲和乙的实验装置也可以通过传递信号来违反贝尔不等式，这一情形被称作局域性漏洞。

如果我们相信狭义相对论是正确的，可以通过确保甲和乙的相关测量事件之间满足类空分隔，进而关闭局域性漏洞。由于没有任何信息的传输速度能快于光，如果在甲（乙）获得她（他）的测量结果时，乙（甲）的测量选择还没有传递到甲（乙）处，那么测量过程就不会受到对方的干扰。随着实验技术的进步，目前，局域性漏洞在光学和原子系统中是可以克服的。需要说明的是，在相对论框架下确定事件的时空坐标时，事实上需要"可信的协调员"，这位协调员会确保所有的时钟都被校准和同步。

● 探测效率漏洞：为了保证贝尔不等式确实被违反，实验中所使用的探测器效率必须高于一个阈值，否则存在探测效率漏洞。

这一漏洞涉及实际的探测器工作原理。以 CHSH 不等式的情形来说明。简单来说，在实际探测过程中，探测器除了给出对应于 +1 或 −1 的测量结果外，由于粒子传输损耗、探测器异常状态等因素，探测器可能没有发生响应。特别地，在光学实验中，由于当前的实验技术限制，光子探测器有一个不可忽略的检测不到入射光子的概率。数学上，可以将探测器的结果用一个三维随机变量表示，取值为 $\{+1, -1, \phi\}$，其中 ϕ 对应于未响应。实验者假设探测器每一轮都会如实地进行探测并给出 +1 或 −1 的测量结果，但会以一定的概率"擦除掉"一些测量结果，变成未响应的探测事件，这里擦除概率与测量结果无关，即为"公平采样"假设。在这一假设下，实验者可以直接将探测器未响应的事件舍弃。但是在极端情况下，"公平采样"可能被严重违背，局域隐变量理论也可以给出贝尔不等式违背的结果。一个合理的实验做法是，在实验开始前，实验双方商定好一个方案，将未发生探测的事件指定一个测量结果。这个指定方式可以是随机的，也可以是固定的，重要的是，甲和乙在处理各自的未响应事件时不会与对方进行通信，即根据对方的测量结果来决定如何指定。在这样的做法下，如果实验双方的探测器效率相同，为了观测到 CHSH 不等式违背，探测器效率至少应达到 $2(\sqrt{2} - 1) \approx 82.8\%$。

例 3.2　在 CHSH 贝尔实验中，假设在重复的探测过程中，统计出甲的探测器只在约 50% 的事件中发生响应，另外约 50% 的探测事件中得不到任何结果。如果实验者把测不到结果的情况都丢弃，那么存在一种局域隐变量模型，使得甲和乙的实验装置能够给出 $S = 4$ 的 CHSH 表达式取值。

解　为了方便叙述，想象有一个无良实验设备供应商丙，尝试做一些伪劣的贝尔实验器件。丙没有真正的量子纠缠资源，只有一些随机数和经典计算器件——这对应于所说的局域隐变量模型。为此，他事先对实验设备进行一些编程。

○丙设定甲的实验装置在每一次探测中，根据一个随机数，指定一个数字 x'，这一数字对应于实验中甲可能选择测量的物理量。

○对甲的实验装置，假如在一次实验中，实际输入和丙指定的数字一样 $x = x'$，就让探测器输出 $a = 1$，否则当 $x \neq x'$ 时，对外宣称没有探测到任何信号。

○对乙的实验装置，由于事先已经知道 x' 的取值，装置可以根据 x' 和 y 做输出，从而使得 $(-1)^{x'y} = ab = b$。

这个策略保证了乙这边的探测效率为 100%，但是甲的探测效率为 50%。如果舍弃甲没有输出的事件，甲和乙看到的贝尔表达式取值达到了 4 ——甚至超过了 Tsirelson 界 $2\sqrt{2}$！　　　　　　　　　　　　　　　　　　　　□

思考题 3.9　我们可以改变例 3.2 的设置，甲和乙两个人均允许探测效率不是 100% 且相同，此外，只要求最后的贝尔表达式取值达到量子上限 $2\sqrt{2}$，那么局域隐变量策略能够模拟最高的探测效率是多少？

● 自由意志/随机性漏洞：目前为止，所有的讨论都假定实验双方可以自由且随机地选择各自要测量的物理量。在理想情况下，输入 x 和 y 应该是随机且相互独立的，并且在重复贝尔实验的过程中，每一次的选择也互不相关。

如果没有可靠的贝尔实验，我们不能证明真正随机性的存在；另外，贝尔实验又需要可靠的随机性用于测量选择。作为探究基本物理规律的实验，我们自然会存在下面的疑问：如果我们的世界就像一场提前录好的电影带，所有的事件完全是确定的，那么也就不存在基于"自由意志"的"随机的"测量选择。在这样的情形下，还能通过贝尔不等式违背来否定局域隐变量模型吗？不幸的是，我们永远无法彻底排除掉这一可能性，这一问题被称作自由意志或随机性漏洞。如果存在某个"超级隐变量"，不仅控制着甲和乙的实验装置，还同时完全控制着甲和乙做出的测量选择，那么，这个隐变量可以给出任意的实验结果。

不过好的一方面是，如果假设这个世界上一开始存在"一点点"随机性，一个一般的非讯令物理理论允许我们将其通过贝尔实验"放大"成完美的随机性，同时，这样一个真正的随机数"种子"可以逐渐扩展成越来越多的随机数。在贝尔最初的讨论中，他也注意到了随机性漏洞的问题，为此他提出了两个在实践中可能合理的解决方案：利用（看似）互相没有因果关系的来自不同星区的宇宙射线，或者人类的"自由意志"——这也是这一漏洞名称的来源。2016 年 12 月，全球多个研究机构共同发起了"大贝尔测验"，试图利用人类"自由意志"来尽可能关闭随机性漏洞。这一实验征集了全球范围的志愿者，通过网络游戏产生大量随机数，用于贝尔实验的测量选择；此外，不同研究机构利用不同的实验平台分别展开贝尔实验。在这一实验项目中，研究人员同时验证了贝尔不等式违背。不过，并非所有参与合作的实验室都关闭了其他两个漏洞。表 3.2 中给出了过去几十年的一些贝尔实验验证。

表 3.2　实验检验贝尔不等式违背方面的重要突破

年份	实验
1972[18]	通过偏振关联实验讨论贝尔不等式违背
1981[19]	实验检验贝尔不等式违背（基于光子系统）
1982[20]	考虑局域性漏洞的贝尔不等式违背实验检验（基于光子系统）
2001[21]	关闭探测器漏洞（基于离子阱系统）
2014[22]	使用星光处理随机性漏洞
2015[23-25]	实现无漏洞贝尔不等式违背（基于光子和 NV 色心系统）
2018[26]	基于人类"自由意志"的大贝尔实验 a

a 实验项目网站：https://museum.thebigbelltest.org/。

3.1.5　CH 不等式和 Eberhard 不等式

为了实验实现无漏洞贝尔不等式违背，一个挑战是实现足够高效率的光子探测。除了不断提高探测效率，在理论方面，研究者们意识到可以使用 CHSH 不等

式之外的贝尔不等式。对于两个实验者参与的两体贝尔实验，一般的贝尔表达式可以定义为

$$J = \sum_{a,b,x,y} c_{a,b,x,y} \Pr(a,b|x,y) \tag{3.22}$$

其中，x,y 对应于实验者的测量选择，a,b 表示测量结果，系数 $c_{a,b,x,y} \in \mathbb{R}$ 定义了这一贝尔表达式。原则上，在给定探测器效率，以及选定如何将未探测事件指定为一个测量结果后，实验者可以设计系数 $c_{a,b,x,y}$，构造出可以探测的贝尔不等式。这里，除了前面提到的 CHSH 不等式，比较著名的贝尔不等式包括 Clauser-Horne（CH）不等式和 Eberhard 不等式。也是通过这些工作，人们证明了对于存在两个测量选择的所有二体贝尔实验，为了关闭探测漏洞，相比于 CHSH 不等式情况下的约 82.8%，双方的探测效率可以降低到 $2/3 \approx 66.7\%$——而且这一结果是紧致的 [27]。

在这一节中，还是采用和前面 CHSH 非局域游戏一样的记号。对于 CH 不等式和 Eberhard 不等式，实验中，每个测量者各有两个可以选择的测量，记为 $x,y \in \{0,1\}$，如图 3.4 所示。输出除了正常的 0/1 之外，还多了一个探测器未响应的情况，记为 2，这样输出结果有三种可能：$a,b \in \{0,1,2\}$。

图 3.4　CH 贝尔不等式测试。甲和乙分别随机输入 $x,y \in \{0,1\}$ 来决定各自做的测量，之后分别拿到测量结果 $a,b \in \{0,1,2\}$

- CH 不等式：

$$J_{\mathrm{CH}} = \Pr(a=0|x=0) + \Pr(b=0|y=0) - \Pr(a=0,b=0|x=0,y=0) -$$
$$\Pr(a=0,b=0|x=0,y=1) - \Pr(a=0,b=0|x=1,y=0) +$$
$$\Pr(a=0,b=0|x=1,y=1) \tag{3.23}$$

对于局域隐变量模型，可以得到 $J_{\mathrm{CH}} \geqslant 0$。我们将这一证明留作习题 3.5。

- Eberhard 不等式：

$$J_{\mathrm{E}} = -\Pr(a=0,b=0|x=0,y=0) + \Pr(a=0,b=1|x=0,y=1) +$$
$$\Pr(a=0,b=2|x=0,y=1) + \Pr(a=1,b=0|x=1,y=0) +$$
$$\Pr(a=2,b=0|x=1,y=0) + \Pr(a=0,b=0|x=0,y=0) \tag{3.24}$$

对于局域隐变量模型，可以得到 $J_{\mathrm{E}} \geqslant 0$。

这里展示为什么用 Eberhard 不等式检验量子非定域性时，探测效率可以降低到 2/3，读者也可以仿照这一做法，说明 CH 不等式也可以降低对探测器效率的要求。假设两个实验者，甲和乙，所共享的量子态并非是贝尔态，而是下面的这个联合量子态：

$$|\psi\rangle = \frac{1}{\sqrt{1+r^2}}(|01\rangle + r|10\rangle) \tag{3.25}$$

其中，$r > 1$。另外，暂时不考虑探测器有限效率的问题，两人的测量设备应该进行下面的测量：

$$\begin{cases} A_0 = |\alpha_0\rangle\langle\alpha_0| - |\alpha_0^\perp\rangle\langle\alpha_0^\perp| \\ A_1 = |\alpha_1\rangle\langle\alpha_1| - |\alpha_1^\perp\rangle\langle\alpha_1^\perp| \\ B_0 = |\beta_0\rangle\langle\beta_0| - |\beta_0^\perp\rangle\langle\beta_0^\perp| \\ B_1 = |\beta_1\rangle\langle\beta_1| - |\beta_1^\perp\rangle\langle\beta_1^\perp| \end{cases} \tag{3.26}$$

其中，$|\alpha_0\rangle, |\alpha_1\rangle, |\beta_0\rangle, |\beta_1\rangle$ 对应相应测量的结果 0，而带有上标 $\perp$ 的向量对应测量结果 1。对任意 $i = 0, 1$，将这些向量表示为

$$\begin{cases} |\alpha_i\rangle = \cos\alpha_i|0\rangle + \sin\alpha_i|1\rangle \\ |\alpha_i^\perp\rangle = -\sin\alpha_i|0\rangle + \cos\alpha_i|1\rangle \\ |\beta_i\rangle = \cos\beta_i|0\rangle + \sin\beta_i|1\rangle \\ |\beta_i^\perp\rangle = -\sin\beta_i|0\rangle + \cos\beta_i|1\rangle \end{cases} \tag{3.27}$$

现在，考虑效率带来的影响。假设甲的探测器效率为 η_A，乙的探测器效率为 η_B，那么

$$\begin{cases} \Pr(a=0, b=0|x=0, y=0) = \eta_A\eta_B|\langle\psi|\alpha_0\beta_0\rangle|^2 \\ \Pr(a=2, b=0|x=1, y=0) = (1-\eta_A)\eta_B\langle\psi|(I_A \otimes |\beta_0\rangle\langle\beta_0|)|\psi\rangle \end{cases} \tag{3.28}$$

构成 Eberhard 不等式的其他各项也可以类似地写出。如果要求 $\eta_A = \eta_B = \eta$，并通过两个参数 $\omega, \Delta > 0$，将测量表示为

$$\begin{cases} \alpha_1 = \dfrac{\omega - \pi}{2} \\ \alpha_2 = \alpha_1 - \Delta \\ \beta_1 = \dfrac{\omega}{2} \\ \beta_2 = \beta_1 - \Delta \end{cases} \tag{3.29}$$

将这些参数最终代入 Eberhard 表达式(3.24),我们会发现,只要 η 比 2/3 稍微大一点,通过调节 r, ω, Δ,可以使得 $J_E < 0$ 始终成立。需要说明的是,严格的 $\eta = 2/3$ 是不可能使得 Eberhard 不等式违背的。在这一情况下,你所能得到的 Eberhard 表达式最小值只能是 $J_E = 0$——这时,$\alpha_1 = \alpha_2 = -\pi/2, \beta_1 = \beta_2 = 0$。

思考题 3.10 在非讯令条件下,证明 CHSH 不等式、CH 不等式和 Eberhard 不等式在探测器效率为 1 的情况下是等价的。即,可以在非讯令条件限制下,找到一组线性变换,将一个贝尔表达式的系数变换为另一个表达式的系数。提示:可以先将 CHSH 表达式写为式(3.22)的形式。探测效率为 1 说明,$a, b = 2$ 的情况不出现,概率为 0。

3.2 量子密集编码

在一些不严谨的科普读物中,经常会看到这样的表述:量子纠缠可以实现瞬时信息传递——似乎量子力学有着无所不能的魔力。幸或不幸,这一说法是错误的——相对论给出了信息传递速度的物理极限。事实上,纠缠并不能用来直接传递信息。对于 EPR 伴谬的场景,通过第 1 章和第 2 章的学习,我们知道,虽然甲在测量后,在她的视角,"导引"了乙的系统状态,但对于后者而言,如果甲没有告知他这件事,那么在他看来,系统的量子态——也就是密度矩阵——依然是实验初始时刻的样子。他如果在这时去测量自己的系统,他会认为测量结果是完全随机的——甲的测量信息不会"鬼魅般地"瞬间传递给他[①]!

不过,量子纠缠确实可以带来更强大的通信能力。在第 4 章,将把这一能力的提升予以严格的信息论表述——这便是信道容量的概念。现在先来看一些具体的例子。首先考虑这样一个通信任务:考虑两个相距很远的人,甲和乙,甲希望传递一些经典信息给乙。为此,甲可以制备一个量子比特来加载她要传递的信息,通过一个量子信道将量子比特传输给乙,乙在收到这一量子态后,可以进行合适的测量来读取信息。我们称甲选择量子态及乙进行测量的这一过程为信息编码。简单起见,假设所有的过程都没有损耗或错误。我们的问题是:如果甲只能传递一个量子比特,她最多可以准确地传递给乙几个比特的经典信息?

3.2.1 基本编码

注意到所谓经典随机变量也可以表示为一个量子态,我们容易想到下面的这一信息传输方案:甲和乙选定一个计算基矢 Z,记其本征态为 $|0\rangle, |1\rangle$,随后,

  (1)根据要发送的信息,甲制备一个计算基矢上的态 $|0\rangle$ 或 $|1\rangle$;

  (2)甲将量子态发送给乙;

[①] 爱因斯坦误认为纠缠可以瞬间传递某种奇怪的相互作用,因此他称纠缠为"鬼魅般的超距作用"(spooky action at a distance)。

（3）乙在接收到量子态后，在计算基矢 Z 上进行测量，得到该比特的信息。这一编码方案有时也称为基本编码。用这个编码方法，甲每次发送给乙一个量子比特，便可以成功地向乙传输 1 比特经典信息。如果甲和乙希望采用这一编码方案来传输 n 比特的经典信息，那么他们需要使用 n 次的量子信道。

基本编码看上去有点无聊。一个很自然的问题是，能否用一个量子比特传输更多的经典信息。从态叠加的角度看，甲可以给乙发送一个相干叠加的量子态 $a|0\rangle + b|1\rangle$，并且可以选择任意的叠加系数 a, b，即不限定在计算基矢上。由于叠加的方式有无限多种，甲似乎可以通过这种方式，用一个量子比特传输给乙很多信息。但站在乙的角度，事先他并不知道甲要传递的信息。如果编码信息的可能的量子态相互并不正交，直观上看，乙无法从一份量子态中准确读出态叠加系数[①]。事实上，可以从量子信道理论证明，如果甲和乙没有事先共享任何其他量子态，当甲给乙传递一个量子比特时，最多可以传递过去一个经典比特信息。也就是说，如果要求传递的信息没有任何差错，基本编码已经是上面这个通信问题中他们所能达到的最好结果。我们将在 4.3.2 节回到这一问题。

在通信任务中，将非局域量子态和操作视为资源，包括连接远程方的量子和经典信道、通信和非局域物理态（如纠缠）。可以把基本编码用一个比较直观的方式表达出来，写成资源不等式：

$$[q \to q] \geqslant [c \to c] \tag{3.30}$$

其中，$[q \to q]$ 表示一个量子比特通信，$[c \to c]$ 表示一个经典比特通信，不等式 $\geqslant$ 表示用左边的资源可以完成右边的任务。

3.2.2 量子密集编码

现在让我们考虑一个不同的场景。除了刚才所提到的所有操作，在通信之前，甲和乙事先共享了一对贝尔态 $|\Phi^+\rangle = (|00\rangle + |11\rangle)/\sqrt{2}$。现在我们的问题依然是：如果甲只给乙发送一个量子比特，最多可以传递几个比特的经典信息？这样事情就有了转机：甲和乙可以用一个更有效的编码方式——量子密集编码（quantum superdense coding），通过发送一个量子比特来传递两个经典比特，如图 3.5 所示。具体来说，

（1）甲和乙共享一对量子比特，处在贝尔态 $|\Phi^+\rangle_{AB} = (|00\rangle + |11\rangle)/\sqrt{2}$。

（2）根据要发送的 2 比特经典信息，甲选择一个量子操作 $\{I, \sigma_x, \sigma_y, \sigma_z\}$，作用在她所持的量子比特 A 上。

（3）甲将她的量子比特 A 发送给乙。

---

① 这一纠结在很多量子信息处理里面都会出现。比如利用量子态叠加，可以很轻松做到平行计算演化，把指数多的所有可能结果都计算出来，但需要进行测量来读取结果——这却不是一件容易的事情。

（4）乙在接收到 A 后，对两个量子比特做一个联合的贝尔态测量，投影到 $\{|\Phi^+\rangle, |\Phi^-\rangle, |\Psi^+\rangle, |\Psi^-\rangle\}$ 中的一个贝尔态上，由此确定甲要发送的 2 比特信息。

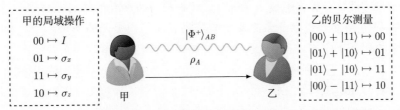

图 3.5　量子密集编码。通信双方甲和乙事先共享了一对 EPR 粒子，$|\Phi^+\rangle = (|00\rangle + |11\rangle)/\sqrt{2}$。甲根据要传递的 2 个比特信息选择一个泡利矩阵操作自己的粒子，然后把粒子发给乙，乙将接收到的粒子和原有的粒子放一起做贝尔测量得到 2 个比特结果即甲要传送的信息

为了清晰地看出乙是如何解码的，注意到每个贝尔态都可以通过对第一个量子比特的单一操作，$\{I, \sigma_x, \sigma_y, \sigma_z\}$，旋转为任意其他目标贝尔态，即

$$
\begin{cases}
|\Phi^+\rangle_{AB} = \dfrac{|00\rangle + |11\rangle}{\sqrt{2}} = I \otimes I \, |\Phi^+\rangle_{AB} \\[2mm]
|\Phi^-\rangle_{AB} = \dfrac{|00\rangle - |11\rangle}{\sqrt{2}} = \sigma_z \otimes I \, |\Phi^+\rangle_{AB} \\[2mm]
|\Psi^+\rangle_{AB} = \dfrac{|01\rangle + |10\rangle}{\sqrt{2}} = \sigma_x \otimes I \, |\Phi^+\rangle_{AB} \\[2mm]
|\Psi^-\rangle_{AB} = \dfrac{|01\rangle - |10\rangle}{\sqrt{2}} = -i\sigma_y \otimes I \, |\Phi^+\rangle_{AB}
\end{cases}
\tag{3.31}
$$

这里最后一个等式的 $-i$ 作为全局相位并不会改变测量结果。这样乙可以从区分等式左边的 4 个贝尔态推算出甲作用的局域操作 $\{I, \sigma_x, \sigma_y, \sigma_z\}$，进而得到她想发送的 2 比特信息。

需要说明的是，在这一通信过程中，除了贝尔态之外，甲和乙不需要制备其他的量子态。就像甲和乙一起商量好的编码策略一样，可以想象这个贝尔态是甲和乙很早之前就共享了的，和要传输的经典信息并没有关系。纯粹从通信角度来看，甲也就是给乙发送了一个量子比特达到了传递两个经典比特的效果[①]。这也是我们称之为量子密集编码的原因。

类似式(3.30)，可以把量子超密集编码写进资源不等式：

$$
[qq] + [q \to q] \geqslant 2[c \to c]
\tag{3.32}
$$

---

① 在这一问题中，我们不把共享贝尔对这件事算在通信资源开销里，即认为甲和乙共享贝尔对这件事是容易做到的。这是多数量子通信复杂度（quantum communication complexity）问题的基本研究设定：在不同的通信场景中，可以假定通信双方能够任意多地获取局域随机数、共享随机数、纠缠等辅助资源，只关心他们在通信任务中需要传输多少个经典比特或量子比特。不过，在一些更复杂的场景中，会限定通信双方共享辅助资源的数量，这时问题往往会变得复杂起来。

其中，$[qq]$ 表示通信双方共享的一对纠缠量子比特对，这里就是贝尔态。这意味着可以用一对纠缠的量子比特和一个量子比特的通信来实现两个经典比特的通信。

思考题 3.11   在量子密集编码中，传输的经典和量子比特数比值为 2。甲和乙是否可以用更多的纠缠、更加复杂的编码方式得到更高的比值，即更加稠密的编码方式？

3.3   量子隐形传态

3.3.1   纯态的传输

在 3.2 节中，讨论了一些通过量子信道传输经典信息的场景。现在来看一个"更加量子"的场景——甲希望向乙传输一个量子态。不过我们并不准备让甲直接用一个量子信道简单地传输量子态：假定甲和乙之间只有一个可以用来传递经典信息的信道，而甲希望能够把一个量子比特态准确地发给乙，

$$|\phi\rangle = a|0\rangle + b|1\rangle \tag{3.33}$$

其中，态叠加系数满足归一化条件，$|a|^2 + |b|^2 = 1$。

由于只有经典信道，一个自然的想法是，甲可以把态叠加系数 a, b 进行一些经典信息编码发送给乙，然后乙可以在他的实验室里重构出该量子态。但仔细考虑这一方案便会发现很多问题。首先，参数 a, b 可以在复数域连续地取值。为了尽量精准地传输该量子态，甲不得不用很多经典比特来编码。即使这样，理论上精度也不能达到完美的程度——比如 a 可以等于 $1/\pi$。更加麻烦的问题在于，甲本人可能也不知道 a, b 的具体取值，她只是拿到了这个量子态，准备传给乙。想象一下，甲是给别人提供量子"送信服务"的邮递员，客户未必愿意告知量子态的具体内容。乍一看，这个问题很棘手，几乎没有办法解决！

为了完成这项"看起来不可能的任务"，可以使用量子隐形传态（quantum teleportation）协议。你或许已经猜到，我们又一次需要我们的老朋友——量子纠缠对。首先，甲和乙共享一对贝尔态 $|\Phi^+\rangle_{AB} = (|00\rangle + |11\rangle)/\sqrt{2}$。然后，甲将准备传输的量子态 $|\phi\rangle$ 和她所持的贝尔态部分放在一起。为了方便起见，我们标记要传输的量子态所在系统为 C，这样，两个人一开始所持的所有量子系统构成的量子态为

$$|\phi\rangle_C |\Phi^+\rangle_{AB} = (a|0\rangle + b|1\rangle) \otimes \frac{|00\rangle + |11\rangle}{\sqrt{2}} \tag{3.34}$$

将这个表达式重新整理一下，按照待传递的量子态系统 C、甲所持贝尔对中的粒子 A、乙所持贝尔对中的粒子 B 的顺序，将量子态写为

$$|\phi\rangle_C |\Phi^+\rangle_{AB} = \frac{1}{2\sqrt{2}}[(|00\rangle + |11\rangle)(a|0\rangle + b|1\rangle) + (|01\rangle + |10\rangle)(a|1\rangle + b|0\rangle) +$$

$$(|00\rangle - |11\rangle)(a\,|0\rangle - b\,|1\rangle) + (|01\rangle - |10\rangle)(a\,|1\rangle - b\,|0\rangle)]$$

$$=\frac{1}{2}\big[\,|\Phi^+\rangle_{CA}\,|\psi_{00}\rangle_B + |\Psi^+\rangle_{CA}\,|\psi_{01}\rangle_B + |\Phi^-\rangle_{CA}\,|\psi_{10}\rangle_B +$$

$$|\Psi^-\rangle_{CA}\,|\psi_{11}\rangle_B\,\big] \tag{3.35}$$

$|\psi_{ij}\rangle_B$ 的定义见表 3.3。如果甲对她所持的 C, A 两个粒子做一个联合的贝尔态测量，那么根据测量结果，她将把乙的系统投影到四个量子态中的一个。

表 3.3 甲贝尔测量结果和乙所持有的粒子量子态之间的关系（由于量子态的全局相位不产生任何物理影响，这里，可以把 $\sigma_x\sigma_z$ 看作 σ_y）

贝尔态测量结果	B 系统量子态
$|\Phi^+\rangle$	$|\psi_{00}\rangle_B = a\,|0\rangle + b\,|1\rangle = I\,|\phi\rangle$
$|\Psi^+\rangle$	$|\psi_{01}\rangle_B = a\,|1\rangle + b\,|0\rangle = \sigma_x\,|\phi\rangle$
$|\Phi^-\rangle$	$|\psi_{10}\rangle_B = a\,|0\rangle - b\,|1\rangle = \sigma_z\,|\phi\rangle$
$|\Psi^-\rangle$	$|\psi_{11}\rangle_B = a\,|1\rangle - b\,|0\rangle = \sigma_x\sigma_z\,|\phi\rangle$

我们将甲的贝尔态测量结果用二进制进行了编码，$\{00, 01, 10, 11\}$。可以看出，测量结果这一信息只需要两个经典比特就可以准确表示。甲把她的测量结果发给乙，由此乙可以相应地对粒子 B 做 $I, \sigma_x, \sigma_z, \sigma_x\sigma_z$ 操作，从而恢复量子态 $|\psi\rangle$。相应过程也展示在图 3.6 中。

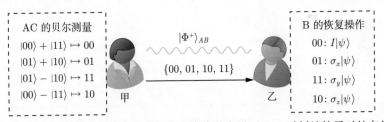

图 3.6　量子隐形传态原理图。首先甲和乙事先共享了 AB 一对纠缠粒子对处在贝尔态 $|\Phi^+\rangle_{AB}$。甲把待发送的量子态粒子 C 和 A 在一起做贝尔测量，然后将 2 比特结果发给乙。乙根据收到的 2 比特结果对粒子 B 做一个恢复操作

在资源不等式的语言中，可以得出这样的结论：

$$[qq] + 2[c \to c] \geqslant [q \to q] \tag{3.36}$$

这意味着我们可以使用一对纠缠比特，记作 $[qq]$，和一个两比特的经典通信，记作 $2[c \to c]$，来实现一个量子比特的通信，记作 $[q \to q]$。你可以把这个不等式看成式 (3.32) 中不等式的"逆"。与超密编码的讨论类似，我们认为甲和乙在很早就共享了贝尔态，可以不把共享纠缠这件事纳入通信开销。在即时通信中，这个纠缠态可以不占用信道。

思考题 3.12　　能否用更多的纠缠，用少于 2 比特经典信息来传递一个量子比特？提示：这个问题最好和思考题 3.11 一起考虑。

思考题 3.13　　量子隐形传态可以看作对量子态的"克隆"吗？为什么？

我们这里欣赏一下量子隐形传态的奇妙之处。正因为甲需要传递两个经典比特给乙，用量子隐形传态来传递信息的速度不能超过光速。但是，无论是一开始的纠缠态 $|\Phi^+\rangle_{AB}$ 还是贝尔测量的结果都与具体要传输的量子态无关，即与具体的态叠加系数 a, b 无关。那么到底是什么机制让这个量子态不知不觉中跑到了乙手上的呢？这是量子世界非常奇特的现象之一。由于传输的经典信息与被传输量子态无关，量子隐形传态具有某种安全通信的能力。

量子隐形传态也不能用来复制一个未知量子态，否则将违反量子不可克隆定理。事实上，在量子隐形传态完成后，甲将不再拥有原先所持有的要发送的量子比特，即她的量子态被"销毁"了，所以也只有一份量子态存在。有趣的是，甲对两个量子比特 AC 做了贝尔态测量，但最终这个测量竟然完全没有破坏原始的量子态 $|\psi\rangle$！

思考题 3.14　　在量子隐形传态过程中，如果乙没有收到甲的两个比特信息，那么他的量子态应该表达成什么？和甲是否做贝尔测量是否有关系？

此外，甲从始至终可以完全不知道被传输量子态的信息，即 a, b 的具体值。换句话说，利用同样的编码方案，甲可以向乙传输任意的量子比特。更一般地，其实不需要要传输的量子态是纯态，我们会在 3.3.2 节展开说明这一内容。

思考题 3.15　　既然量子隐形传态的操作本身与量子态无关，通信双方也不需要知道量子态的描述，那么在这一过程中，究竟"传输"了什么？

在实验上有不少量子隐形传态的实现，见表 3.4，这里包括 2022 年诺贝尔物理学奖获得者 Anton Zeilinger 的早期相关实验工作。

表 3.4　　实验演示量子隐形传态

年份	事件
1997—1998[28-29]	首次实验演示量子隐形传态（基于光子系统）
1998[30]	首次实验演示纠缠交换（基于光子系统）
1999[31]	首次实验演示连续变量系统的量子隐形传态（基于光子系统）
2003[32]	首次实验演示长距离量子隐形传态（2km，基于光子系统）
2004[33-34]	首次在离子系统上实现量子隐形传态（分别基于钙离子和铍离子）
2006[35]	首次实现光子和原子系综之间的量子隐形传态
2017[15]	首次利用卫星演示量子隐形传态

3.3.2　纠缠交换

在纯态的量子隐形传态中，我们注意到，通信双方都不需要事先知道要传输的量子态的信息，即量子态在计算基矢上的叠加系数 a, b。同时，在传输量子比特的情境中，无论具体传输的量子态是什么，甲都需要向乙发送 2 比特经典信息。你可能会自然地想到下面的问题：如果发送方完全不知道要传输的量子态，在她看来，这个量子态就是一个最大混态，既然如此，量子隐形传态是不是可以传递一个一般的量子混态？而如果发送方完全知道自己要传输的量子态是什么，她有没有可能发送少于 2 个经典比特的信息，从而将量子态传送至接收方？

首先来研究第一个问题。注意到在量子隐形传态的过程中，数学上，所有的操作关于密度矩阵都是线性的，而量子混态正是一些纯态的概率混合。如果将要进行隐形传送的量子态替换为一般的量子混态，只需进行和 3.3.1 节完全一样的协议就可以了。不过在这里，考虑一个更有趣的问题。如图 3.7 所示，两个事先没有任何关联的相隔很远的实验者，甲和乙，希望最终能够共享一对贝尔态 $|\Phi^+\rangle = (|00\rangle + |11\rangle)/\sqrt{2}$。他们之间不直接接触——你可以想象成他们两人分别在北京和上海的一间实验室里，甚至他们之间也无法进行经典通信。幸运的是，两人有一个共同的好友，丙，会扮演一个中继角色，帮助他们完成这一任务，而且最一开始，甲和丙之间共享了一对贝尔态 $|\Phi^+\rangle$，乙和丙之间共享了另外一对贝尔态 $|\Phi^+\rangle$。不过与量子隐形传态时一样，无论是甲和丙还是乙和丙之间，都只能进行经典通信；此外，他们所能做的量子操作仅局限于每个人自己的实验室中。

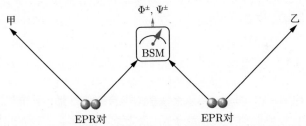

图 3.7　纠缠交换示意图。甲和丙有一对纠缠对 $|\Phi^+\rangle_{AC_1}$，乙和丙也有一对纠缠对 $|\Phi^+\rangle_{C_2B}$。丙将粒子 C1 和 C2 做贝尔态测量，并把测量结果发送给甲和乙，这样粒子 A 和 B 虽然没有直接相互作用，也纠缠起来了

为了方便起见，将甲和乙的系统标记为 A 和 B，而对于丙所持有的两个粒子，其与甲纠缠的粒子所在系统标记为 C_1，而与乙纠缠的粒子所在系统标记为 C_2。按照甲、丙、乙的顺序，将实验一开始三个人所有的粒子所处的联合量子态写为

$$
\begin{aligned}
|\psi\rangle_{AC_1C_2B} &= |\Phi^+\rangle_{AC_1} \otimes |\Phi^+\rangle_{C_2B} \\
&= \frac{1}{2}(|00\rangle_{AC_1} + |11\rangle_{AC_1}) \otimes (|00\rangle_{C_2B} + |11\rangle_{C_2B}) \\
&= \frac{1}{2}(|0000\rangle_{AC_1C_2B} + |0011\rangle_{AC_1C_2B} + |1100\rangle_{AC_1C_2B} + |1111\rangle_{AC_1C_2B})
\end{aligned}
$$

$$(3.37)$$

现在换一个系统标记方式，将甲和乙的系统 A 和 B 标记在一组，你可以进行验

算，发现量子态可以写成

$$|\psi\rangle_{ABC_1C_2} = \frac{1}{4}(|\Phi^+\rangle_{AB} \otimes |\Phi^+\rangle_{C_1C_2} + |\Phi^-\rangle_{AB} \otimes |\Phi^-\rangle_{C_1C_2} + |\Psi^+\rangle_{AB} \otimes$$

$$|\Psi^+\rangle_{C_1C_2} + |\Psi^-\rangle_{AB} \otimes |\Psi^-\rangle_{C_1C_2}) \tag{3.38}$$

请注意，到目前为止，三个人还没有进行任何操作，仅仅是把他们的量子态"放在一起"。通过上式，我们发现，AB 联合系统上的量子态事实上和 C_1C_2 上的状态处于完全相同的状态上！如果丙对他的系统 C_1C_2 进行一个贝尔态测量，将他的系统投影到四个贝尔态中的一个，那么甲和乙的联合量子态也将变成相应的贝尔态。这样，只需要丙把他的测量结果告诉甲和乙，随后甲和乙中的一个人再进行一个相应的泡利操作①，那么 A 和 B 系统就将变成贝尔态 $|\Phi^+\rangle$。

我们从不同实验者的视角再来审视一下这个过程。对甲来说，她最开始是和丙共享了一对量子纠缠态，但在实验的最后，这个纠缠态被换到了她和一个从未接触过的实验者乙之间！对于乙来说也是类似的。因此，这个奇妙的过程又被称作纠缠交换（entanglement swapping）。而对于丙来说，如果只关注 C_1 系统上的粒子，这个粒子是一个最大混合，在最后，C_1 的量子态被传送到 B 系统上了；或者说，C_2 系统的量子态被传送到了 A 系统上。从这个角度，纠缠交换又是一个三方参与的量子隐形传态。

3.3.3 远程态制备

现在来考虑下第二个问题。类似于纯态隐形传态的场景，甲和乙之间可以事先共享量子纠缠，进行经典通信及局域量子操作，在这些条件下，甲希望将一个纯态量子比特传送到乙处。但不同的是，甲知道要传送的量子态，而乙自始至终不知道——并且甲也不希望让乙了解这一信息。换句话说，甲希望实现远程量子态制备（remote state preparation）。显然，甲和乙可以进行量子隐形传态，通过传输 2 比特经典信息完成这一任务。既然甲完全清楚她想要远程制备的量子态是什么，直觉上，应该有一个更好的协议，用较少的通信资源开销完成这一任务。

先来看一个特殊的例子，假设甲想要远程制备的量子态是 $|\psi\rangle = (|0\rangle + e^{i\phi}|1\rangle)/\sqrt{2}$，其中角度 ϕ 完全描述了这一量子态。如果甲和乙事先共享了一对贝尔态 $|\Psi^-\rangle = (|01\rangle - |10\rangle)/\sqrt{2}$，注意到这个量子态还可以写为

$$|\Psi^-\rangle = \frac{1}{\sqrt{2}}(|\psi\rangle|\psi^\perp\rangle - |\psi^\perp\rangle|\psi\rangle) \tag{3.39}$$

其中，$|\psi^\perp\rangle = (|0\rangle - e^{i\phi}|1\rangle)/\sqrt{2}$，是一个与 $|\psi\rangle$ 正交的量子态。注意，量子态的

---

① 虽然甲和乙不能直接进行通信，但作为中继者的丙可以帮助他们协调这件事。

整体相位可以忽略。那么，甲可以对她的粒子进行投影测量 $\{|\psi\rangle, |\psi^\perp\rangle\}$，如果她的测量结果是 $|\psi^\perp\rangle$，那么乙的粒子就被制备到目标量子态 $|\psi\rangle$；如果她的测量结果是 $|\psi\rangle$，那么乙的粒子就被制备到 $|\psi^\perp\rangle$ 上，随后，甲让乙对他的粒子进行 σ_z 旋转操作，便得到了目标量子态 $|\psi\rangle$。在整个过程中，甲只需要发送 1 比特经典信息，告知乙是否进行 σ_z 旋转操作。这样，这一远程态制备过程比量子隐形传态通信资源开销要更少。此外，乙除了这一可能的旋转操作外，没有进行任何其他操作，也没有得到任何其他信息，所以他也完全不知道甲让他制备了一个怎样的量子态。

思考题 3.16 尝试对上面这个特殊情形的远程量子态制备过程进行推广。

(1) 在我们的例子中，为了叙述方便，假设甲和乙一开始共享的贝尔态是 $|\Psi^-\rangle = (|01\rangle - |10\rangle)/\sqrt{2}$，不过事实上，他们也可以共享其他的贝尔态。如果甲和乙一开始共享的贝尔态是 $|\Phi^+\rangle = (|00\rangle + |11\rangle)/\sqrt{2}$，请写出甲应该做怎样的测量，使得乙最多只需要进行 σ_z 旋转操作，便可以完成 $|\psi\rangle$ 这个量子态的远程制备。

(2) 考虑另外一个目标量子态 $|\vartheta\rangle = \sin\theta|0\rangle + \cos\theta e^{i\phi}|1\rangle$，其中 $\theta = \pi/3, \phi = \pi/2$。请检验，贝尔态 $|\Psi^-\rangle$ 可以表示为下式：

$$|\Psi^-\rangle = \frac{1}{\sqrt{2}} \left(|\vartheta\rangle|\vartheta^\perp\rangle - |\vartheta^\perp\rangle|\vartheta\rangle\right) \tag{3.40}$$

其中，$|\vartheta^\perp\rangle = -\cos\theta e^{-i\phi}|0\rangle + \sin\theta|1\rangle$。假设甲对她的粒子做投影测量 $\{|\vartheta\rangle, |\vartheta^\perp\rangle\}$，如果她的投影测量结果是 $|\vartheta\rangle$，数学上，乙应该如何操纵他的粒子，将其确定性地变成 $|\vartheta\rangle$？物理上能够实现这个操作吗？

事实上，思考题第二问中，如果甲的投影测量结果是 $|\vartheta\rangle$，乙没有办法通过物理操作直接把他的粒子变成 $|\vartheta\rangle$。也正是这一原因，历史上很长一段时间里，人们猜测对于一般量子态的远程制备，最好的方案就是量子隐形传态。不过如果我们对问题进行这样的修改：假设甲和乙之间可以共享无限多对贝尔态，且甲希望远程制备的不是一份量子态 $|\vartheta\rangle$，而是很多份该量子态，在整个制备过程中，甲和乙可以对自己的所有粒子进行一些复杂的联合量子操作。那么平均到每一份量子态的制备上，有没有可能只需小于 2 比特的经典通信开销？这一问题的答案是肯定的。不过这一协议的构造超出了本书的范围，在这里不做详细叙述。简单地说，在上述远程态制备过程中，针对那些未能直接制备到目标量子态的粒子，甲和乙需要一起完成被称作纠缠提取（entanglement distillation）的操作，将这些量子态"提纯"成贝尔态，随后再重复整个过程，直至全部的粒子都被制备到目标量子态上。纠缠提取只需局域量子操作和经典通信，但与先前的场景不同，为了完成这个环节，需要乙向甲发送一些经典信息。最终，平均到每一份量子态的制备上，甲和乙之间需要共享大约 3.79 对贝尔态，但依然只需要 1 比特的经典通信。

3.3.4 使用隐形传态来进行操作

我们可以从量子线路角度重新阐述一下量子隐形传态过程，如图3.8所示。甲一开始有量子态 $|\phi\rangle = a|0\rangle + b|1\rangle$，其中 a 和 b 是未知的系数。此外，甲和乙共享一个贝尔态 $|\Phi^+\rangle$。证明该量子线路图完成了隐形传态，留作习题3.6。

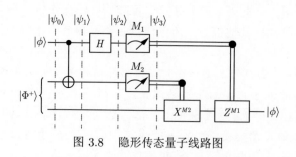

图 3.8 隐形传态量子线路图

想象甲、乙两个实验者希望严格按照图3.8所示的过程进行量子隐形传态。但由于实验意外，他们一开始共享的贝尔对发生了"错误"：本来应该被制备为 $|\Phi^+\rangle = (|00\rangle + |11\rangle)/\sqrt{2}$ 的量子态被制备成了 $|\Phi_U\rangle = (I \otimes U)|\Phi^+\rangle$，其中 U 是在乙所持有的粒子上的一个酉变换操作。除此之外，他们的其他实验设备都正常工作，而且他们也严格按照原本的方案进行实验。甲和乙一开始没有意识到这件事，直到甲进行了贝尔态测量后才意识到发生了什么。由于一开始没有预料到会发生这样的意外，乙现在只有原本计划好的泡利门。甲和乙决定还是要把实验进行下去，问题在于，这个时候他们可以怎样"挽救"这个实验？

先考虑一个简单的情况，假设这个错误所对应的旋转操作是 $U = H$。那么在实验开始的时候，甲和乙所持有的所有粒子处于下面这个联合量子态：

$$|\psi\rangle_C |\Phi_U\rangle_{AB} = \frac{1}{2}\big[|\Phi^+\rangle_{CA} H(a|0\rangle + b|1\rangle)_B + |\Psi^+\rangle_{CA} H(a|1\rangle + b|0\rangle)_B +$$

$$|\Phi^-\rangle_{CA} H(a|0\rangle - b|1\rangle)_B + |\Psi^-\rangle_{CA} H(a|1\rangle - b|0\rangle)_B\big] \quad (3.41)$$

对于 H 门，我们知道，$H|0\rangle = |+\rangle$，$H|1\rangle = |-\rangle$，不过先不着急把式 (3.41) 按此展开。我们注意到，当进行了 H 门操作后再做一个泡利操作的话，等效于先进行一个泡利操作，再接一个 H 门操作：

$$\begin{cases} \sigma_z H = H\sigma_x \\ \sigma_y H = -H\sigma_y \\ \sigma_x H = H\sigma_z \end{cases} \quad (3.42)$$

由此，可以重新写出在甲的贝尔态测量结果确定后乙所得到的量子态，见表 3.5。

表 3.5 在初始贝尔态变成 $|\Phi_U\rangle$ 后，甲的贝尔态测量结果和乙所持有的粒子量子态之间的关系（同样地，忽略了不产生物理影响的整体相位）

贝尔态测量结果	B 系统量子态
$|\Phi^+\rangle$	$|\psi_{00}\rangle_B = H|\psi\rangle$
$|\Psi^+\rangle$	$|\psi_{01}\rangle_B = \sigma_z H|\psi\rangle$
$|\Phi^-\rangle$	$|\psi_{10}\rangle_B = \sigma_x H|\psi\rangle$
$|\Psi^-\rangle$	$|\psi_{11}\rangle_B = \sigma_y H|\psi\rangle$

这样，乙如果稍微修改一下他要做的操作，即在甲测量结果为 $|\Psi^+\rangle$ 时，将后续操作改为 σ_z，以及在甲测量结果为 $|\Phi^-\rangle$ 时，将后续操作改为 σ_x，那么，他将获得 $H|\psi\rangle$ 这个量子态——相当于在隐形传态的同时，还额外进行了一次远程门操作！换句话说，"错误"的初始贝尔态带来了意外的好处。因为操作 U 早在乙进行本地操作之前就完成了，我们称这样一个过程为量子门的隐形传态（quantum gate teleportation）。事实上，在传输门的过程中所做的只是等效调整了乙操作 U 和泡利操作的顺序。

将式(3.42)重新整理一下，会发现 H 门将一个泡利操作映射成另一个泡利操作。我们称所有具有这一性质的操作为 Clifford 门。对于这些门操作，只需要准备普通的量子隐形传态所需的量子设备——具体而言，是给定计算基矢上的泡利操作和贝尔态测量，便可以实现量子门的隐形传态。对于一个一般的 Clifford 门的隐形传态，本质上只需要检查对易关系 $[U, X]$ 和 $[U, Z]$，就可以决定应该通过何种泡利操作完成任务。

你可能会想，为什么要把一个门操作转换成贝尔态制备和量子隐形传态？一个重要的原因是，并非所有的量子门都是实验上容易实现的。比如，通用量子计算的一种实现方案是通过 CNOT 门和单量子比特操作组合实现任意的量子门。由于涉及多量子比特的联合操作，对于一些实验平台而言，在某两个特定的量子比特之间可能并不容易实现 CNOT 门。但通过门传态，可以将这一过程最终转换成容易实现的过程，具体步骤见方框 4。在图 3.9（a）中画出了这一门传态的量子电路，并给出了这一协议。另外，实验一开始，两个实验者需要共享量子态 $|\chi\rangle$，见式(3.43)。不限定实验实现方法时，这一量子态可以通过对两对贝尔态之间两个粒子进行 CNOT 门操作来予以制备——但请注意，进行门传态本来的目的便是要等效地实现 CNOT 门。为了绕开这一问题，可以利用如图 3.9（b）所示的量子电路来制备量子态 $|\chi\rangle$。请读者们推导检查这些过程。

方框 4: 量子门的隐形传态来实现 CNOT 门

初始：甲持有量子态 $|\alpha\rangle$，乙持有量子态 $|\beta\rangle$，两人共同持有纠缠量子态：

$$|\chi\rangle_{A_1 A_2 B_1 B_2} = \frac{1}{2}[(|00\rangle + |11\rangle)|00\rangle + (|01\rangle + |10\rangle)|11\rangle] \tag{3.43}$$

目标：实现 $|\beta\rangle$ 对 $|\alpha\rangle$ 的 CNOT 操作

1. 甲将 $|\alpha\rangle$ 和她所持有的 $|\chi\rangle$ 中的第一个粒子一起进行贝尔态测量，并记录测量结果。乙对 $|\beta\rangle$ 和他所持有的 $|\chi\rangle$ 中的第一个粒子进行类似的操作。在记录测量结果时，甲和乙按照下面的对应关系进行表示：$|\Phi^+\rangle \to 00, |\Phi^-\rangle \to 01, |\Psi^+\rangle \to 10, |\Psi^-\rangle \to 11$。

2. 甲和乙通过经典信道告知对方自己的测量结果。

3. 根据自己的测量结果和对方告知的测量结果，按照图 3.9 (a) 所示的顺序和控制方式进行泡利 σ_x 和 σ_z 操作。

4. 上述过程结束后，甲和乙分别所持有的 $|\chi\rangle$ 量子态的第二个粒子共同处于 CNOT $|\beta\rangle|\alpha\rangle$ 的状态。

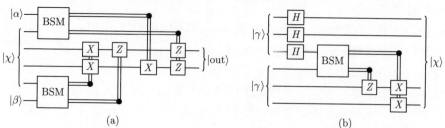

图 3.9 （a）使用传态实现 CNOT 门的示意图，其中 $|\chi\rangle$ 由式(3.43)给出，在量子电路中，自上而下分别对应于甲所持 $|\chi\rangle$ 的第一个粒子、第二个粒子，乙所持第二个粒子、第一个粒子；（b）一种制备量子态 $|\chi\rangle$ 的量子电路，其中 $|\Phi^+\rangle = (|00\rangle + |11\rangle)/\sqrt{2}$，$|\gamma\rangle = (|000\rangle + |111\rangle)/\sqrt{2}$

习题

习题 3.1 (GHZ 态与非局域性)　一个三体 GHZ 态可由下式给出：

$$|\text{GHZ}\rangle = \frac{1}{\sqrt{2}}(|000\rangle + |111\rangle)_{ABC} \tag{3.44}$$

（1）尝试在计算基矢下写出 $|\text{GHZ}\rangle$ 和 $|i01\rangle = |+i\rangle \otimes |0\rangle \otimes |1\rangle$ 的向量形式，并计算 $\langle i01|\text{GHZ}\rangle$。

（2）考虑一个由四个相互对易的可观测量组成的集合 $\sigma_{1x} \otimes \sigma_{2x} \otimes \sigma_{3x}$, $\sigma_{1y} \otimes \sigma_{2x} \otimes \sigma_{3y}$, $\sigma_{1y} \otimes \sigma_{2y} \otimes \sigma_{3x}$, $\sigma_{1x} \otimes \sigma_{2y} \otimes \sigma_{3y}$，其中 σ_{1x} 定义为在第一个量子比特上测量的泡利矩阵 σ_x，其他量子比特上的可观测量定义也类似。如果在 $|\text{GHZ}\rangle$ 上测量这些可观测值，尝试计算结果的概率分布。

（3）现在，让我们试着用局部隐变量模型来解释量子测量结果。假设每个可观察对象 σ_{ij} 对于所有 $i \in \{1,2,3\}, j \in \{x,y,z\}$ 的测量结果为两个定值之一，$+1$ 和 -1，找到与（2）中量子测量结果相矛盾的例子。

（4）考虑 GHZ 态的制备。假设在实验开始时，子系统 A, B 之间共享一对 EPR 对 $|\Phi^+\rangle$，子系统 A, C 之间共享另一对 EPR 对 $|\Phi^+\rangle$。请设计一个实验方案，仅通过对 A，B，C 三个子系统局域地进行操作，使得联合系统最终处于 GHZ 态。这里，对一个子系统进行的操作可以依赖于另一个子系统上的操作或测量结果。

习题 3.2（通过经典操作来实现全局酉操作） 考虑如下对一对量子态 ρ_{AB} 进行的量子操作：首先，对系统 A 进行计算基矢上的测量，如果测量结果为 0，则不再进行操作，如果测量结果为 1，则将对 B 系统应用量子 NOT 操作（计算基矢上的 σ_x 操作）。尝试找到一个合适的使用（全局的）酉运算的操作来等价地实现上述操作。

习题 3.3（Clauser-Horne-Shimony-Holt 不等式界） Clauser-Horne-Shimony-Holt (CHSH) 不等式的一种定义如下：

$$\sum_{a,b,x,y} (-1)^{a+b+xy} p(a,b|x,y) \leqslant S \tag{3.45}$$

其中，a, b, x, y 的取值均为 0 或 1，S 是一组给定策略下的贝尔值的界。不同的策略会对概率分布施加不同的界 S。我们考虑不同物理理论对于联合条件概率分布的限制。请计算相应的贝尔不等式上界 S。

（1）在经典力学假设下的界 S_c，

$$p(a,b|x,y) = \sum_\lambda q(\lambda) p(a|x,\lambda) p(b|y,\lambda) \tag{3.46}$$

其中，$q(\lambda)$ 为 λ 对应的概率分布。

（2）在量子力学假设下的界 S_q，

$$p(a,b|x,y) = \text{tr}[\rho_{AB}(M_x^a \otimes M_y^b)] \tag{3.47}$$

其中，ρ_{AB} 为量子态，M_x^a 和 M_y^b 分别构成输入 x 和 y 对应的量子测量。这个问题最早在文献 [36] 中得到解答。

（3）在非讯令假设下的界 S_n，

$$\begin{cases} p(a|x,y) = p(a|x) \\ p(b|x,y) = p(b|y) \end{cases} \tag{3.48}$$

或者，

$$\begin{cases} \displaystyle\sum_a p(a,b|x=0,y) = \sum_a p(a,b|x=1,y) \\ \displaystyle\sum_b p(a,b|x,y=0) = \sum_b p(a,b|x,y=1) \end{cases} \tag{3.49}$$

习题 3.4 (* 非完美测量)　（1）证明通过测量最大纠缠态（贝尔态）能得到 CHSH 不等式的最大违背。进一步证明只有通过测量贝尔态才能得到 CHSH 不等式的最大违背。

（2）如果对 CHSH 不等式的违背不是最大的，而是很接近 $2\sqrt{2}$，由此可以知道被测量量子态和测量的哪些信息？

（3）假设测量是不完美的，即实现的测量混合了白噪声，

$$M' = \eta M + (1-\eta)\boldsymbol{I} \tag{3.50}$$

其中，M 是一个可观测量，$\boldsymbol{I}$ 是恒等矩阵，计算这时测量最大纠缠态所得到的 CHSH 不等式的最大贝尔值。

（4）基于上一小问，计算量子力学假设下可以使 CHSH 不等式违背经典物理理论下贝尔值上界 S_c 的阈值 S_η。

习题 3.5 (Clauser-Horne, CH 不等式)　CH 不等式是一个两体贝尔不等式，如式 (3.23) 所示。

（1）证明 CH 不等式在非讯令假设下，即式 (3.49)，与 CHSH 不等式等价。

（2）计算 CH 不等式的量子界。这里可以直接使用习题 3.3 的结论 $S_q = 2\sqrt{2}$。

习题 3.6 (量子隐形传态的量子线路图表示)　试证明图 3.8 完成了量子隐形传态。

习题 3.7 (使用带有错误的门来进行量子隐形传态)　考虑将量子比特态 $|\phi\rangle$ 从系统 A 传送到系统 C 的任务，但是过程中在系统 B 上发生了额外的 S 门错误，如图 3.10所示。其中，

$$S = \begin{pmatrix} 1 & 0 \\ 0 & i \end{pmatrix} \tag{3.51}$$

（1）为了恢复系统 C 中的量子态 $|\psi\rangle$，已知贝尔态测量（BSM）的结果，后续应该做什么操作？对于每一个可能的测量结果，写下相应的单量子比特门。

（2）在更一般的情况下，如果用酉矩阵 U 描述的单量子比特门来代替 S 门，在已知 BSM 结果的条件下，写下用来恢复系统 C 中的量子态 $|\psi\rangle$ 的酉矩阵 U。

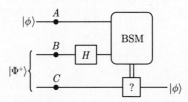

图 3.10　利用有错误的 H 门来传送量子态 $|\psi\rangle$

第 4 章

量子信息论

利用前几章的知识，在这一章初步学习量子信息论的一些核心概念和重要应用，包括量子熵、量子纠缠，以及量子通信与编码理论。这些内容一方面是对经典香农信息论的量子推广，另一方面，例如量子纠缠熵、信道容量等概念，在通信复杂度、量子计算等其他量子信息分支方向上也有极为重要的应用。包括冯·诺依曼熵在内的很多概念与其经典信息论中的对应概念在数学定义和操作含义上有明显的相似性，但个别关键之处的区别将赋予这些量子推广更为丰富的内涵与外延。我们力图通过本章内容，帮助读者初步建立起一个统一经典与量子信息理论的绘景，并激发读者进一步思考量子与经典信息处理的边界究竟在哪里。

在 4.1节，首先介绍量子熵，这也是本章后面内容的基础。随后在 4.2节，将介绍量子纠缠的概念，并着重从量子熵的角度予以探讨。在 4.3 节，将初步介绍量子通信与编码理论。前面几章的很多概念，例如贝尔态、基本编码、量子隐形传态等，已经或多或少涉及了本章内容。建议读者在学习完本章后，回顾前面所遇到的相关概念。另外，本章所讨论的许多话题，例如量子熵的公理化体系、量子纠缠资源理论、量子信道容量等，目前仍是研究热点，对这些内容的详细讨论需要更为复杂的一些数学方法，已经超过了本书范畴。我们标注了这些内容，鼓励有兴趣的读者进行更加深入的学习与研究。

4.1 量子熵

4.1.1 冯·诺依曼熵

1932 年，冯·诺依曼（von Neumann）对刚刚诞生不久的量子力学的数学基础进行了细致的研究，并写成了 *Mathematical Foundations of Quantum Mechanics* 一书。在这一工作中，冯·诺依曼说明了引入密度矩阵概念对于分析多体量子系统统计问题的必要性。对应于统计物理，密度矩阵是对系综（ensemble）概念的推广。一个自然的问题是，在讨论统计问题时，经典热力学中熵的概念在量子理论中应该如何描述？对此，冯·诺依曼引入了量子熵（quantum entropy）的概念。为了纪念他的贡献，这一物理量现在又被称作冯·诺依曼熵（von Neumann entropy）。

定义 4.1 (冯·诺依曼熵) 系统 A 的一个量子态 ρ_A 的冯·诺依曼熵记为 $S(\rho_A)$ 或 $S(A)$, 定义为

$$S(\rho_A) = S(A) \equiv -\operatorname{tr}(\rho_A \log \rho_A) \tag{4.1}$$

不过在冯·诺依曼提出量子熵后相当长的一段时间内, 这一概念一直没有受到学术界的关注, 直到 1948 年香农在建立信息论基础时才被重新发现。数学上, 冯·诺依曼熵和香农熵之间有着怎样的联系呢? 我们先从最基本的定义入手进行研究。考虑 ρ_A 的谱分解 $\rho_A = \sum\limits_x \lambda_x |x\rangle\langle x|$, 其中 $\{|x\rangle\}$ 构成一组完备正交归一基, 本征值谱 λ_x 构成一组概率分布。记本征值所对应的随机变量为 X。容易发现, $S(A) = H(X)$, 其中 $H(X)$ 是随机变量 X 的香农熵。利用香农熵的性质, 我们容易看出, 一个 d 维量子系统的冯·诺依曼熵有如下性质 (方框 5)。

方框 5: 量子熵的性质

1. 正定性: 对任一量子态 ρ, $S(\rho) \geqslant 0$。

2. 存在最小值: $S(\rho) = 0$ 当且仅当 ρ 是纯态。

3. 存在最大值: $S(\rho) = \log d$ 当且仅当 $\rho = I/d$, 即 d 维系统上的最大混态。

4. 幺正不变性 (unitary invariance): 对任一幺正算子 U, $S(\rho) = S(U\rho U^\dagger)$。

5. 凹函数 (concavity): 对任意 $\rho = \sum\limits_i p_i \rho_i$, 其中 $\{p_i\}_i$ 构成概率分布, ρ_i 均为量子态, $S(\rho) \geqslant \sum\limits_i p_i S(\rho_i)$。

我们来理解一下纯态的熵为 0 的物理含义。当一个系统的态是纯态的时候, 我们知道这个系统的所有信息。这样我们对于该系统的不确定度为 0。反过来说, 当我们对于一个系统的量子态完全确定的时候, 就应该用一个纯态来表示。这与第 1 章的量子态描述公理一致。

从性质 2 和性质 3 可以看出, 冯·诺依曼熵刻画了一个量子系统的混度。同时, 性质 5 告诉我们这一物理量在量子态混合这一操作下不会降低。对性质 5 的证明需要用到其他工具, 将在下一节中进一步讨论。

例 4.1 考虑一个可数维希尔伯特空间, 其一组正交归一基为 $\{|n\rangle\}_{n=0}^{\infty}$。对于一个量子态 $\rho = \sum\limits_{n=0}^{\infty} p_n |n\rangle\langle n|$, 假设其满足 $\bar{n} = \sum\limits_{n=0}^{\infty} n p_n < \infty$, 且 $\bar{n}$ 给定。请确定 p_n 的值, 使得 $S(\rho)$ 取得最大值。

解 为了求解这一问题, 采用拉格朗日乘子法 (Lagrange multiplier)。首先将问题表示成一个标准的优化形式:

$$\arg\max_{p_n} - \sum_{n=0}^{\infty} p_n \log p_n,$$

$$\text{s.t.} \quad \forall n, \ p_n \geqslant 0,$$

$$\sum_{n=0}^{\infty} p_n = 1,$$

$$\sum_{n=0}^{\infty} n p_n = \bar{n} \tag{4.2}$$

这一优化问题的拉格朗日量可以写为

$$\mathcal{L} = -\sum_{n=0}^{\infty} p_n \log p_n - \lambda_1 \left(\sum_{n=0}^{\infty} p_n - 1 \right) - \lambda_2 \left(\sum_{n=0}^{\infty} n p_n - \bar{n} \right) \tag{4.3}$$

对 p_n 求偏导：

$$\frac{\partial \mathcal{L}}{\partial p_n} = -1 - \log p_n - \lambda_1 - \lambda_2 n \tag{4.4}$$

令该式等于 0，整理得到：

$$p_n = 2^{-\lambda_1 - \lambda_2 n - 1} \tag{4.5}$$

接下来，通过式(4.2)中的两个等式条件确定 λ_1, λ_2，最终可以得到：

$$p_n = \frac{\bar{n}^n}{(\bar{n}+1)^{n+1}} \tag{4.6}$$

在量子力学中，这一量子态被称作热态（thermal state）。 □

对比有限维的情况，具有最大熵的量子态是一个最大混态，$\rho = I/d$。研究无限维系统的时候，必须额外限定某物理量，比如平均能量或者粒子数量，否则熵可能会发散。

4.1.2 量子相对熵

从 4.1.1 节我们已经知道，香农熵可以看作冯·诺依曼熵的一个特殊情况。在附录中，介绍了各种基于香农熵定义的熵形式信息量。一个自然的想法是按照类似的方式，利用冯·诺依曼熵定义各种量子熵形式的信息量。为了方便分析各种量子信息熵的数学性质，首先引入量子相对熵（quantum relative entropy）的概念。这一概念是对经典信息论中相对熵或 Kullback-Leibler 散度概念的量子推广。

定义 4.2 给定同一希尔伯特空间上的两个量子态 ρ, σ，其支撑集满足 $\text{supp}(\rho) \subseteq \text{supp}(\sigma)$，$\rho$ 到 σ 的量子相对熵定义为

$$S(\rho\|\sigma) \equiv \text{tr}(\rho \log \rho - \rho \log \sigma) \tag{4.7}$$

在定义中，量子态支撑集的要求是为了防止量子相对熵发散。由于 Kullback-Leibler 散度不满足三角不等式，量子相对熵自然也不是严格的距离度量。但在很多情况下，仍然可以认为量子相对熵刻画了 ρ 到 σ "有多远"。特别地，类似于 Kullback-Leibler 散度，量子相对熵也是非负的，这被称作 Klein 不等式。

定理 4.1 (Klein 不等式) 对同一空间上的任意量子态 ρ, σ，有

$$S(\rho\|\sigma) \geqslant 0 \tag{4.8}$$

当且仅当 $\rho = \sigma$ 时取得等号。

证明 作为一个引理，我们首先证明，概率分布之间的 Kullback-Leibler 散度是非负的。考虑一般的两个概率分布 $P = \{p_i\}_i, R = \{r_i\}_i$，它们之间的 Kullback-Leibler 散度为

$$
\begin{aligned}
H(P\|R) &= -\sum_i p_i \log \frac{r_i}{p_i} \\
&\geqslant \frac{1}{\ln 2} \sum_i p_i \left(1 - \frac{r_i}{p_i}\right) \\
&= \frac{1}{\ln 2} \sum_i (p_i - r_i) \\
&= 0
\end{aligned}
\tag{4.9}
$$

其中，$\ln$ 表示自然对数，$\log$ 为以 2 为底的对数函数。在第二行，对于以 2 为底的对数函数，使用了这一不等式，$\forall x > 0$，

$$\log x \ln 2 = \ln x \leqslant x - 1 \tag{4.10}$$

当且仅当 $x = 1$ 时取得等号。为使得式(4.9)第二行取得等号，需要 $\forall i, r_i = p_i$，即两个概率分布相同。

现在转向关注量子相对熵。首先对量子态 ρ, σ 进行谱分解，假设 $\rho = \sum_i p_i |\phi_i\rangle\langle\phi_i|, \sigma = \sum_j q_j |\psi_j\rangle\langle\psi_j|$，那么 ρ 到 σ 的相对熵可以表示为

$$
\begin{aligned}
S(\rho\|\sigma) &= \sum_i p_i \log p_i - \sum_i p_i \langle\phi_i| \log \sigma |\phi_i\rangle \\
&= \sum_i p_i \log p_i - \sum_i \sum_j p_i \log q_j \langle\phi_i|\psi_j\rangle \langle\psi_j|\phi_i\rangle
\end{aligned}
$$

$$= \sum_i p_i \log p_i - \sum_i \sum_j p_i |\langle \phi_i | \psi_j \rangle|^2 \log q_j \tag{4.11}$$

记 $P_{ij} \equiv |\langle \phi_i | \psi_j \rangle|^2$，容易看出，$\forall i, j$，$P_{ij} \geqslant 0$ 且满足

$$\sum_j P_{ij} = \sum_i P_{ij} = 1 \tag{4.12}$$

利用对数函数是凹函数的性质，有

$$\sum_j P_{ij} \log q_j \leqslant \log \left(\sum_j P_{ij} q_j \right) \tag{4.13}$$

当且仅当存在一个相应的指标 j，使得 $P_{ij} = 1$，其他 $P_{ij} = 0$ 时取等号。因此，

$$S(\rho \| \sigma) \geqslant p_i \log p_i - \sum_i p_i \log \left(\sum_j P_{ij} q_j \right) \tag{4.14}$$

当且仅当对任一 i，都存在一个相应的指标 j，使得 $P_{ij} = 1$ 时取等号，换句话说，由元素 P_{ij} 构成的矩阵是一个置换矩阵。另外，记 $r_i = \sum_j P_{ij} q_j$，则 $\{r_i\}$ 构成一组概率分布。这样，式(4.14)右侧为概率分布 $\{p_i\}$ 到 $\{r_i\}$ 的 Kullback-Leibler 散度。由式(4.9)，可以得到 $S(\rho \| \sigma) \geqslant 0$。

这里，为了使式(4.14)取 0，需要 ρ 和 σ 的本征态相同，对应的本征值也相同，即 $\rho = \sigma$。 □

量子相对熵在量子信息中具有极为广泛的应用，比如在量子密钥分发（quantum key distribution）中，它与安全密钥率密切相关。在本书中，不深入讨论这一信息熵的操作含义。不过除此之外，接下来将看到，量子相对熵在分析其他信息熵的数学性质时会带来极大的帮助，比如证明 4.1.3 节中的联合量子熵的次可加性。

4.1.3 其他的量子熵

这里我们进一步将经典信息论里其他熵的概念拓展到它们的量子版本：联合熵、条件熵和互信息，然后简单讨论这些信息量的定义和数学性质。考虑一个两体联合系统 AB，可以定义联合量子熵。

定义 4.3（联合量子熵） 对于处于联合量子态 ρ_{AB} 的联合系统 AB，联合量子熵定义为

$$S(\rho_{AB}) = S(AB) \equiv -\operatorname{tr}(\rho_{AB} \log \rho_{AB}) \tag{4.15}$$

在将香农熵推广至冯·诺依曼熵时，许多数学性质都得以保留。类似地，联合量子熵也保留了联合香农熵的许多性质。

例 4.2 (联合量子熵的次可加性) 考虑由 A 和 B 构成的一个两体系统。对该联合系统上任一量子态 ρ_{AB}，都有

$$S(AB) \leqslant S(A) + S(B) \tag{4.16}$$

证明 为了证明联合量子熵的次可加性，首先引入一个矩阵运算恒等式：对于两个半正定矩阵，$\boldsymbol{\rho}_A$ 和 $\boldsymbol{\rho}_B$，有

$$\log(\boldsymbol{\rho}_A \otimes \boldsymbol{\rho}_B) = \log \boldsymbol{\rho}_A \otimes \boldsymbol{I}_B + \boldsymbol{I}_A \otimes \log \boldsymbol{\rho}_B \tag{4.17}$$

其中，$\boldsymbol{I}_A, \boldsymbol{I}_B$ 分别表示 A, B 系统维度上的单位矩阵。这一等式的证明只需利用谱分解和迹运算的定义，我们将其留给读者作为练习，见习题 4.10。

接下来，我们将看到量子相对熵在量子信息论中的理论意义。构造一个联合系统上的量子态，$\sigma_{AB} = \boldsymbol{\rho}_A \otimes \boldsymbol{\rho}_B$，其中 $\boldsymbol{\rho}_A = \mathrm{tr}_B(\boldsymbol{\rho}_{AB}), \boldsymbol{\rho}_B = \mathrm{tr}_A(\boldsymbol{\rho}_{AB})$，利用 Klein 不等式，

$$S(\rho_{AB} \| \sigma_{AB}) = \mathrm{tr}(\rho_{AB} \log \rho_{AB}) - \mathrm{tr}(\rho_{AB} \log \sigma_{AB}) \geqslant 0 \tag{4.18}$$

注意到在构成量子相对熵的两项中，$\mathrm{tr}(\rho_{AB} \log \rho_{AB}) = -S(AB)$，利用恒等式(4.17)，$\mathrm{tr}(\rho_{AB} \log \sigma_{AB})$ 一项可以改写为

$$\begin{aligned}
\mathrm{tr}(\rho_{AB} \log \sigma_{AB}) &= \mathrm{tr}[\rho_{AB} \log(\boldsymbol{\rho}_A \otimes \boldsymbol{\rho}_B)] \\
&= \mathrm{tr}[\rho_{AB}(\log \boldsymbol{\rho}_A \otimes \boldsymbol{I}_B)] + \mathrm{tr}[\rho_{AB}(\boldsymbol{I}_A \otimes \log \boldsymbol{\rho}_B)] \\
&= -S(A) - S(B)
\end{aligned} \tag{4.19}$$

最后一个等式的证明可以用谱分解和迹运算的定义证明，也可以用 0.3.4 节里面的矩阵张量的图表示方法很快证明。将这一结果代入式(4.18)重新整理，便得到式(4.16)。这样，便证明了联合量子熵的次可加性。   □

由联合量子熵的次可加性，来证明 4.1.2 节留下来的量子熵函数的凹性。

例 4.3 (量子熵函数的凹性) 对任意 $\rho = \sum_i p_i \rho_i$，其中 $\{p_i\}_i$ 构成概率分布，$\forall i$, ρ_i 为量子态，

$$S(\rho) \geqslant \sum_i p_i S(\rho_i) \tag{4.20}$$

证明 表面上看，冯·诺依曼熵的凹性是一个单体系统上的问题。但非常有趣的是，可以引入一个辅助系统，通过联合熵来证明这一性质。定义如下的两体量子态：

$$\tilde{\rho}_{AB} = \sum_i p_i \rho_i \otimes |i\rangle\langle i|_B \tag{4.21}$$

其中，量子态 ρ_i 在 A 系统上。对于这一量子态，按照定义，

$$\begin{cases} S(A) = S\left(\sum_i p_i \rho_i\right) = S(\rho) \\[2mm] S(B) = S\left(\sum_i p_i |i\rangle\langle i|\right) = H(\{p_i\}) \\[2mm] S(AB) = H(\{p_i\}) + \sum_i p_i S(\rho_i) \end{cases} \qquad (4.22)$$

最后一个等式使用熵的直和可加性值：

$$\begin{cases} \sum_i p_i \rho_i \otimes |i\rangle\langle i|_B = \bigoplus_i p_i \rho_i \\[2mm] S\left(\bigoplus_i p_i \rho_i\right) = \sum_i S(p_i \rho_i) = \sum_i p_i \log p_i + \sum_i p_i S(\rho_i) \end{cases} \qquad (4.23)$$

最后利用联合量子熵的次可加性，$S(AB) \leqslant S(A) + S(B)$，整理后便得到式 (4.20)。 $\square$

不过，联合量子熵是否保留了联合香农熵的所有数学性质呢？对于经典随机变量 A 和 B，无论它们是否存在关联，都有如下的性质：

$$\max\{H(A), H(B)\} \leqslant H(AB) \qquad (4.24)$$

但在量子情形下，这一不等式一般不成立。比如，考虑两体系统处于一个贝尔态，$|\Phi^+\rangle_{AB} = (|00\rangle + |11\rangle)/\sqrt{2}$，子系统为 $\rho_A = \rho_B = I/2$，则有

$$S(AB) = 0, \quad S(A) = S(B) = 1 \qquad (4.25)$$

因而 $S(A) = S(B) > S(AB)$。通过这个例子，我们可以看到，总系统的量子熵可以小于子系统的量子熵。在这一现象中，核心是量子纠缠的概念。在 4.2 节，将严格定义量子纠缠并讨论其与量子熵的关联。

例 4.4 两体纯量子态 $|\psi\rangle_{AB}$ 的子系统边际量子熵相等，$S(A) = S(B)$，而整体系统的联合熵为 0，$S(AB) = 0$。

证明 由于联合系统上的量子态是纯态，对 $|\psi\rangle_{AB}$ 进行谱分解，本征值非零的元素只有一项且等于 1，因此 $S(AB) = 0$。

对于边际量子熵，首先在施密特基上对 $|\psi\rangle_{AB}$ 进行展开：

$$|\psi\rangle_{AB} = \sum_i \sqrt{\lambda_i} |i\rangle_A |i\rangle_B \qquad (4.26)$$

这样，容易看出，边际量子态具有相同的本征值，

$$
\begin{cases}
\rho_A = \mathrm{tr}_B(|\psi\rangle\langle\psi|_{AB}) = \sum_i \lambda_i \, |i\rangle\langle i|_A \\
\rho_B = \mathrm{tr}_A(|\psi\rangle\langle\psi|_{AB}) = \sum_i \lambda_i \, |i\rangle\langle i|_B
\end{cases} \tag{4.27}
$$

按照冯·诺依曼熵定义，$S(A) = S(B) = H(\Lambda)$，其中 Λ 为概率分布为 $\{\lambda_i\}_i$ 的随机变量。 $\square$

类比于经典随机变量之间的条件熵和互信息，利用联合熵，可以定义条件量子熵（conditional quantum entropy）和量子互信息（quantum mutual information）。

定义 4.4 (条件量子熵，量子互信息)　对于处在量子态 ρ_{AB} 的联合系统 AB，在条件 B 下 A 系统的量子熵定义为

$$
S(A|B)_{\rho_{AB}} \equiv S(AB) - S(B) \tag{4.28}
$$

子系统 A 和 B 之间的量子互信息定义为

$$
I(A:B)_{\rho_{AB}} \equiv S(A) + S(B) - S(AB) \tag{4.29}
$$

当讨论的系统量子态不存在歧义时，经常把 $S(A|B)_{\rho_{AB}}$ 中的下角标量子态略去，简化为 $S(A|B)$。通过式(4.25)所示的例子，可以看到条件量子熵可以为负数。事实上，条件量子熵的负性是纠缠的充分条件，在 4.2 节中还会涉及这个概念。

*4.1.4　熵函数的公理化推导

对于信息论理论推导，相对熵类型的函数极为重要。它的一个最基本应用是建立起公理化框架，从而推导出 Rényi 熵这一族熵函数（包括香农熵）。在这里，我们介绍包含量子熵在内的这一公理化体系，并将所需要的公理列举出来。

考虑这样一类泛函（functional）$\mathbb{D}(\cdot\|\cdot)$，它们将一对半正定线性算子映射到实数，其中作为自变量的线性算子 $\rho, \sigma \in \mathcal{L}(A)$，第一个自变量 $\rho \neq 0$，并且第二个自变量 σ 的支撑集包含 ρ 的支撑集，$\mathrm{supp}(\rho) \subseteq \mathrm{supp}(\sigma)$，或记为 $\sigma \gg \rho$。Rényi 考虑了下面六条公理：

（1）连续性：对于线性算子 $\rho, \sigma \in \mathcal{L}(A)$，其中 $\rho \neq 0$，$\sigma \gg \rho$，泛函 $\mathbb{D}(\rho\|\sigma)$ 对两个自变量 ρ, σ 连续。

（2）幺正不变性：对于任一幺正算子 U，$\mathbb{D}(\rho\|\sigma) = \mathbb{D}(U\rho U^\dagger\|U\sigma U^\dagger)$。

（3）归一化：$\mathbb{D}\left(1\Big\|\dfrac{1}{2}\right) = \log 2 = 1$。

（4）**偏序关系**（partial order）：如果 $\rho \geqslant \sigma$，那么 $\mathbb{D}(\rho\|\sigma) \geqslant 0$；另外，如果 $\rho \leqslant \sigma$，那么 $\mathbb{D}(\rho\|\sigma) \leqslant 0$。

（5）**可加性**（additivity）：对所有半正定线性算子 $\rho, \sigma \in \mathcal{L}(A), \tau, \omega \in \mathcal{L}(B), \rho, \sigma, \tau, \omega \geqslant 0, \mathbb{D}(\rho \otimes \tau\|\sigma \otimes \omega) \geqslant 0$。

（6）**广义平均值**：存在连续并且严格单调的函数 g，对所有半正定线性算子 $\rho, \sigma \in \mathcal{L}(A), \tau, \omega \in \mathcal{L}(B), \rho, \sigma, \tau, \omega \geqslant 0$，

$$g[\mathbb{D}(\rho \oplus \tau\|\sigma \oplus \omega)] = \frac{\operatorname{tr}(\rho)}{\operatorname{tr}(\rho+\tau)} g[\mathbb{D}(\rho\|\sigma)] + \frac{\operatorname{tr}(\tau)}{\operatorname{tr}(\rho+\tau)} g[\mathbb{D}(\tau\|\omega)] \tag{4.30}$$

所有满足性质 1~ 性质 5 的泛函，对于正实数 $\lambda, \mu > 0$，泛函行为退化为对数极大似然（log-likelihood）比值函数：

$$\mathbb{D}(\lambda\|\mu) = \log \lambda - \log \mu \tag{4.31}$$

对于概率密度函数 p_X, q_X，满足性质 1~ 性质 5 的泛函只有 Kullback-Leibler 散度（也就是经典相对熵函数）和 Rényi 散度。Rényi 散度由参数 $\alpha \in (0,1) \cup (1, \infty)$ 刻画。这些泛函数形式为

$$\begin{cases} D(p_X\|q_X) = \sum_{X=x} p_x(\log p_x - \log q_x) \\ D_\alpha(p_X\|q_X) = \frac{1}{\alpha-1} \log\left(\sum_{X=x} p_x^\alpha q_x^{1-\alpha}\right) \end{cases} \tag{4.32}$$

对于性质 6，Kullback-Leibler 对应的函数 g 是恒等函数，α-Rényi 散度对应的函数 g_α 表示为

$$g_\alpha : t \mapsto \exp[(\alpha-1)t] \tag{4.33}$$

为了保证连续性，定义 $0\log 0 = 0, \frac{0}{0} = 1$。对于这些散度函数，如果将第二个自变量取为恒等算子，便可以导出香农熵和 Rényi 熵函数。通过将概率密度函数推广为量子密度算子，便得到了这些函数的量子版本。

4.2 量子纠缠初步

4.2.1 可分态与纠缠态

在前面的章节中，已经初步接触了量子纠缠的概念，比如贝尔态这一特殊的两体量子态。在量子隐形传态等信息处理任务中，它们提供了某种"量子资源"，帮助我们完成一些经典世界中无法实现的任务。在现代量子信息理论中，正是通

过这种资源理论的视角建立起量子纠缠的概念。在这里，将纠缠的概念予以严格的描述。

在各种量子实验中，对于实验者来说，首先要考虑的是如何制备关心的量子态。如果要制备一个多体量子态，在很多情况下，一个自然的实验场景是"局域操作与经典通信"（local operation and classical communication），简记为 LOCC。比如，分隔很远的两个实验者，甲和乙，希望一起制备一个贝尔态 $|\Phi^+\rangle = (|00\rangle + |11\rangle)/\sqrt{2}$。在 LOCC 场景中，由于距离的限制，他们只能在各自的实验室里分别进行一些局域的量子操作，比如制备一个量子态、进行量子测量，等等。不过除此之外，他们可以通过电话、邮件之类的方式，建立起经典通信，互相协调要进行的操作。假定一开始，甲和乙没有事先共享任何量子态。那么甲和乙能够制备出贝尔态吗？为了帮助思考这一问题，考虑一些具体的策略。

• 策略 1：甲和乙各自制备了一个纯态 $|\phi\rangle$，$|\psi\rangle$，然后告知对方自己所制备的量子态。这样，他们得到的联合量子态可以用向量表示为 $|\phi\rangle|\psi\rangle$。假设在计算基矢上，量子态 $|\phi\rangle$，$|\psi\rangle$ 分别表示为

$$\begin{cases} |\phi\rangle = \sin\phi\,|0\rangle + \cos\phi\,|1\rangle \\ |\psi\rangle = \sin\psi\,|0\rangle + \cos\psi\,|1\rangle \end{cases} \tag{4.34}$$

这样，联合量子态为

$$|\phi\rangle|\psi\rangle = \sin\phi\sin\psi\,|00\rangle + \cos\phi\sin\psi\,|10\rangle + \sin\phi\cos\psi\,|01\rangle + \cos\phi\cos\psi\,|11\rangle \tag{4.35}$$

如果这个态是贝尔态 $|\Phi^+\rangle$，那么要求 $\sin\phi\sin\psi = \cos\phi\cos\psi = 1/\sqrt{2}$，而 $\cos\phi\sin\psi = \sin\phi\cos\psi = 0$。通过求解 ϕ 和 ψ，我们发现这是不可能做到的。也就是说，甲和乙无法通过策略 1 制备出贝尔态。

• 策略 2：甲和乙故意引入一些局域的随机性，即每个人制备一个量子混态 σ_A，σ_B，然后告知对方自己所制备的量子态。这样，他们得到的联合量子态的密度矩阵为 $\sigma_A \otimes \sigma_B$。

我们可以用展开密度矩阵的做法来说明甲和乙也无法通过策略 2 制备贝尔态。不过更为直接地，注意到对于一般的混态 ρ，它的纯度 $\mathrm{tr}(\rho^2)$ 小于 1。贝尔态是纯态，其纯度为 1，若希望策略 2 制备的量子态也是纯态，只能要求 σ_A 和 σ_B 都是纯态，这样便回到了策略 1 的情形。

这两种策略描述了仅通过局域操作（local operation）所能制备的量子态。我们称这样的量子态为乘积态（product state）。

定义 4.5（乘积态）　一个两体量子态 ρ_{AB} 被称作乘积态，当且仅当这一量子态可以写成下式的形式：

$$\rho_{AB} = \rho_A \otimes \rho_B \tag{4.36}$$

在更进一步的讨论之前，再对策略 1 做一些补充说明。在上面的推导中，选取了一组固定的计算基矢 $\{|0\rangle, |1\rangle\}$，并将 $|\phi\rangle, |\psi\rangle$ 分别在各自子空间的计算基矢上进行展开。也可以换一组基矢。对于实验者甲对应的空间，选取 $|\phi\rangle$ 及一个与之正交的量子态 $|\phi^\perp\rangle$，这两个态构成了她的空间的一组正交基矢。为方便起见，将这两个态重新记为 $|\bar{0}\rangle_A, |\bar{1}\rangle_A$。与之类似，也可以选取乙的空间基矢为 $\{|\psi\rangle, |\psi^\perp\rangle\}$，其中 $\langle\psi|\psi^\perp\rangle = 0$。将这两个态重新记为 $|\bar{0}\rangle_B, |\bar{1}\rangle_B$。在新的计算基矢上，联合量子态可以表示为

$$|\phi\rangle|\psi\rangle = |\bar{0}\bar{0}\rangle_{AB} \tag{4.37}$$

虽然只是做了一些记号上的替换，但这一书写方式让我们更容易看出量子态 $|\phi\rangle|\psi\rangle$ 和 $|\Phi^+\rangle$ 的区别：一般地，给定一个两比特量子纯态 $|\psi\rangle$，可以选取合适的子系统计算基矢 $\{|0\rangle_A, |1\rangle_A\}, \{|0\rangle_B, |1\rangle_B\}$，将量子态展开为

$$|\psi\rangle = \lambda_0 |00\rangle_{AB} + \lambda_1 |11\rangle_{AB} \tag{4.38}$$

其中，$|\lambda_0|^2 + |\lambda_1|^2 = 1$。如果这一量子态为乘积态，那么一定有 $\lambda_0\lambda_1 = 0$，即，展开式中只有一项具有非零的系数。这一结论可以推广至高维两体量子纯态。这种形式的展开在第 2 章已经见过了——两体量子纯态的施密特分解（Schmidt decomposition），其中非零的展开系数被称作施密特系数。

在局域操作之外，再考虑结合经典通信（classical communication），最一般的 LOCC 量子态制备策略。

• 策略 3：除了局域随机性，甲和乙通过经典通信进行一些讨论，以一个共同的概率分布协调地随机制备一些量子态。这样，他们得到的联合量子态的密度矩阵为 $\rho_{AB} = \sum_i p_i \sigma_{A,i} \otimes \chi_{B,i}$，其中 p_i 构成一组概率分布。

通过这一策略，定义了可分态（separable state）。

定义 4.6（可分态）　我们称一个两体量子态 ρ_{AB} 为可分态，当且仅当它可以表示为

$$\rho_{AB} = \sum_i p_i \rho_A^i \otimes \rho_B^i \tag{4.39}$$

其中，$\{p_i\}$ 构成一组概率分布，即 $\sum_i p_i = 1, \forall i, p_i \geqslant 0$。

对于式 (4.39) 所示的可分态，如果观察子系统所处的量子态，可以看到，两个子系统上的量子态是由不同的态集合在相同的概率分布下混合而成：

$$\begin{cases} \rho_A = \mathrm{tr}_B(\rho_{AB}) = \sum_i p_i \rho_A^i \, \mathrm{tr}(\rho_B^i) = \sum_i p_i \rho_A^i \\ \rho_B = \mathrm{tr}_A(\rho_{AB}) = \sum_i p_i \, \mathrm{tr}(\rho_A^i) \rho_B^i = \sum_i p_i \rho_B^i \end{cases} \tag{4.40}$$

联合概率分布 p_i 描述了甲和乙系统之间的经典关联。如果两个系统 A 和 B 处于乘积态，那么它们之间是没有关联的。对处于乘积态的两个子系统进行局域测量，比如乘积态 $|00\rangle_{AB}$，将会得到相互独立的两个概率分布。另外，如果将两个可分态混合起来，比如

$$\begin{cases} \rho_{AB} = \sum_i p_i \rho_A^i \otimes \rho_B^i \\ \rho'_{AB} = \sum_j p'_j \rho_A^{'j} \otimes \rho_B^{'j} \end{cases} \tag{4.41}$$

得到的还是一个可分态，$\forall a, b \geqslant 0, a + b = 1$，

$$a\rho_{AB} + b\rho'_{AB} = \sum_k q_k \rho_A^k \otimes \rho_B^k \tag{4.42}$$

因此，所有可分态构成了一个凸集。由于凸性性质，也可以两体纯乘积态定义一般的可分态。

定义 4.7 (可分态等价定义) 我们称一个两体量子态 ρ_{AB} 为可分态，当且仅当它可以表示为

$$\rho_{AB} = \sum_i p_i |\phi^i\rangle\langle\phi^i|_A \otimes |\psi^i\rangle\langle\psi^i|_B \tag{4.43}$$

其中，$\{p_i\}$ 构成一组概率分布，即 $\sum_i p_i = 1, \forall i, p_i \geqslant 0$。

思考题 4.1 可分态集合的边界是什么形状的？特别地，它是弯曲的还是平的？

利用纯态和混态的区别，可以看出，策略 3 也不能帮助甲和乙制备出贝尔态。换句话说，贝尔态具有一种超出了经典关联的"量子关联"。这样，我们给出量子纠缠的定义。

定义 4.8 (纠缠态) 不能写成可分态形式的量子态是纠缠态。

与可分态不同，如果将两个纠缠态混合起来，有可能会得到一个可分态。比如，按照相同的占比混合两个贝尔态，

$$\begin{cases} |\Phi^+\rangle = \dfrac{1}{\sqrt{2}}(|00\rangle + |11\rangle) \\ |\Phi^-\rangle = \dfrac{1}{\sqrt{2}}(|00\rangle - |11\rangle) \end{cases} \tag{4.44}$$

将得到下面的量子态：

$$\frac{1}{2}|\Phi^+\rangle\langle\Phi^+| + \frac{1}{2}|\Phi^-\rangle\langle\Phi^-|$$

$$=\frac{1}{2}(|00\rangle\langle00|_{AB}+|11\rangle\langle11|_{AB})$$

$$=\frac{1}{2}\,|0\rangle\langle0|_A\otimes|0\rangle\langle0|_B+\frac{1}{2}\,|1\rangle\langle1|_A\otimes|1\rangle\langle1|_B \tag{4.45}$$

注意 $|0\rangle\langle0|$ 和 $|1\rangle\langle1|$ 都是允许的密度矩阵，即合法的量子态，因此混合得到的末态是一个可分态。这一例子说明纠缠态的集合不是凸集。在图 4.1 中，给出了可分态集合与纠缠态集合关系的示意图。

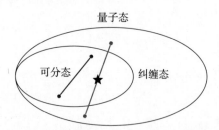

图 4.1   在一个给定的两体态空间中，全部可分态构成了一个凸集，但纠缠态构成的集合不是凸集

思考题 4.2   在第 3 章中，曾提到过一些与纠缠相关的问题，历史上，很多研究者也把这些问题中出现的量子态称作"纠缠"。在学习了纠缠的现代定义后，请思考下面的一些问题。

（1）薛定谔在讨论 EPR 操纵时，称具有 EPR 操纵能力的两体量子态为"纠缠"的。请思考，这一情景中的量子态是否是我们按定义 4.8定义的纠缠态？

（2）在贝尔不等式中，如果贝尔不等式违背，被测量的量子态是否一定满足定义 4.8中的性质？

（3）假设在贝尔不等式检验中，被测量的量子态满足定义 4.8。那么，是否一定存在合适的量子测量，使得贝尔不等式会被违背？

关于第（1）问，读者可以参考近期对 EPR 操纵的综述文章 [37]；对于第（2）问和第（3）问的内容，最早在文献 [38] 中予以了详细的分析。上面讨论的量子纠缠都局限在两体量子系统中。在多体量子系统中，量子纠缠的概念变得更为丰富。我们通过三体量子系统，简单地展示多体量子纠缠的一些概念。首先，类似于定义 4.7，定义三体量子系统中的可分态。

定义 4.9 (完全可分态，fully separable state)   称一个三体量子态 ρ_{ABC} 为完全可分态，当且仅当它可以表示为

$$\rho_{ABC}=\sum_i p_i\,|\phi^i\rangle\langle\phi^i|_A\otimes|\psi^i\rangle\langle\psi^i|_B\otimes|\chi^i\rangle\langle\chi^i|_C \tag{4.46}$$

其中，$\{p_i\}$ 构成一组概率分布。

从两体量子态的讨论中我们知道，不能写成上述形式的三体量子态一定具有纠缠的性质。但现在，由于存在三个子系统，可能会有更为丰富的一些情形。想象

有三个实验者，甲、乙、丙。一种简单的情形是甲和乙的子系统是纠缠的，但他们两人的联合系统与丙的子系统是可分的。类似地，可以考虑任意两个人之间的子系统是纠缠的，但与第三个人的子系统是可分的。这样的三体量子态事实上可以由两体量子纠缠描述。更进一步，三个实验者可以概率性地制备以上这种形式的量子态，并将它们按概率混合。我们称这样的量子态为两体可分态（bi-separable state）。

定义 4.10 (两体可分态)　我们称一个三体量子态 ρ_{ABC} 为两体可分态，当且仅当它可以表示为

$$\rho_{ABC} = \sum_i p_i \left| \psi_{\mathrm{bi}}^i \right\rangle\!\left\langle \psi_{\mathrm{bi}}^i \right| \tag{4.47}$$

其中，$\{p_i\}$ 构成一组概率分布，$\left| \psi_{\mathrm{bi}}^i \right\rangle$ 可以表示为 $\left| \phi^i \right\rangle_A \otimes \left| \delta^i \right\rangle_{BC}$，$\left| \phi^i \right\rangle_B \otimes \left| \delta^i \right\rangle_{AC}$ 或 $\left| \phi^i \right\rangle_C \otimes \left| \delta^i \right\rangle_{AB}$。

不难看出，完全可分态是两体可分态的特例。现在的问题是，这些量子态是否完全描述了所有可能的三体量子态呢？答案是否定的。由此，我们定义三体真纠缠（genuine tripartite entanglement）的概念。

定义 4.11 (三体真纠缠)　不能表示为两体可分态形式的三体量子态被称作真纠缠的。

这里不详细展开，仅给出一些特殊的例子。一种不能表示为（两体）可分态的量子态是

$$|\mathrm{GHZ}\rangle_{ABC} = \frac{1}{\sqrt{2}}(|000\rangle + |111\rangle) \tag{4.48}$$

由于这一量子态最早是由 Greenberger，Horne，Zeilinger 共同发现并研究的，我们称这一量子态为 GHZ 态。不过，如果去掉一个子系统的信息，这一量子态的两体子系统是可分的，

$$\rho_{AB} = \mathrm{tr}_C(|\psi\rangle\!\langle\psi|_{ABC}) = \frac{1}{2}(|00\rangle\!\langle 00| + |11\rangle\!\langle 11|) \tag{4.49}$$

另一个特别的完全可分量子态是

$$|W\rangle_{ABC} = \frac{1}{\sqrt{3}}(|100\rangle + |010\rangle + |001\rangle) \tag{4.50}$$

由于系数形式的特点，我们称这一量子态为 W 态。如果去掉一个子系统的信息，

$$\rho_{AB} = \frac{1}{3}(|10\rangle\!\langle 10| + |10\rangle\!\langle 01| + |01\rangle\!\langle 10| + |01\rangle\!\langle 01| + |00\rangle\!\langle 00|) \tag{4.51}$$

与 GHZ 态的情形不同，W 态的两体子系统仍然是纠缠的。我们是如何看出这一性质的呢？在 4.2.2 节，将介绍一些基于量子熵的纠缠判据。

进一步地，可以从三体纠缠拓展到多体纠缠。这里需要强调一下，多体纠缠要比两体纠缠复杂很多。里面有很多反直觉的结论。比如，我们来看一下几个命题的正确性。

例 4.5 以三体量子态作为例子来看一下多体纠缠的奇怪结构。

（1）一个三体真纠缠态，是否代表任意两体都是纠缠的？

（2）一个三体态，如果两两纠缠是否代表真纠缠？

（3）一个三体态，对其进行任意的两体划分，比如 $A|BC, B|AC, C|AB$，都是可分态，是否代表其为一个完全可分态？

解 上述三个问题的答案都是否定的，第一个问题比较简单，一个 GHZ 态是真纠缠的，不过任意两体都是不纠缠的。

第二个问题稍微复杂一点，需要找一个反例。考虑一个两体可分态：

$$\rho_{ABC} = \frac{1}{3}(\Phi_{AB} \otimes |0\rangle\langle0|_C + \Phi_{AC} \otimes |0\rangle\langle0|_B + \Phi_{BC} \otimes |0\rangle\langle0|_A) \tag{4.52}$$

这里 $\Phi_{AB}, \Phi_{AC}, \Phi_{BC}$ 都是 3×3 维最大纠缠态，其纯态形式为 $|\Phi_3\rangle = (|00\rangle + |11\rangle + |22\rangle)/\sqrt{3}$。根据对称性，只需要判断 AB 量子态

$$\rho_{AB} = \text{tr}_C(\rho_{ABC})$$

$$= \frac{1}{3}\left(\Phi_{AB} + \frac{I_A}{3} \otimes |0\rangle\langle0|_B + |0\rangle\langle0|_A \otimes \frac{I_B}{3}\right) \tag{4.53}$$

是否是纠缠的即可，这里 I 是 3×3 维单位矩阵。注意到该量子态与最大纠缠态的保真度为 $\langle\Phi_3|\rho_{AB}|\Phi_3\rangle > 1/3$。根据两体可分态的定义可以证明（见习题 4.4），任何一个 3×3 维两体可分态与最大纠缠态 $|\Phi_3\rangle$ 的保真度不超过 $1/3$。于是，我们知道 AB 两个子系统是纠缠的。

第三个问题更加复杂，其中一个有趣的反例见文献 [39]。我们这里不加证明地给出。对于一个三量子比特系统，定义一个不可扩张乘积态基矢（unextendible product basis）：

$$\{|\psi\rangle_i\}_i = \{|0, 1, +\rangle, |1, +, 0\rangle, |+, 0, 1\rangle, |-, -, -\rangle\} \tag{4.54}$$

基于此，定义一个量子态：

$$\rho = \frac{1}{4}\left(I - \sum_{i=1}^4 |\psi_i\rangle\langle\psi_i|\right) \tag{4.55}$$

可以证明，这个量子态在任意两体分割下是可分态，但它不是完全可分态。 □

4.2.2 纠缠度量

纠缠的定义是通过可分态的反面来定义的。在实际应用中，很难直接应用这一定义来判断一个量子态是否纠缠。另一个问题是，纠缠态中，能否说一个态比

另一个态"更纠缠"？比如考虑两个纠缠态，$|\Phi^+\rangle = (|00\rangle + |11\rangle)/\sqrt{2}$, $|\Phi_\theta\rangle = \sin\theta|00\rangle + \cos\theta|11\rangle$，其中 $\theta = 10°$。容易看出，$|\Phi_\theta\rangle$ 离乘积态 $|11\rangle$ 更近，直观上，量子态 $|\Phi^+\rangle$ 应该比 $|\Phi_\theta\rangle$ 具有更强的量子纠缠关联。为了解决上述问题，可以引入量子纠缠度量（entanglement measure）的概念。由于要比较两个量子态的纠缠大小，数学上，一个纠缠度量应该是将量子态映射到实数的泛函。

什么样的泛函可以作为量子纠缠的度量呢？先从简单的纯态情形开始考虑。在 4.1.1 节中，介绍了冯·诺依曼熵，或量子熵。对于两体量子纯态 $\rho_{AB} = |\psi\rangle\langle\psi|_{AB}$，利用施密特分解，容易看出两个子系统的量子熵是相等的，$S(\rho_A) = S(\rho_B)$，而且当且仅当 $|\psi\rangle$ 为乘积态时，子系统的量子熵为 0；当 $|\psi\rangle$ 为纠缠态时，子系统的量子熵大于 0，且在 $|\psi\rangle$ 为贝尔态时，子系统量子熵取得最大值 1。基于这些良好的数学性质，我们将子系统冯·诺依曼熵作为两体量子纯态集合上的纠缠度量，或称作纠缠熵（entanglement entropy）：

$$E_{vN}(|\psi\rangle\langle\psi|_{AB}) = S(\rho_A) = S(\rho_B) \tag{4.56}$$

现在，尝试将纠缠度量的概念从纯态集合推广到一般的两体量子态集合中。为此，一个比较好的思路是使用公理化的构造方式。首先定义一个抽象的两体纠缠度量函数 $E(\rho)$，一个由密度矩阵集合到非负实数集的映射：

$$\rho \to E(\rho) \in \mathbb{R}^+ \tag{4.57}$$

且这一定义对于任意两体系统均成立。然后，要求纠缠度量函数满足一些基本数学性质。最后，再来寻找具体的泛函。从纯态情形的讨论和量子纠缠的定义，我们考虑如下这些数学条件。

（1）当量子态 ρ 是可分态时，$E(\rho) = 0$。

（2）ρ 经过 LOCC 操作后得到的量子态集合，在平均意义下，纠缠度量不会增加。

（3）凸性：对于任意量子态集合 $\{\rho_i\}_i$ 和概率分布 $\{p_i\}_i$，

$$E\left(\sum_i p_i\rho_i\right) \leqslant \sum_i p_i E(\rho_i) \tag{4.58}$$

（4）当量子态为纯态时，即 $\rho = |\psi\rangle\langle\psi|$，纠缠度量退化为纠缠熵 $E_{vN}(|\psi\rangle\langle\psi|)$，由式(4.56)给出。

在这些条件中，第 1 条要求是自然的。第 2 条是关键，换句话说，我们限定

$$\begin{cases} \text{局域操作（LO）：} & \text{不能通过局域操作增加纠缠} \\ \text{经典通信（CC）：} & \text{不能通过经典关联增加纠缠} \end{cases} \tag{4.59}$$

也就是说，LOCC 操作描述了两个观测者在没有可以传输量子态的量子信道情况下，能够对两人共有的量子态所做的最一般的物理操作。直观上，由于两个人所能实现的关联只能是经典的，因此，我们应该认为他们不能在这一过程中增加纠缠。数学上，对于由 Kraus 算子 $\{F_i\}_i$ 描述的 LOCC 操作，这一条件要求

$$E(\rho) \geqslant \sum_i p_i E\left(\frac{F_i \rho F_i^\dagger}{\operatorname{tr}\left(F_i \rho F_i^\dagger\right)}\right) \tag{4.60}$$

其中，得到结果 i 的概率为 $p_i = \operatorname{tr}\left(F_i \rho F_i^\dagger\right)$。一般来讲，数学上写出任一 LOCC 的 Kraus 算子 F_i 并不是一件容易的事情。这也是寻找纠缠度量函数的困难所在。

对于一个最大纠缠态，即 $d \times d$ 维两体系统上的贝尔态，

$$\left|\Phi_d^+\right\rangle = \frac{1}{\sqrt{d}} \sum_{i=0}^{d-1} |ii\rangle \tag{4.61}$$

根据第 4 条，它的纠缠度量为

$$E\left(\left|\Phi_d^+\right\rangle\!\left\langle\Phi_d^+\right|\right) = \log d \tag{4.62}$$

有时候，我们改第 2 条要求中的"平均意义下"为"在确定性 LOCC 操作下"不会增加纠缠。确定性 LOCC 操作的含义是，不允许在这一过程中进行测量后选择，即根据测量结果选择是否保留量子态并进行后续操作。如果一个泛函 E 满足了这些条件中的前三条，称这一泛函为纠缠单调函数（entanglement monotone）。在文献中，纠缠单调与纠缠度量这两个名词有时也不加区分地予以使用。

一般地，要求如果单边扔掉部分系统，不应该增加纠缠，即对于一个三体量子系统 A_1, A_2, B，记其中两体子系统 A_1, B 所处的量子态为 $\rho_{A_1 B} = \operatorname{tr}_{A_2}(\rho_{A_1 A_2 B})$，在将 $A_1 A_2$ 整体看作一个大的子系统时，应有

$$E\left(\rho_{A_1 A_2 | B}\right) \geqslant E(\rho_{A_1 B}) \tag{4.63}$$

其中，用竖线表示子系统划分方式。

4.2.3　一些常用的纠缠度量

在这一节，介绍一些常用的纠缠度量。历史上，在研究纠缠的转化和使用问题时，研究者提出了可提取纠缠（distillable entanglement），$E_D(\rho)$。这一度量给出了在 LOCC 操作下，将给定的量子态 ρ 转化到纠缠资源的"金本位"——贝尔态的最优转化率，

$$E_D(\rho) \equiv \sup\left\{r : \lim_{n \to \infty}\left[\inf_\Lambda \operatorname{tr}\left|\Lambda(\rho^{\otimes n}) - \Phi(2^{rn})\right|\right] = 0\right\} \tag{4.64}$$

在这里，用 $\Phi(d)$ 表示 d 维希尔伯特空间 $\mathcal{H}_d$ 中最大纠缠态对应的密度矩阵，即 $\Phi(d) = |\Phi_d^+\rangle\langle\Phi_d^+|$，$\Lambda$ 需要遍历所有 LOCC 操作。

可提取纠缠所对应的任务又被称作纠缠蒸馏：好比从稀薄的酒水中提取出更高浓度的酒精，我们从多份纠缠程度不太高的量子态中提取出较少的但具有最大纠缠度量的量子态。需要注意的是，在可提取纠缠的定义中，考虑的是渐进极限，使得在量子态份数趋于无穷时，量子态的转化是完美的。对于实际的纠缠蒸馏，可以考虑有限份量子态下的最优转化率，但一般需要允许转化有失败的可能，即给定 $0 < \varepsilon < 1$，允许

$$\mathrm{tr}\left|\Lambda(\rho^{\otimes n}) - \Phi(2^{rn})\right| \leqslant \varepsilon \tag{4.65}$$

在纠缠转化问题中，与纠缠蒸馏相反的任务是纠缠稀释（entanglement dilution）：使用若干份贝尔态，在 LOCC 操作下，将其转化成更多份的给定量子态 ρ。为了刻画这一过程的最优转化率，人们引入了纠缠消耗（entanglement cost），$E_C(\rho)$。同样地，在渐进极限下，这一度量定义可以由一个优化问题给出：

$$E_C(\rho) \equiv \inf\left\{r : \lim_{n\to\infty}\left[\inf_\Lambda \mathrm{tr}\left|(\rho^{\otimes n} - \Lambda(\Phi(2^{rn})))\right|\right] = 0\right\} \tag{4.66}$$

这里 Λ 同样需要遍历所有 LOCC 操作。可以证明，可提取纠缠与纠缠消耗在纯态量子态情形下都变为纠缠熵度量[40]。这说明在纯态情形下，纠缠是一个可逆的资源理论，即在渐进极限含义下，可以找到合适的 LOCC 操作，将任意量子态均先蒸馏为贝尔态，再将贝尔态转化为原本的量子态。但对于一般的量子态，纠缠这一资源理论并不可逆：可以构造出具体的量子态，在经过蒸馏和稀释这一循环后，量子态份数减少了[①]。一般地，有下面的不等式说明两个纠缠度量的定量关系：

$$E_C(\rho) \geqslant E_D(\rho) \tag{4.67}$$

在介绍量子熵时，我们已经看到，由于量子纠缠的存在，两体系统的条件熵，即 $S(A|B) = S(\rho_{AB}) - S(\rho_B)$，可以是负的。因此，可以用条件熵来量化纠缠。特别地，$-S(A|B)$ 给出了式(4.66)所定义的纠缠消耗 $E_C(\rho)$ 的一个下界。我们称这一纠缠度量为负条件熵。此外，如果限制 LOCC 为单向的，即只允许一方向另一方发送经典信息，在这一限制下可以定义单向可提取纠缠度量，$D_{A\to B}(\rho_{AB})$，其中箭头方向表示经典通信的方向。可以证明，负条件熵也是单向可提取纠缠的一个下界，

$$E_D(\rho_{AB}) \geqslant D_{A\to B}(\rho_{AB}) \geqslant -S(A|B) \tag{4.68}$$

除了使用条件量子熵，还可以用量子相对熵度量纠缠。从物理图像上，为了度量一个纠缠态所具有的纠缠量，一个最直接的想法是看它离可分态集合"有多

---

① 这一问题的难点在于：由于两个度量都是由优化问题所定义的，对于一般的量子态，难以准确计算它们的纠缠量。事实上，量子纠缠资源理论是否可逆在很长时间内一直是个开放性问题——直到 2021 年才被解答[41]！

远"。在第一节中已经说明，量子相对熵可以看作一种广义的距离度量。由此，可以考虑这一纠缠度量：

$$E_{\mathrm{RE}}(\rho_{AB}) = \inf_{\sigma_{AB}} \{S(\rho_{AB} \| \sigma_{AB}) : \sigma_{AB}\text{是可分态}\} \tag{4.69}$$

量子相对熵纠缠度量在理论上具有重要的价值。一方面，存在一些数值算法，可以有效地求出一个给定量子态的量子相对熵纠缠。另一方面，它可以用作一些其他纠缠度量的界。一个特别的结果是它可以用来给出可提取纠缠和纠缠消耗的界。给定一个两体量子态 ρ_{AB}，可以考虑由量子相对熵纠缠度量给出的这一物理量：

$$E_{\mathrm{RE}}^{\infty}(\rho_{AB}) = \lim_{n \to \infty} \frac{1}{n} E_{\mathrm{RE}}(\rho_{AB}^{\otimes \infty}) \tag{4.70}$$

那么，

$$E_C(\rho_{AB}) \geqslant E_{\mathrm{RE}}^{\infty}(\rho_{AB}) \geqslant E_D(\rho_{AB}) \tag{4.71}$$

如果从矩阵角度研究量子纠缠，我们会发现，纠缠、负条件熵这些现象，与正映射变换下的矩阵本征值密切相关。一种特别的正映射变换是偏转置运算（partial transpose operation），即只将一个子系统上的矩阵做转置运算。容易证明，这一运算一般不是一个量子操作——它不是完全正映射。但对于可分态 $\rho = \rho_A \otimes \rho_B$，偏转置运算依然使得运算结果是一个量子态，如 $\rho_A^{\mathrm{T}} \otimes \rho_B$，这一现象对于可分态同样成立。但对于纠缠态，这一正映射的结果将不一定是量子态——得到的矩阵可能有负的本征值。因此，可以用偏转置运算下矩阵是否具有负的本征值作为纠缠判据，这一判据也被称为正偏转置（positive partial transpose, PPT）判据。由此，定义纠缠负性（negativity）：

$$\mathcal{N}(\rho_{AB}) = \frac{\|\rho_{AB}^{\mathrm{T}_B}\|_1 - 1}{2} \tag{4.72}$$

其中，$\|\cdot\|_1$ 表示迹距离，T_B 表示对量子态 ρ_{AB} 中 B 系统上的偏转置。一般地，$\mathcal{N}(\rho_{AB}) > 0$ 是量子纠缠的一个充分条件。尽管存在纠缠负性为 0 的纠缠态，这一泛函在实际应用中被广泛使用，其优势主要在于易于计算且具有凸性。为了使纠缠负性具有可加性，可以考虑对数负性，

$$E_N(\rho) = \log \|\rho_{AB}^{\mathrm{T}_B}\|_1 \tag{4.73}$$

这一泛函一方面给出了可提取纠缠的一个上界，$E_N(\rho) \geqslant E_D(\rho)$。但另一方面，对数负性不再具有凸性。

4.3 量子通信与编码

4.3.1 量子无噪声编码定理

在回顾经典信息论时，我们已经介绍到，香农熵最重要的一个操作含义是信源压缩问题中的渐近最优压缩率。与之类似，可以考虑一个量子版本的信源压缩问题，讨论量子编码协议的存在性及相应的压缩率，而冯·诺依曼熵与这一场景中的压缩率紧密相关。

在讨论的一开始，需要首先明确"量子编码"的具体含义。想象通信双方，甲和乙，事先共享了很多份无噪声的量子信道，能够如实地传输空间 $\mathcal{H}$ 上的所有量子态。利用这些信道，甲希望向乙传输 n 份量子态，其中每一份量子态都是从同一个量子态集合 $\{\rho_x : \rho_x \in \mathcal{D}(\mathcal{H})\}_x$ 中按照相同且相互独立的概率分布 p_X 选取的。方便起见，将概率分布 p_X 对应的随机变量记为 X。从接收者乙的视角来看，在他进行任何操作或者收到甲的额外信息前，每份量子态都由下面混态所描述：

$$\rho = \sum_x p_x \rho_x \tag{4.74}$$

由于无噪声的量子信道成本非常高昂，甲和乙希望用尽可能少的此类信道来完成量子态的传输。为此，他们进行下面的操作：

方框 6: 量子编码过程

1. 甲将 n 份量子态经过编码信道 $\mathcal{E}$，得到作用于空间 $\mathcal{H}^{\otimes nR}$ 的一个量子态，其中 $0 \leqslant R \leqslant 1$。
2. 甲将联合量子态通过 nR 个无噪声的量子信道传输给乙。
3. 乙在收到量子态后，将其经过解码信道 $\mathcal{D}$，得到量子态 $\hat{\rho}$。

在第一步中，可以简单地认为 nR 是个小于 n 的正整数。称 $\mathcal{E}$ 为编码信道，$\mathcal{D}$ 为解码信道。这一编码方案如图 4.2所示。于是，乙最终得到的量子态为

$$\hat{\rho} = \mathcal{D} \circ \mathcal{E}(\rho^{\otimes n}) \tag{4.75}$$

这里，连接符号 $\circ$ 代表了两个信道的先后作用。一般来说，$\hat{\rho}$ 可能和原始的量子态有所偏差。用迹距离予以度量，

$$\frac{1}{2}\|\rho^{\otimes n} - \hat{\rho}\| \leqslant \varepsilon \tag{4.76}$$

通过前面的学习知道，这一距离度量的含义是这一压缩编码方案有 ε 的失败概率。

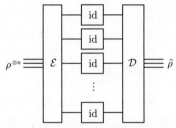

图 4.2　量子无噪声编码方案示意图。我们希望最后解码出来的量子态和甲希望发出来的比较接近，$\hat{\rho} \approx \rho^{\otimes n}$

由此，我们定义量子编码问题中的渐近压缩率：对任意失败概率 $\varepsilon > 0$，如果存在足够大的 n，可以找到合适的编码和解码信道，用不超过 nR 份无噪声信道对量子态进行压缩传输，使得最终的量子态与初态的迹距离不超过 ε，那么称在渐近极限或者无限数据大小极限下，由 $\{\rho_x\}_x$ 描述的量子信息源可以达到压缩率 R。也可以用数学语言来表达，$\forall \varepsilon > 0$，可以找到 $n \geqslant 1$，

$$\begin{cases} \mathcal{E} : \mathcal{L}(\mathcal{H}^n) \mapsto \mathcal{L}(\mathcal{H}^{nR}) \\ \mathcal{D} : \mathcal{L}(\mathcal{H}^{nR}) \mapsto \mathcal{L}(\mathcal{H}^n) \end{cases} \tag{4.77}$$

使得式(4.76)成立。

现在的问题是：我们最好可以达到怎样的压缩率？对于这一问题，在这一节，从易到难考虑不同类型的量子信息源。

- 情形 1: 量子态 $\{\rho_x\}_x$ 均为纯态，$\rho_x = |x\rangle\langle x|$，并且相互正交，$\langle x|x'\rangle = \delta_{xx'}$。显然，数据压缩问题变成完全经典的情形。由香农信源编码定理我们知道，这一情景的最优数据压缩率为 $H(X) = -\sum_x p_x \log p_x$。按照我们的定义，这一压缩率也等于量子态 ρ 的冯·诺依曼熵 $S(\rho)$：

$$S(\rho) = S\left(\sum p_x |x\rangle\langle x|\right)$$
$$= H(X) \tag{4.78}$$

这里 ρ 在包含量子态 $\{|x\rangle\}$ 的基矢下是对角化的。

- 情形 2: 量子态 $\{\rho_x\}_x$ 是一般的量子混态，但相互正交，即 $\{\rho_x\}_x$ 分别处于不同的算子空间。和正交纯态的情况类似，我们引入一个经典"标签" $\{x\}$。甲将要传输的量子态的经典标签 $\{x\}$ 视作随机变量 X，按香农编码方案进行压缩并将其发送给乙；随后，乙对收到的信息进行解码，按照解码的标签重新制备相应的量子态 ρ_x。这样，压缩率变成了经典变量 X 的香农熵，$H(X)$。事实上，这是这种情形下的最优压缩率。

参考纯态情况，来看一下 $S(\rho)$ 和压缩率 $H(X)$ 的关系，利用 ρ_x 的正交性，可以证明，

$$S(\rho) = S\left(\sum_x p_x \rho_x\right)$$

$$= H(X) + \sum_x p_x S(\rho_x) \tag{4.79}$$

具体证明留作习题 4.3。所以，最后正交态情形下压缩率是

$$H(X) = S(\rho) - \sum_x p_x S(\rho_x) \tag{4.80}$$

显然上面的情形 1 也满足该式。

- 情形 3: 量子态 $\{\rho_x\}_x$ 均为纯态，但并不相互正交。当然可以忽略量子态之间非正交的特点，直接用经典信源压缩的方式，将每个量子态的经典"标签"随机变量 X 进行压缩传输——但是有没有可能利用信源的量子特性，完成更好的压缩编码呢？

在给出情形 3 的答案之前，考虑一个简单的情形，$\{|0\rangle, |+\rangle\}$，每个量子态出现的概率均为 1/2。选取 Z 基矢作为计算基矢，量子态集合可以由下面的混态表示：

$$\rho = \frac{1}{2}|0\rangle\langle 0| + \frac{1}{2}|+\rangle\langle +|$$

$$= \begin{pmatrix} \frac{3}{4} & \frac{1}{4} \\ \frac{1}{4} & \frac{1}{4} \end{pmatrix} \tag{4.81}$$

其本征态为

$$\begin{cases} |0'\rangle = \begin{pmatrix} \cos\dfrac{\pi}{8} \\ \sin\dfrac{\pi}{8} \end{pmatrix} \\ |1'\rangle = \begin{pmatrix} \sin\dfrac{\pi}{8} \\ -\cos\dfrac{\pi}{8} \end{pmatrix} \end{cases} \tag{4.82}$$

可以看出，$|0\rangle$ 距离态 $|0'\rangle$ 更接近一些，

$$|\langle 0|0'\rangle|^2 = \cos^2\frac{\pi}{8} = 0.8536, \quad |\langle 0|1'\rangle|^2 = \sin^2\frac{\pi}{8} = 0.1464 \tag{4.83}$$

类似地，量子态 $|+\rangle$ 也距离 $|0'\rangle$ 更接近。在讨论渐近压缩问题之前，先考虑由这个量子信息源引出的一个单份量子态传输问题。想象在一次实验中，甲将传输一个量子态 $|0++\rangle$，这个量子态可以由 $|0'\rangle, |1'\rangle$ 展开：

$$|0++\rangle = a_0 |0'0'0'\rangle + a_1 |0'0'1'\rangle + a_2 |0'1'0'\rangle + a_3 |1'0'0'\rangle + \cdots \qquad (4.84)$$

其中四个最大的系数给出:

$$|a_0|^2 = 0.6219, \quad |a_1|^2 = |a_2|^2 = |a_3|^2 = 0.1067 \qquad (4.85)$$

这四个值的和已经很接近 1。类似于香农信源编码中的分析过程,可以定义典型集,由下面的向量张成:

$$|\phi\rangle = a_0 |0'0'0'\rangle + a_1 |0'0'1'\rangle + a_2 |0'1'0'\rangle + a_3 |1'0'0'\rangle \qquad (4.86)$$

假如甲选择通过无噪声量子信道发送这个量子态给乙,而乙直接将这一量子态作为最后的量子态,利用迹距离的操作含义,这一编码过程对于压缩原本的信息源而言,成功概率为

$$P_t = 0.6219 + 3 \times 0.1067 = 0.9419 \qquad (4.87)$$

如果甲和乙可以容忍失败概率 $P_a = 1 - P_t = 0.0581$,那么他们可以只传输式(4.86)所给出的量子态(注意考虑归一化系数)。另外,注意到这个量子态只由四个正交的向量张成,因此可以仅用两个量子比特来表示它。也就是说,在失败概率 P_a 下,可以将原本三个量子比特的信息压缩到两个量子比特中。

严格地说,我们刚才考虑的问题还不能称作一个量子信息源压缩问题:要传输的量子态是一个固定的三比特量子态,而非是从一个态集合中随机选择的。但通过典型集的讨论,已经获得了能够更有效地编码量子态的直观感受。现在考虑严格意义上的量子信源压缩问题。假设甲按照相同的概率,每次从集合 $\{|0\rangle, |+\rangle\}$ 中选取一个量子态进行制备。现在考虑一个不同的情形:甲按照态集合对应的密度矩阵 ρ 的本征谱,每次以本征值作为概率,制备相应的量子态 $|0'\rangle$ 或 $|1'\rangle$。考虑一个第三方,丙,了解到甲在按照以上两种方式中的一种在制备量子态;此外,丙会从甲到乙的信道中任意地截取量子态。除此之外,丙没有关于通信的额外信息。由密度矩阵的定义我们知道,虽然丙看上去对甲制备量子态的过程有"额外信息",但他不可能区分这两个态集合。所以说,可以等价地认为,甲实际上是从 $\{|0'\rangle, |1'\rangle\}$ 这一信息源中随机制备量子态,将其发送给乙。

根据上面的讨论,我们可以认为量子信息源制备由 $\{|0'\rangle, |1'\rangle\}$ 描述的量子态集合,其中制备 $|0'\rangle$ 的概率为 $p = \cos^2 \pi/8$。在渐进极限下,如果甲和乙要传输无限多份由该量子信息源制备的量子态,由于 $|0'\rangle$ 和 $|1'\rangle$ 相互正交,而且都是纯态,这个量子信息源可以看作"经典的",由此,我们回到了情形 1。香农的压缩编码方式告诉我们,对这一信息源产生的信息,压缩率可以达到 $h(p)$,其中 h 是二元熵函数。也就是说,如果甲要向乙发送很多份量子态,可以将量子数据压缩成较少的量子比特。同时,注意到对于信息源所对应的量子密度矩阵,$\rho = p |0'\rangle\langle 0'| + (1-p) |1'\rangle\langle 1'|$,其冯·诺伊曼熵 $S(\rho) = h(p)$。这给出了量子态冯·诺伊曼熵的一个操作含义:这一物理量给出传输多份量子态所能达到的压缩率。

定理 4.2 (纯态量子数据压缩定理) 假设甲的量子信息源制备的量子态都是纯态，量子信息源制备的量子态集合对应的密度算子是 ρ。如果她希望将该信息源制备的 n 份相互独立的量子态传输给乙，在 $n \to \infty$ 的渐进极限下，存在一个压缩编码方案，使得甲可以仅用 nR 份无噪声量子信道，将 n 份量子态无损地传输给乙，其中 $R = S(\rho)$。此外，不存在达到小于 R 的无损压缩率的压缩编码方案。

思考题 4.3   结合上面的分析过程，尝试构造出达到量子数据压缩定理所给出的渐近压缩率的量子态编码方案。这一方案被称作 Schumacher 压缩方案(Schumacher's quantum data compression)。

Schumacher 压缩方案给出了量子数据压缩定理相对直接的方向，即存在压缩方案达到压缩率 $S(\rho)$。而这一定理的反方向部分（converse part）说明 $S(\rho)$ 是所有可能的压缩方案所能达到的最好结果。如果压缩率低于这一数值，即使使传输的量子态份数 n 可以任意大，也将不可避免地造成信息损失。因此，称量子熵具有如下的操作含义：它刻画了对于纯态集合 ρ 的最优量子数据压缩率。从熵函数的操作含义这一角度，也可以将 Schumacher 压缩看作香农压缩编码方案的"量子版本"。

我们不在这里详细介绍反方向的证明。直观上，可以考虑甲向乙发送的量子态集合所对应的混态的纯化，一个成功的编码方案应该对纯化后的量子态也适用。通过考虑纯态，可以使用互信息的数据处理不等式（你可能需要回顾第 2 章的内容），通过图 4.2所示的一般的编码方案，说明无法构造出优于 $S(\rho)$ 的编码方案。由于经典信息源可以看作量子信息源的一种特殊情形，这一证明对于香农信源压缩编码定理的反方向同样适用，从而说明在经典通信任务中，香农熵给出了最优的编码压缩率。

到目前为止，讨论了正交纯态、正交混态、一般纯态三种情形。下一步，自然而然就是一般的混态情形：如果甲向乙发送的量子态是混态，对这些传输量子态进行压缩的最优编码方案是怎样的？在最一般的情形，这些混态之间可能会有交叠，即存在两个可能的传输量子态，使得 $\mathrm{tr}\left(\rho_1\rho_2^\dagger\right) \neq 0$。胆大而又心细的读者可能从上述三种情况下的压缩率，猜测最一般情形下，应该是由如下公式给出：

$$R = S(\rho) - \sum_x p_x S(\rho_x) \tag{4.88}$$

很可惜，对于这一一般情形的研究至今仍是未完全解决的。感兴趣的读者可以将其作为自己的科研方向。

4.3.2 可获取信息与 Holevo 信息

在 4.3.1 节中，讨论了通过无噪声的量子信道传输量子态的压缩编码问题，并发现编码压缩率与量子态集合对应的密度矩阵的冯·诺依曼熵密切相关。某种意义上，如果一个量子信息源制备的态集合的冯·诺依曼熵很高，那么这个信息源包含了很多的信息，进而导致我们不能把它压缩到较小的系统中。

为了进一步理解与量子熵相关的信息量含义，在这一节考虑另外一个通信任务：甲希望将经典随机变量 X 的信息编码到一个量子态中，随后将量子态传输给乙。为此，她按照 X 所服从的概率分布 $\{p_x\}_x$ 制备量子态集合 $\{\rho_x\}$。称这一量子态制备过程为一个编码方案，并将这一态集合记为 $\mathcal{E}$。为了获取 X 的信息，乙在接收到量子态后进行合适的量子测量，一般地，可以是 POVM 测量 $\{\Lambda_y\}$，得到随机变量 Y。如图 4.3 所示。

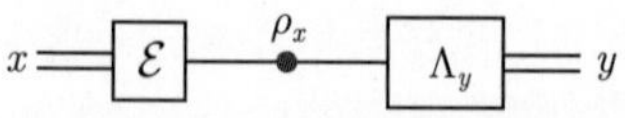

图 4.3　量子信道传输经典信息。甲按照 X 所服从的概率分布 $\{p_x\}_x$ 制备量子态集合 $\{\rho_x\}$。为了获取 X 的信息，乙在接收到量子态后进行合适的量子测量，一般地，可以是 POVM 测量 $\{\Lambda_y\}$，得到随机变量 Y。乙希望通过 Y 尽量得到 X 的信息

在理想的情况下，Y 能够准确地恢复出 X 的信息，即两个随机变量在进行必要的重新排布后，具有相同的概率分布。不过在最一般的情况下，Y 可能和原始的信息 X 有所偏差。为了刻画乙通过 Y 对 X 所可能获取的信息量，可以用互信息 $I(X{:}Y)$ 予以度量。

现在假定甲的编码过程已经确定。在解码信息的过程中，乙可以优化他的 POVM 测量，从而最大化对于 X 的了解。但容易看出，乙能否准确了解 X，受到量子态集合 $\mathcal{E}$ 的限制。如果甲在编码过程中，将不同 x 对应的量子态制备成相互正交的量子态，那么乙是可以准确获取 X 的信息的，而如果这些量子态之间相互交叠，甚至完全相同，那么乙无论进行怎样的测量，都不可能完全准确地恢复出 X 的信息。由此可以定义对于态集合 $\mathcal{E}$ 的可获取信息（accessible information）：

$$I_{\mathrm{acc}}(\mathcal{E}) = \max_{\{\Lambda_y\}} I(X{:}Y) \tag{4.89}$$

其中，条件概率 $p(y|x) = \mathrm{tr}(\Lambda_y \rho_x)$。

一般来说，可获取信息的计算是困难的，但在具体问题里，常常只需要给出它的上界。一个常用的上界是 Holevo 信息（Holevo information），这一上界又被称作 Holevo 界（Holevo bound）。

定理 4.3（Holevo 界）　考虑量子态集合 $\mathcal{E} = \{p_x, \rho_x\}$，其 Holevo 信息 $\chi(\mathcal{E})$ 为

$$\chi(\mathcal{E}) = S(\rho) - \sum_x p_x S(\rho_x) \tag{4.90}$$

其中，$\rho = \sum_x p_x \rho_x$。Holevo 信息 $\chi(\mathcal{E})$ 是可获取信息 $I_{\mathrm{acc}}(\mathcal{E})$ 的上界：

$$I_{\mathrm{acc}}(\mathcal{E}) \leqslant \chi(\mathcal{E}) \tag{4.91}$$

Holevo 信息类似于甲和乙各自的随机变量 X 和 Y 之间的互信息，但不同的是，虽然甲和乙共享了通过冯·诺依曼熵 $S(\rho)$ 刻画的态集合信息，但甲有额外信息 $\sum_x p_x S(\rho_x)$。而如果考虑经典通信场景，即 $\{\rho_x\}$ 可以由相互正交的向量 $\{|x\rangle\}$，Holevo 信息退化为香农熵。对比式(4.88)，发现在编码问题里面，这个 Holevo 信息也很有用。

如果你还记得 3.2.1 节关于基本编码的讨论，Holevo 界说明了下述的量子通信基本限制：当甲将经典信息编码到量子比特中时，虽然量子比特看上去可以"携带"大量经典信息，但为了准确地读取这一信息，n 个量子比特实际只能编码 n 比特经典信息。

前面的讨论中，更多是从量子信息源的特点来分析量子通信任务。在有了可获取信息的概念后，也可换个角度来思考量子通信问题。类似于图 4.3所示的过程，甲希望将信息传输给乙，但在这一过程中，连接甲和乙的信道不一定是无噪声的信道，可能会引入噪声或错误，数学上由一个给定的 CPTP 映射所描述。如果给定这一量子信道及乙所能进行的测量，甲和乙之间可以建立起怎样的经典关联？如图 4.4所示。

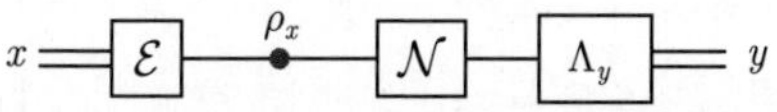

$$x = \boxed{\mathcal{E}} \overset{\rho_x}{\bullet} \boxed{\mathcal{N}} \boxed{\Lambda_y} = y$$

图 4.4　量子信道传输经典信息。甲按照 X 所服从的概率分布 $\{p_x\}_x$ 制备量子态集合 $\{\rho_x\}$。经过一个带噪声的信道 $\mathcal{N}$，为了获取 X 的信息，乙在接收到量子态后进行合适的量子测量，一般地，可以是 POVM 测量 $\{\Lambda_y\}$，得到随机变量 Y。乙希望通过 Y 尽量得到 X 的信息

考虑在一次量子通信中，甲所要传输的量子信息对应于一个量子态集合 $\mathcal{E} = \{p_x, \rho_x\}$，即按照概率分布 $\{p_x\}$ 随机制备相应的量子态 ρ_x。每次制备量子态时，甲同时记录这一量子态的经典标签 x，对应于经典随机变量 X。这样，量子态集合对应的密度矩阵可以表示为一个经典量子态，

$$\rho_{XA} = \sum_x p_x |x\rangle\langle x| \otimes \rho_x \tag{4.92}$$

其中，ρ_x 作用于 A 系统。在系统 A 经过量子信道 $\mathcal{N}$ 后，设演化后的量子态为 ρ^{XB}，

$$\rho_{XB} = \sum_x p_x |x\rangle\langle x| \otimes \mathcal{N}(\rho_x) \tag{4.93}$$

其中，量子态 $\mathcal{N}(\rho_x)$ 为乙收到的量子态。量子信道的 Holevo 信息量化了通过量子信道 $\mathcal{N}$，甲可以和乙建立起的经典关联，

$$\chi(\mathcal{N}) = \max_{\rho_{XA}} I(X{:}B)_{\rho_{XB}} \tag{4.94}$$

其中最大化优化问题遍历所有可能的输入态集合。对于这一优化，事实上，仅需要考虑所有纯态量子信息源即可。我们不加证明地给出下面的定理。

定理 4.4 由式(4.94)定义的量子信道 Holevo 信息等价于仅对纯态态集合进行优化的结果:

$$\chi(\mathcal{N}) = \max_{\tau_{XA}} I(X{:}B)_{\tau_{XB}} \tag{4.95}$$

其中,

$$\tau_{XA} = \sum_x p_x \, |x\rangle\langle x| \otimes |\psi_x\rangle\langle\psi_x|_A \tag{4.96}$$

*4.3.3 信道容量简介

通过 4.3.2 节的讨论, 你可能已经意识到, 不同信道使通信双方建立起的经典关联强度是不同的, 进而它们应该会有截然不同的传输信息的能力。比如, 如果在通信过程中, 信息发送方将经典信息编码到量子态中, 并且仅使用量子信道 $\mathcal{N}$ 将量子态传输给接收方, Holevo 信息描述了信道 $\mathcal{N}$ 能够如实传输经典信息的能力, 即在这一通信场景中的信道容量(channel capacity)。

在量子信息处理中, 除了传输经典信息, 通信双方的目标也可以是传输量子态。比如, 他们也可以把通信目标设定为建立起足够多的纠缠关联。此外, 为了实现信息的传输, 除了使用所关注的量子信道 $\mathcal{N}$ 之外, 通信双方还可以利用不同的通信资源, 比如随机数和量子纠缠。由于通信场景的不同, 会出现多种不同的信道容量。为了统一地描述各种通信场景, 可以考虑一个一般化的信息处理任务模型, 这一模型又被称作量子动态容量定理(quantum dynamic capacity theorem)。一个通信任务可以描述为三种量子资源的相互转化: 经典通信载体与资源, 以经典比特为单位, 记为 C; 量子通信载体, 以量子比特为单位, 记为 Q; 共享纠缠资源, 以贝尔对为单位, 记为 E。具体到某一个通信任务中, 比如量子密集编码中, 通信双方消耗了一个量子比特, 传输了两个经典比特; 而在量子隐形传态中, 通信双方消耗了两个经典比特和一个贝尔对, 传输了一个量子比特。按照通过信道传输的信息载体是经典比特还是量子比特, 我们称通信任务为经典通信或量子通信。根据转化类型, 一共有五种基本的非平凡的编码方案, 并将三种量子资源的转化表示为一个三元组: 只消耗经典资源的经典通信, 记为 $(C,0,0)$; 只消耗无纠缠参与的量子比特资源的量子通信, 记为 $(0,Q,0)$; 借助纠缠但不进行经典通信的量子通信, 记为 $(0,Q,-E)$; 利用经典通信但没有纠缠参与的量子通信, 记为 $(C,Q,0)$; 有纠缠资源参与但不直接传输量子比特的经典通信, 记为 $(C,0,-E)$。其中, $-E$ 表示通信过程需要消耗通信双方预先共享的纠缠资源。4.3.2 节讨论 Holevo 信息时, 所处理的是 $(0,Q,0)$ 这一情形下的问题。

对于各种通信场景的信道容量研究是量子信息论的一个核心问题。在此当中, 由于通信双方还可以利用多份量子信道 $\mathcal{N}$, 用类似于压缩编码的方式联合地处理多份信息以提高通信效率, 还可以更细致地区分仅使用单份量子信道、使用有限份量子信道及在量子信道份数趋于无穷的渐近极限下的信道容量。对于这些内容的详细讨论超出了本书范围，而且这一领域的研究仍然是量子信息理论的一个前沿方向。我们鼓励有兴趣的读者阅读量子信道理论方向近期的研究工作；此外，*From Classical to Quantum Shannon Theory*[42] 也是进入这一领域很好的一本教材。在此，仅简单介绍在渐近极限意义下，几种通信场景中，对于建立起经典信息关联这一任务的信道容量。请注意，建立起经典信息关联的方式可以是完全"量子"的。为了强调通信最终目的是传递经典信息，我们在量子资源转化关系三元组表示的基础上加入一个下标 C。

- 经典信道容量 $(C, 0, 0)_C$

这一情形即为香农所讨论的通信场景。如图 A.6所示，考虑甲希望利用经典信道，传输由随机变量 M 描述的信息源发出的信息。为此，她通过很多份带有噪声的信道 $\mathcal{N}$ 来进行信息传输。具体来说，甲可以先对信息源发出的信息进行编码，在确定要传输的信息 M 后，按照一个条件概率分布 $\mathcal{E}$，将其转化成一串新的码字 $(x_1, x_2, \cdots, x_n)$。记这些码字所对应的随机变量为 $(X_1, X_2, \cdots, X_n)$，随机变量 X_i 相同，但之间可以是有关联的。随后甲将编码后的信息通过很多份信道 $\mathcal{N}$ 进行传输，即对码字的每一位 x_i 分别用一份信道 $\mathcal{N}$ 进行传输。经过这些带有噪声的信道，乙将收到一串对应于随机变量 $(Y_1, Y_2, \cdots, Y_n)$ 的字符串 $(y_1, y_2, \cdots, y_n)$，每一份带有噪声的信道的作用效果相当于一个条件概率分布 $p(y|x)$。对收到的信息，乙再用一个条件概率分布 $\mathcal{D}$ 进行解码，恢复的信息记为 $\hat{M}$。理想的情况下，通过使用足够多份信道 $\mathcal{N}$，以及合适的编码、解码方案 $\mathcal{E}, \mathcal{D}$，解码得到的信息与原信息相同，$M = \hat{M}$。通过这一方案所能如实传输的最大信息量定义为经典信道容量，即

$$C(\mathcal{N}) = \sup\left\{\lim_{n\to\infty}\frac{1}{n}\log d : \exists \mathcal{D}, \mathcal{E}, \text{ s.t. } \forall M = m, \mathcal{D} \circ \mathcal{N}^{\otimes n} \circ \mathcal{E}(m) = m, |M| = d\right\}$$
(4.97)

这里，$\circ$ 表示条件概率分布的串接，$|M|$ 表示经典随机变量 M 的维度。

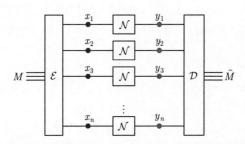

图 4.5　香农信道编码方案示意图。这里所有的线都表示经典信道

虽然经典信道容量的定义是通过一个复杂的优化问题给出的，但香农证明了下述编码定理，可以仅通过单份信道的使用来计算经典信道容量。

定理 4.5 (香农含噪声信道编码定理)　经典信道 $\mathcal{N}$ 的信道容量等价于

$$C(\mathcal{N}) = \max_{p_X} I(X:Y) \tag{4.98}$$

其中，X, Y 分别是仅使用单份信道 $\mathcal{N}$ 时，输入信道的信息和信道输出所对应的随机变量。

- 量子信道传输经典信息的信道容量 $(0, Q, 0)_C$

在有了量子信道与量子测量后，可以将经典信息编码到量子态中，用量子信道传输经典信息。对于香农讨论的通信场景，最简单的一个量子推广便是将图 A.6 中编码、解码的条件概率分布转换成量子编码、解码信道，将原先的经典通信信道替换为一个量子通信信道。如图 4.6 所示，在发送端，甲根据要传输的经典信息 M，利用一个量子态制备过程 $\mathcal{E}$ 制备 $\mathcal{H}_A^{\otimes n}$ 空间上的一个量子态 ρ_M。随后甲利用 n 份量子信道 $\mathcal{N}$ 将这一量子态传输给乙，记乙所收到的量子态为 $\mathcal{N}^{\otimes n}(\rho_M)$。最后，乙对收到的量子态用一个量子测量 $\Lambda = \{\Lambda_m\}_m$ 进行解码，其测量元素个数与要传输的经典信息对应的随机变量维度相等。在 4.3.2 节讨论 Holevo 信息时，考虑的是只使用一份量子信道 $\mathcal{N}$ 的场景。现在考虑渐近极限下的这一场景。形式上，这一方案对应的信道容量与式 (4.97) 类似，

$$C_Q(\mathcal{N}) = \sup\left\{\lim_{n\to\infty}\frac{1}{n}\log d : \exists \mathcal{E}, \Lambda, \text{s.t. } \forall M = m, \text{tr}\left[\Lambda_m \mathcal{N}^{\otimes n}(\rho_M)\right] = 1, |M| = d\right\} \tag{4.99}$$

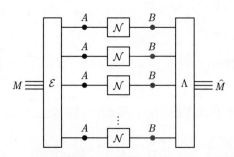

图 4.6　利用量子信道编码经典信息方案示意图。中间的线表示量子信道

与香农的信道编码定理有所不同，一般来说，不能仅用单份信道来计算上述场景中，量子信道传输经典信息的信道容量。不过下面的定理指出，这一场景的信道容量与量子信道的 Holevo 信息密切相关。

定理 4.6 (Holevo-Schumacher-Westmoreland 定理)　量子信道 $\mathcal{N}$ 传输经典信息的信道容量等于该信道在独立重复使用的渐近极限下，平均到单次使用时的归一化 Holevo 信息，

$$C_Q = \chi_{\text{reg}}(\mathcal{N}) \tag{4.100}$$

其中，

$$\chi_{\text{reg}}(\mathcal{N}) = \lim_{n\to\infty}\frac{1}{n}\chi(\mathcal{N}^{\otimes n}) \tag{4.101}$$

一些量子信道，比如去极化信道，其 Holevo 信息具有可加性，即

$$\frac{1}{n}\chi(\mathcal{N}^{\otimes n}) = \chi(\mathcal{N}) \tag{4.102}$$

对于这样的信道，其传输经典信息的信道容量就等于它的 Holevo 信息 $\chi(\mathcal{N})$。

- 量子信道在纠缠协助下传输经典信息的信道容量 $(0, Q, -E)_C$

第 3 章中，介绍了量子密集编码。借助于量子纠缠，通信双方可以仅用 1 个量子比特的传输，实现 2 个比特的经典信息的传输。通过这一具体通信场景，我们已经知道，纠缠对于经典通信是有帮助的。一般来说，纠缠协助的通信协议如图 4.7 所示。甲和乙事先共享了足够多的贝尔态，或者说是足够高维度的最大纠缠态 $|\Phi_k^+\rangle \in \mathcal{H}_{A_0} \otimes \mathcal{H}_{B_0}$。在这里，不限制这一纠缠态的维度。信息发送方甲的编码方案将联合地作用在要传输的信息和她所持有的纠缠粒子上，具体来说，她根据要传输的具体信息 M，利用一个量子信道 $\mathcal{E}_m$ 作用于 A_0 系统上，将其转化为 $\mathcal{H}_{A'}^{\otimes n}$ 空间上的量子态。在图 4.7 中，将这些用于编码的量子信道集合记为 $\mathcal{E} = \{\mathcal{E}_m\}_m$。随后，甲利用 n 份量子信道 $\mathcal{N}$ 将这一量子态传输给乙，记乙所收到的量子态和他所持有的纠缠态部分的联合量子态为 $(\mathcal{N}^{\otimes n} \circ \mathcal{E}) \otimes \mathrm{id}_{B_0} (|\Phi_k^+\rangle\langle\Phi_k^+|)$，其中 $\circ$ 表示量子信道的串接。最后，乙对收到的量子态用一个量子测量 $\Lambda = \{\Lambda_m\}_m$ 进行解码，其测量元素个数与要传输的经典信息对应的随机变量维度相等。定义量子信道 $\mathcal{N}$ 在纠缠协助下传输经典信息的信道容量为

$$C_{\mathrm{EA}}(\mathcal{N}) = \sup\left\{ \lim_{n\to\infty} \frac{1}{n}\log d : \exists \mathcal{E}, \Lambda, k, \text{ s.t. } \forall M = m, \right.$$

$$\left. \mathrm{tr}\left\{ \Lambda_m \left[(\mathcal{N}^{\otimes n} \circ \mathcal{E}_m) \otimes \mathrm{id}_{B_0} \left(|\Phi_k^+\rangle\langle\Phi_k^+| \right) \right] \right\} = 1, |M| = d \right\} \tag{4.103}$$

对于纠缠协助的情形，下面的定理简洁地说明了此时的信道容量和互信息的关系。

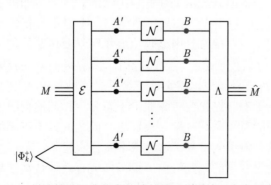

图 4.7　纠缠辅助经典信息传输的量子信道编码方案示意图

定理 4.7 (Bennett-Shor-Smolin-Thapliyal 定理)　一个量子信道在纠缠协助下传输经典信息的信道容量等于该信道的互信息，

$$C_{\mathrm{EA}}(\mathcal{N}) = I(\mathcal{N}) \tag{4.104}$$

其中，信道互信息 $I(\mathcal{N})$ 定义为

$$I(\mathcal{N}) := \max_{\phi_{AA'}} I(A\!:\!B)_{\rho_{AB}} \tag{4.105}$$

$\phi_{AA'}$ 是任意两体纯量子态，系统 B 由系统 A' 经过信道 $\mathcal{N}$ 演化所得，

$$\rho_{AB} = \mathrm{id}_A \otimes \mathcal{N}(|\phi\rangle\langle\phi|) \tag{4.106}$$

定义信道互信息的场景如图 4.8 所示，其过程可以这样理解：甲制备了一对处于纯态的纠缠粒子，她自己保留了一个粒子，而将另外一个粒子通过信道 $\mathcal{N}$ 传输给乙。需要注意的是，这一过程并不直接对应于图 4.7 所示的纠缠协助下的量子通信场景：在后面的场景中，甲把自己所持有的纠缠粒子经过编码发送给了乙，最终，甲不再持有任何量子系统。

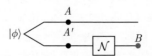

图 4.8　对应于量子信道互信息定义的纠缠传输场景

不同于量子信道的 Holevo 信息 $\chi(\mathcal{N})$，在量子信道的互信息 $I(\mathcal{N})$ 中，由于系统 A 是量子的，$I(\mathcal{N})$ 可以远大于 $\chi(\mathcal{N})$。另外，这一定理在形式上更接近于香农信道编码定理的结论，都将信道容量联系到单次使用所关心的信道时，经过信道前后系统的互信息上——区别仅在于原先的经典互信息被推广为量子互信息。从这一角度，Bennett-Shor-Smolin-Thapliyal 定理可以看作香农编码定理最接近"量子"的推广版本。

可以对以上的通信编码过程进行适当的修改，用于传输量子比特。比如，在图 4.6 对应的 $(0, Q, 0)$ 场景中，如果甲希望将一个量子态传输给乙，一般地，他们可以进行如下的操作：甲首先用编码信道作用于要传输的量子态上，随后通过多份量子信道 $\mathcal{N}$ 将其传输给乙，最后乙用一个解码信道联合地作用在收到的量子态上。形式上，也可以类似地定义这一量子通信场景中 $\mathcal{N}$ 的信道容量：在要求最终解码得到的量子态与原先要传输的量子态完全相同的情况下，平均每份量子信道最多可以传输的量子系统维度。不过这一问题的讨论需要使用更为细致而复杂的量子距离度量、量子熵工具。这里就不展开阐述了。

最后，虽然信道容量的研究给出了量子信道有效地传输信息的极限，旨在说明有效的通信过程的"存在性"，但在实际应用中，通常更关心的是如何让一个量子信道尽可能地发挥出最大的功效，即真正具体构造出有效的通信过程。这一方向引出了量子通信和密码的广泛应用。当前该方向有许多未解问题，鼓励对此感兴趣的读者进一步深入研究。

习题

习题 4.1 (量子 Rényi 熵) 量子 Rényi 熵定义为

$$S_\alpha(\rho) = -\frac{1}{\alpha - 1} \log(\mathrm{tr}\, \rho^\alpha) \tag{4.107}$$

试证明,

$$\lim_{\alpha \to 1} S_\alpha(\rho) = -\mathrm{tr}(\rho \log \rho) \tag{4.108}$$

习题 4.2 (量子态相干叠加与混合的区别) 我们已经知道,量子态相干叠加是不同于经典混合的一种系统状态。在这里,我们研究这两种状态体现在量子熵上的区别。

(1) 考虑两个 d 维系统上的最大纠缠态,

$$|\Phi\rangle_{AB} = \frac{1}{\sqrt{d}} \sum_{i=0}^{d-1} |i\rangle_A |i\rangle_B \tag{4.109}$$

请计算 A 系统和 B 系统之间的量子互信息 $I(A:B)_\Phi$ 及条件量子熵 $S(A|B)_\Phi$。

(2) 考虑两个 d 维系统上最大经典关联态,

$$\tilde{\Phi}_{AB} = \frac{1}{d} \sum_{i=0}^{d-1} |i\rangle\langle i|_A \otimes |i\rangle\langle i|_B \tag{4.110}$$

请计算 A 系统和 B 系统之间的量子互信息 $I(A:B)_{\tilde{\Phi}}$ 及条件量子熵 $S(A|B)_{\tilde{\Phi}}$。

习题 4.3 (量子熵的性质) 虽然冯·诺依曼熵是香农熵的直接量子推广,但在对相应的条件熵等概念进行推广时,量子熵会出现不同于经典对应的性质。我们在接下来的问题中逐步研究量子熵的一些基本性质。

(1) 考虑掷一枚公平的硬币这一随机试验,其结果对应的随机变量的香农熵是多少?而如果硬币正反面出现的概率并不相同,其中正面朝上的结果概率为 p,那么掷硬币结果对应的随机变量的香农熵是多少?请计算并画出香农熵随 p 变化的曲线。

(2) 对于一般的经典随机变量 A, B,请证明条件香农熵总是非负的,即 $H(A|B) \geqslant 0$,以及 $H(B|A) \geqslant 0$。

(3) 给定一个量子态集合 $\{p_i, \rho_i\}_i$,其中 $\{p_i\}_i$ 构成一组概率分布,量子态 ρ_i 出现的概率为 p_i,并且 ρ_i 各自处在相互正交的子空间上。请证明

$$S\left(\sum_i p_i \rho_i\right) = H(p_i) + \sum_i p_i S(\rho_i) \tag{4.111}$$

（4）作为上一问的一个推论，请说明

$$S\left(\sum_i p_i \left|i\right\rangle\!\left\langle i\right|_R \otimes \rho_i\right) = H(p_i) + \sum_i p_i S(\rho_i) \tag{4.112}$$

其中引入了一个经典随机变量 R 用于记录量子态的经典标签 i。这一结论被称作联合熵定理（joint entropy theorem）。

习题 4.4（可分态与最大纠缠态的保真度） 考虑 $d \times d$ 维系统上的最大纠缠态，

$$\left|\Phi\right\rangle_{AB} = \frac{1}{\sqrt{d}} \sum_{i=0}^{d-1} \left|i\right\rangle_A \left|i\right\rangle_B \tag{4.113}$$

试证明，任何一个可分态与该最大纠缠态的保真度不超过 $1/d$。

习题 4.5（纠缠与量子熵的关系） 请证明对任意两个相互独立的量子态 ρ, σ，

$$S(\rho \otimes \sigma) = S(\rho) + S(\sigma) \tag{4.114}$$

习题 4.6 考虑 A, B 复合系统上的量子态。假设一开始，A, B 系统处于一个纯联合量子态 $\left|\psi\right\rangle_{AB}$。

（1）请证明 $\left|\psi\right\rangle_{AB}$ 是纠缠态，当且仅当 $S(B|A)_\psi < 0$。

（2）假设 A, B 系统上纯联合量子态有如下形式：

$$\left|\psi(r)\right\rangle_{AB} = \frac{1}{\sqrt{1+r^2}}(\left|00\right\rangle + r\left|11\right\rangle) \tag{4.115}$$

请写出 A 系统上的密度矩阵 ρ_A，并计算其冯·诺依曼熵。

（3）假设有两个观测者甲和乙，分别处在系统 A 和 B 上，其中甲在系统 A 上用 $\sigma_z = \{\left|0\right\rangle, \left|1\right\rangle\}$ 进行了投影测量并得到了测量结果。乙知道甲已经进行了 σ_z 这一测量，但不知道甲所得到的测量结果。请写出在这一测量之后，在甲和乙的视角下，联合系统上的量子态密度矩阵 $\rho(r)_{AB}$。在这一基础上，请计算联合系统量子态的冯·诺依曼熵，以及量子条件熵 $S(A|B)$。

习题 4.7（条件量子熵） 考虑三个经典随机变量 X, Y, Z 之间的联合概率分布 p_{XYZ}，以及三个量子系统 A, B, C 上的联合量子态 ρ_{ABC}。

（1）请证明对任意的随机变量 X, Y, Z，都有

$$H(X, Y|Z) \geqslant H(X|Z) \tag{4.116}$$

（2）对于三体量子态，请举出一个下式不成立的反例，

$$S(A, B|C) \geqslant S(A|C) \tag{4.117}$$

（3）请举出一个下式不成立的反例，

$$S(A, B|C) \geqslant S(A|C) - S(B|C) \tag{4.118}$$

习题 **4.8** (量子互信息)

（1）考虑 R, A 两个系统上的一个纯量子态 $|\psi\rangle_{RA}$。考虑由 A 系统到 B, E 系统的等距变换 U，即满足下面条件的线性变换，

$$\begin{cases} UU^\dagger = I_A \\ (U^\dagger U)^2 = U^\dagger U \end{cases} \tag{4.119}$$

其中，I_A 为 A 系统上的单位矩阵。假设这一等距变换作用于量子态 $|\psi\rangle_{RA}$ 后，得到量子态 $|\phi\rangle_{RBE}$。请证明

$$I(R{:}B)_\phi + I(R{:}E)_\phi = I(R{:}A)_\psi \tag{4.120}$$

（2）对于 A, B 系统上任意的联合量子态 ρ_{AB}，请证明下面的等式恒成立：

$$S(\rho_{AB}\|\rho_A \otimes \rho_B) = I(A{:}B)_{\rho_{AB}} \tag{4.121}$$

其中，$\rho_A = \mathrm{tr}_B(\rho_{AB}), \rho_B = \mathrm{tr}_A(\rho_{AB})$。

习题 **4.9** (相对量子熵) 相对量子熵是量子信息研究中的一个重要数学工具。在本章的学习中，证明了 Klein 不等式，说明了相对量子熵是非负的，并基于这一结论，证明了冯·诺依曼熵的次可加性及凹函数性质。在这一问题中，请尝试利用相对量子熵证明一些其他的量子熵性质。

（1）假设量子态 ρ 的秩为 d。请证明

$$S(\rho) \leqslant \log d \tag{4.122}$$

（2）对于 A, B 系统上任意联合量子态 ρ_{AB}，请证明下面的不等式：

$$S(\rho_{AB}) \geqslant |S(\rho_A) - S(\rho_B)| \tag{4.123}$$

其中，$\rho_A = \mathrm{tr}_B(\rho_{AB}), \rho_B = \mathrm{tr}_A(\rho_{AB})$。这一不等式又被称作 Araki-Lieb 不等式。

习题 **4.10** (量子熵的强次可加性)

（1）考虑两个量子系统 A, B，对分别作用于两个系统上的任意半正定矩阵 ρ, σ，请证明下面的等式恒成立：

$$\log(\rho \otimes \sigma) = I_A \otimes \log\sigma + \log\rho \otimes I_B \tag{4.124}$$

其中，I_A, I_B 分别为 A, B 系统上的单位矩阵。

（2）条件量子熵可以用相对量子熵定义。请证明对 A, B 系统上任意联合量子态 ρ_{AB}，都有

$$S(A|B)_{\rho_{AB}} = -D(\rho_{AB}\|I_A \otimes \rho_B)$$

$$= - \min_{\sigma_B \in \mathcal{D}(\mathcal{H}_B)} D(\rho_{AB} \| \boldsymbol{I}_A \otimes \boldsymbol{\sigma}_B) \tag{4.125}$$

其中最小值优化便利 B 系统上所有的密度矩阵 $\boldsymbol{\sigma}_B$。

（3）相对量子熵的一个重要性质是数据处理不等式（data-processing inequality）。这一结论的表述如下：考虑 A 系统上任意量子态 ρ, σ，以及由 A 系统到 B 系统的任意量子信道 $\mathcal{N}^{A \to B}$，都有

$$D(\rho \| \sigma) \geqslant D(\mathcal{N}(\rho) \| \mathcal{N}(\sigma)) \tag{4.126}$$

请利用这一不等式，证明相对量子熵的数据处理不等式。即，对于 A, B 系统上的任一联合量子态 ρ_{AB}，以及作用于 B 系统上的任一量子信道 $\mathcal{N}$，都有

$$S(A|B)_\rho \leqslant S(A|B')_\sigma \tag{4.127}$$

其中，$\sigma_{AB'} = \mathrm{id}_A \otimes \mathcal{N}(\rho_{AB})$。

注：式 (4.126) 的证明超出了本书内容，可以直接使用，不要求读者证明这一结论。感兴趣的读者可以参考文献 [42] 中定理 11.9.2 的第一条性质，其中给出了一个较简单的证明方法。

（4）利用以上结论，证明量子熵的强次可加性（strong subadditivity）：对系统 A, B, C 上的任一联合量子态 ρ_{ABC}，都有

$$S(AC)_\rho + S(BC)_\rho \geqslant S(ABC)_\rho + S(C)_\rho \tag{4.128}$$

习题 4.11（熵不确定性关系, entropic uncertainty relation）[43]　在希尔伯特空间 $\mathcal{H}$ 上，有两个冯·诺依曼测量，

$$\begin{cases} \mathcal{X} = \{|x\rangle\langle x|\}_{x \in [d]} \\ \mathcal{Z} = \{|z\rangle\langle z|\}_{z \in [d]} \end{cases} \tag{4.129}$$

记其测量结果为经典变量 X, Z。下面分步证明如下熵不确定性关系：

$$H(X) + H(Z) \geqslant \log \frac{1}{c} + S(\rho) \tag{4.130}$$

这里 $H(X)$ 是香农熵，ρ 是被测量的量子态，$S(\rho)$ 是冯·诺依曼熵，两个测量的基矢态之间最大的重叠为

$$c = \max_{x, z} |\langle x|z \rangle|^2 \tag{4.131}$$

（1）测量 $\mathcal{X}$ 之后的量子态可以看成经过一个消相干操作，

$$\Delta_{\mathcal{X}}(\rho) = \sum_x |x\rangle\langle x| \, \rho \, |x\rangle\langle x| \tag{4.132}$$

试证明,

$$H(X) = D(\rho||\Delta_{\mathcal{X}}(\rho)) + S(\rho) \tag{4.133}$$

这里 $D(\cdot||\cdot)$ 是量子相对熵。

（2）同样地，可以对 $\mathcal{Z}$ 测量定义其消相干操作,

$$\Delta_{\mathcal{Z}}(\rho) = \sum_z |z\rangle\langle z| \rho |z\rangle\langle z| \tag{4.134}$$

试证明,

$$D(\Delta_{\mathcal{Z}}(\rho)||\Delta_{\mathcal{Z}} \circ \Delta_{\mathcal{X}}(\rho)) = -H(Z) - \sum_z \langle z| \rho |z\rangle \log\left(\sum_x | \langle x|z\rangle |^2 \langle x| \rho |x\rangle \right) \tag{4.135}$$

（3）利用信息处理不等式,

$$D(\rho||\Delta_{\mathcal{X}}(\rho)) \geqslant D(\Delta_{\mathcal{Z}}(\rho)||\Delta_{\mathcal{Z}} \circ \Delta_{\mathcal{X}}(\rho)) \tag{4.136}$$

可以证明熵不确定关系不等式(4.130)。

习题 4.12 (纯态的纠缠蒸馏)　考虑一个 2 比特的纯态

$$|\psi\rangle = \sum_{i=0,1} \sqrt{p_i} |i\rangle |i\rangle \tag{4.137}$$

其中, p_i 的分布满足 $p_0 \neq p_1$。

（1）证明从一份 $|\psi\rangle$ 出发，不能通过 LOCC 操作将其转化为最大纠缠态 $|\Phi^+\rangle$。

（2）设计一个 LOCC 协议，使得可以从 n 份 $|\psi\rangle$ 的拷贝中提取出 m 份 $|\Phi^+\rangle$ 来，其中 m 是一个随机变量，它的期望值是

$$\mathbb{E}(m) = \sum_k \binom{n}{k} p_0^k p_1^{n-k} \log \binom{n}{k} \tag{4.138}$$

（3）利用信息论中的典型集的概念，验证当 n 足够大时，最大纠缠态的蒸馏率

$$\lim_{n \to \infty} \frac{\mathbb{E}(m)}{n} \tag{4.139}$$

对应着某种纠缠度量。

附录 A

本附录旨在介绍矩阵代数和信息论的进阶知识，提供了一些供读者选读的内容。这些内容虽在本书中未被广泛应用，但在量子信息科学的基础研究中具有重要作用。我们将探讨一些高级的矩阵运算技巧，包括张量网络表示、矩阵函数的计算方法、各种矩阵范数，以及信道编码的基本理论。这些知识点将为读者打下更扎实的数学基础，以便更深入地理解和掌握量子信息科学的理论。

A.1 张量网络

在这一节，介绍一种新的数学工具——张量网络（tensor network），这一工具对于张量计算很有帮助。这里，将采用张量指标的书写方法，上指标代表行，下指标代表列。将一个张量表示为一个有打开的"腿"的框图，这些腿表示张量的指标（index）。例如，一个三体的量子态 ρ_{ABC} 表示为一个有六条腿的框图，其中三条在左侧，表示行指标 i_A, i_B, i_C，即狄拉克记号中的"$|\cdot\rangle$"，另外三条在右侧，表示列指标 j_A, j_B, j_C，即狄拉克记号中的"$\langle\cdot|$"，如图 A.1 所示。

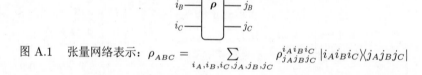

图 A.1　张量网络表示：$\rho_{ABC} = \sum\limits_{i_A,i_B,i_C,j_A,j_B,j_C} \rho^{i_A i_B i_C}_{j_A j_B j_C} |i_A i_B i_C\rangle\langle j_A j_B j_C|$

指标缩并是一个基本的张量运算，在图 A.1 中，我们将要缩并的两个指标对应的腿连接起来。利用这一记号，给出一些常用的矩阵运算的张量网络表示。矩阵乘积 $(\rho\sigma)^i_j = \sum\limits_k (\rho)^i_k (\sigma)^k_j$ 可以图像化地表示为 ρ 所对应的框图右侧的腿与 σ 左侧的腿相连接；矩阵的迹 $\mathrm{tr}(\rho) = \sum\limits_i (\rho)^i_i$ 是 ρ 张量行和列指标的缩并，可以用它的张量框图左侧与右侧的腿相连接来表示。偏迹操作就是把相应的子系统对应的指标缩并了，$(\mathrm{tr}_A(\rho_{AB}))^{i_B}_{j_B} = \sum\limits_{i_A} (\rho_{AB})^{i_A,i_B}_{i_A,j_B}$，其他子系统的指标保持不变。此外，还有些运算并不涉及指标缩并，比如，矩阵的转置 $(\rho^{\mathrm{T}})^i_j = (\rho)^j_i$ 可以表示为左右两边的指标互换；张量积，或者称 Kronecker 积（Kronecker product），$(\rho\otimes\sigma)^{i_A,i_B}_{j_A,j_B} = (\rho)^{i_A}_{j_A}(\sigma)^{i_B}_{j_B}$ 的张量网络表示就是将 ρ,σ 的框图排列放在一起，如图 A.2 所示。

图 A.2　用张量网络表示一些矩阵运算

除了矩阵运算，也可以利用张量网络表示一些常用的量子态和算子。最简单的就是单位矩阵 I，就是一条横线。再比如，（未归一化的）最大纠缠态（unnormalised maximally entangled state，UMES），对于 d 维希尔伯特空间中的 UMES 算子，

$$\sqrt{d}\,|\Phi_d^+\rangle = \sum_i |ii\rangle \tag{A.1}$$

它的张量网络表示为一个半圆，半圆圆弧的两端都朝左。我们也可以表示这个态的密度矩阵：

$$d\Phi_d^+ = \sum_{i,j} |ii\rangle\langle jj| = \left(\sum_i |ii\rangle\right)\left(\sum_j \langle jj|\right) \tag{A.2}$$

那就是由 个朝左和一个朝右的半圆组成。交换算子（swap operator，SWAP）是一个常用的算子，它会将作用的两个系统 A, B 的角标互换：

$$\begin{aligned}
\text{SWAP}(\rho_{AB}) &= \sum \rho_{j_A,j_B}^{i_A,i_B} |i_B i_A\rangle\langle j_B j_A| \\
&= \sum \rho_{j_B,j_A}^{i_B,i_A} |i_A i_B\rangle\langle j_A j_B|
\end{aligned} \tag{A.3}$$

这里，第二个等式将指标重新定义排列了。由此，我们也可以直接写出 SWAP 的幺正变换表示：

$$S = \sum |i_B i_A\rangle\langle i_A i_B| \tag{A.4}$$

这些态和操作的图像化表示如图 A.3 所示。

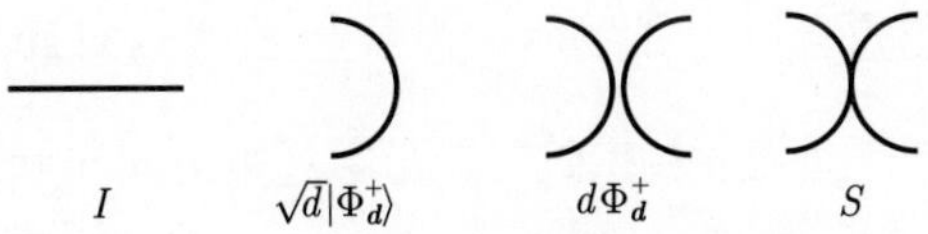

$$I \qquad \sqrt{d}|\Phi_d^+\rangle \qquad d\Phi_d^+ \qquad S$$

图 A.3　用张量网络表示一些量子态和操作，这里注意 $d\Phi_d^+$ 和 S 的区别，见式 (A.2) 和式 (A.4)

对比图 A.2 和图 A.3 中的图像，我们发现 UMES 这样的半圆也在求迹和转置中出现了，这是有意为之。事实上，考虑一个矩阵，$\rho = \sum_{i,j} \rho_j^i |i\rangle\langle j|$，它的转置

和迹可以分别表示为

$$
\begin{cases}
d(\langle \Psi^+ | \otimes \boldsymbol{I})(\boldsymbol{I} \otimes \boldsymbol{\rho} \otimes \boldsymbol{I})(\boldsymbol{I} \otimes |\Psi^+\rangle) = \sum_{i,j} \rho_j^i \sum_{k,l} \langle k|i\rangle \langle j|l\rangle \, |l\rangle\langle k| \\
\quad = \sum_{i,j} \rho_j^i \, |j\rangle\langle i| = \boldsymbol{\rho}^{\mathrm{T}} \\
d\langle \Psi^+ | \boldsymbol{\rho} \otimes \boldsymbol{I} |\Psi^+\rangle = \sum_k \langle kk| \sum_{i,j} \rho_j^i \, |i\rangle\langle j| \otimes \boldsymbol{I} \sum_l |ll\rangle \\
\quad = \sum_{i,j} \rho_j^i \sum_{k,l} \langle k|i\rangle \langle j|l\rangle \langle k|l\rangle = \sum_i \rho_i^i = \mathrm{tr}(\boldsymbol{\rho})
\end{cases}
\tag{A.5}
$$

读者可以自行将两个图拼凑一下，可以很快得到上述等式。这是用作图来表示张量的优势。下面这个例子，可以用作图法很快证明。

例 A.1　矩阵乘法可以由 SWAP 操作完成：

$$
\mathrm{tr}[S(\boldsymbol{\rho} \otimes \boldsymbol{\sigma})] = \mathrm{tr}(\boldsymbol{\rho}\boldsymbol{\sigma})
\tag{A.6}
$$

解　直接作张量图来证明，如图 A.4 所示。

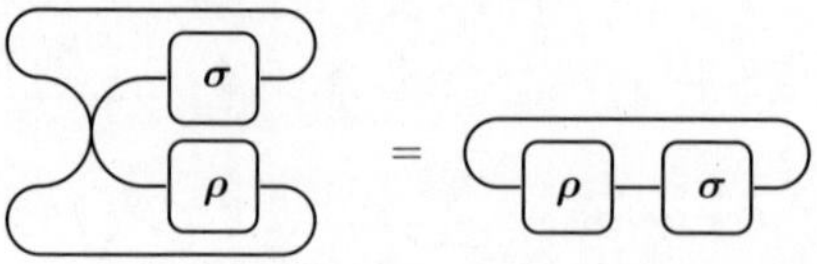

图 A.4　张量网络图证明：$\mathrm{tr}[S(\boldsymbol{\rho} \otimes \boldsymbol{\sigma})] = \mathrm{tr}(\boldsymbol{\rho}\boldsymbol{\sigma})$

注意，图 A.4 中的线可以拉直，并不影响最后结果。　□

在第 2 章中，会介绍两种量子信道的表示方法：Kraus 算子表示和蔡矩阵表示。利用张量网络，可以将两种表示方法图示化，如图 A.5 所示。

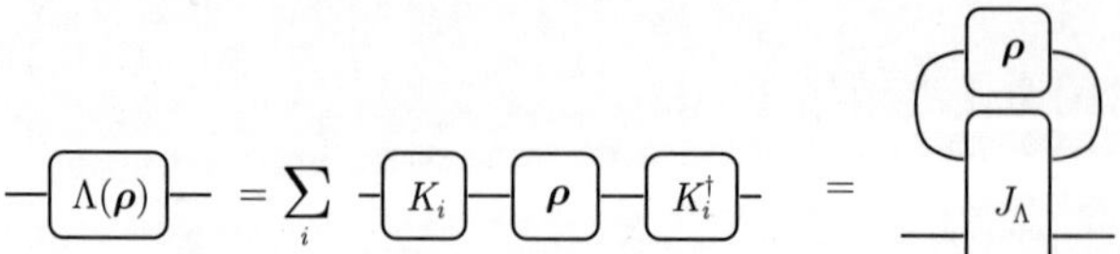

图 A.5　量子信道的两种表示方式，$\Lambda(\rho) = \sum_i K_i \rho K_i^{\dagger} = \mathrm{tr}_R[J_\Lambda(\rho_R^{\mathrm{T}} \otimes \boldsymbol{I})]$

A.2　方阵的解析函数

矩阵乘法可以视作关于一个矩阵的简单函数。在这一节，我们定义基于乘法运算的更一般矩阵函数。首先，定义一个复矩阵的幂，$\boldsymbol{A} \in \mathbb{C}^{d \times d}$。幂次运算是同一矩阵相乘多次：

$$A^k = \underbrace{AA \cdots A}_{k \ \text{次}}$$ (A.7)

幂函数作为对矩阵的操作，与任一幺正变换对易：

$$
\begin{aligned}
UA^kU^\dagger &= UAA \cdots AU^\dagger \\
&= UAU^\dagger UAU^\dagger \cdots UAU^\dagger \\
&= (UAU^\dagger)^k
\end{aligned}
$$ (A.8)

这里注意到按照定义，$U^\dagger U = UU^\dagger = I$。这样，可以将标量函数的泰勒展开（Taylor expansion）推广至矩阵函数，并定义一个方阵的解析函数：

$$f(A) \equiv \sum_k \frac{f^{(k)}(0)}{k!} A^k$$ (A.9)

其中，$f^{(k)}(0)$ 是函数 $f(x)$ 在 $x = 0$ 处的第 k 阶导数。如果 $f^{(k)}(0)$ 发散，例如对数函数 log 或者平方根函数，那么，可以通过对矩阵函数添加恒等矩阵的方式，在定义域上的其他点对函数进行展开。对于连续性很差的函数，这里就不展开讨论。

思考题 A.1 方阵 $A \in \mathbb{C}^{d \times d}$ 与自身的矩阵函数对易，即 $Af(A) = f(A)A$。

一般来说，式(A.9)的计算非常繁琐。幸运的是，对于正规矩阵 A，有更简便的方法计算矩阵函数 $f(A)$。如式(A.8)所示，幂函数与任一幺正变换对易，因此在计算时，可以对矩阵乘法的顺序进行对换。这样，可以选取一个可以将矩阵 A 对角化的幺正矩阵 U：

$$UAU^\dagger = \begin{pmatrix} \alpha_0 & & & \\ & \alpha_1 & & \\ & & \ddots & \\ & & & \alpha_{d-1} \end{pmatrix}$$ (A.10)

其中，$\alpha_0, \alpha_1, \cdots, \alpha_{d-1}$ 是矩阵 A 的本征值，一般可以是复数。这样，可以将函数 $f(\cdot)$ 看作对 A 的本征值分别进行运算，随后再对这一变换后的对角矩阵通过 $U^\dagger$ 旋转至待求解的矩阵：

$$
\begin{aligned}
f(A) &= f(U^\dagger UAU^\dagger U) \\
&= U^\dagger f(UAU^\dagger)U
\end{aligned}
$$

$$= U^\dagger \begin{pmatrix} f(\alpha_0) & & & \\ & f(\alpha_1) & & \\ & & \ddots & \\ & & & f(\alpha_{d-1}) \end{pmatrix} U \tag{A.11}$$

换句话说，对于可以在幺正变换下对角的矩阵，矩阵函数的求解问题本质上转化为对其本征值的求解。

经常地，我们用狄拉克符号将矩阵用其归一化本征向量 $|\psi_k\rangle$ 和相应的本征值 α_k 进行表示：

$$A = \sum_{k=0}^{d-1} \alpha_k |\psi_k\rangle\langle\psi_k| \tag{A.12}$$

根据式(A.11), 有

$$f(A) = \sum_{k=0}^{d-1} f(\alpha_k) |\psi_k\rangle\langle\psi_k| \tag{A.13}$$

这里，我们利用了正交归一投影算子（projector）的幂次依然是其自身的结论，即 $\forall k, l \in [d]$,

$$\begin{cases} (|\psi_k\rangle\langle\psi_k|)(|\psi_l\rangle\langle\psi_l|) = \delta_{kl} |\psi_k\rangle\langle\psi_k| \\ (|\psi_k\rangle\langle\psi_k|)^n = |\psi_k\rangle\langle\psi_k| \end{cases} \tag{A.14}$$

对任意正整数 n 成立，其中 δ_{kl} 是 Kronecker 函数。对于正规矩阵 A，我们也将式(A.13)看作矩阵函数 $f(A)$ 的定义。

例 A.2 (矩阵直和的函数)　对于两个可对角化的矩阵，$A \in \mathbb{C}^{n\times n}$ 和 $B \in \mathbb{C}^{m\times m}$, $f(A \oplus B) = f(A) \oplus f(B)$。

解　将矩阵 A 和 B 的本征值分别记为 α_i 和 β_j，其中，$i \in [n]$, $j \in [m]$。可以用矩阵 A 和 B 的归一化本征向量对矩阵直和进行表示：

$$A \oplus B = \left(\sum_{i=0}^{n-1} \alpha_i |\psi_i\rangle\langle\psi_i| \right) \oplus \left(\sum_{j=0}^{m-1} \beta_j |\phi_j\rangle\langle\phi_j| \right)$$

$$= \sum_i \alpha_i |\tilde\psi_i\rangle\langle\tilde\psi_i| + \sum_j \beta_j |\tilde\phi_j\rangle\langle\tilde\phi_j| \tag{A.15}$$

其中，$|\tilde\psi_i\rangle \in \mathbb{C}^{n+m}$ 是由在 $|\psi_i\rangle$ 的表示后加上 m 个 0 得到的，而 $|\tilde\phi_j\rangle \in \mathbb{C}^{n+m}$ 是由在 $|\phi_j\rangle$ 的表示前面加上 n 个 0 得到的。这么做是为了能够在更大的空间里表示原本的 $|\psi_i\rangle$ 与 $|\phi_j\rangle$ 这两个小空间的态。这样，向量 $\left\{ |\tilde\psi_i\rangle, |\tilde\phi_j\rangle \right\}$ 构成一组正交归一基，使得直和矩阵 $A \oplus B$ 在这组基上是对角化的。因此，对于矩阵直和

$A \oplus B$ 的函数，有下式给出：

$$f(\boldsymbol{A} \oplus \boldsymbol{B}) = \sum_i f(\alpha_i) \left| \tilde{\psi}_i \right\rangle \left\langle \tilde{\psi}_i \right| + \sum_j f(\beta_j) \left| \tilde{\phi}_j \right\rangle \left\langle \tilde{\phi}_j \right|$$

$$= \left(\sum_{i=0}^{n-1} f(\alpha_i) |\psi_i\rangle\langle\psi_i| \right) \oplus \left(\sum_{j=0}^{m-1} f(\beta_j) |\phi_j\rangle\langle\phi_j| \right)$$

$$= f(\boldsymbol{A}) \oplus f(\boldsymbol{B}) \tag{A.16}$$

由此可以看出，在对正规矩阵直和结果进行函数运算时，等同于分别对两个矩阵进行该函数运算再直和。 □

例 A.3 对于两个可对角化矩阵 $\boldsymbol{A}, \boldsymbol{B} \in \mathbb{C}^{d \times d}$, $\mathrm{tr}(|\boldsymbol{A}||\boldsymbol{B}|) \leqslant \mathrm{tr}\,|\boldsymbol{A}|\,\mathrm{tr}\,|\boldsymbol{B}|$。

解

$$\mathrm{tr}(|\boldsymbol{A}||\boldsymbol{B}|) = \mathrm{tr}\left(\sum_i |\alpha_i|\,|\psi_i\rangle\langle\psi_i| \sum_j |\beta_j|\,|\phi_j\rangle\langle\phi_j| \right)$$

$$= \mathrm{tr}\left(\sum_{i,j} |\alpha_i\beta_j|\,|\psi_i\rangle\,\langle\psi_k|\phi_j\rangle\,\langle\phi_j| \right)$$

$$= \sum_{i,j,k} |\alpha_i\beta_j|\,\langle\psi_k|\psi_i\rangle\,\langle\psi_i|\phi_j\rangle\,\langle\phi_j|\psi_k\rangle$$

$$= \sum_{i,j} |\alpha_i\beta_j|\,|\langle\psi_i|\phi_j\rangle|^2$$

$$\leqslant \sum_{i,j} |\alpha_i\beta_j|$$

$$= \mathrm{tr}\,|\boldsymbol{A}|\,\mathrm{tr}\,|\boldsymbol{B}| \tag{A.17}$$

其中，在第三个等式的推导中，使用了求迹操作的轮换性质及求迹操作与求和操作可以交换顺序的性质。 □

A.3 一般矩阵的解析函数

除方阵外，对于一般的矩阵，也可以定义它们的矩阵函数。基于 A.3.5 节中关于方阵的结果，可以首先将一般的矩阵转化为方阵，再进行函数定义。一种转化方式是利用矩阵的奇异值。

定义 A.1 (奇异值, singular value) 矩阵的奇异值, $\boldsymbol{A} \in \mathbb{C}^{n \times k}$, 定义为下述矩阵的本征值：

$$|\boldsymbol{A}| = \sqrt{\boldsymbol{A}^\dagger \boldsymbol{A}} \tag{A.18}$$

其中，矩阵 $\boldsymbol{A}^{\dagger}\boldsymbol{A}$ 是方阵且厄米。

可以看到，矩阵的奇异值是一个半正定矩阵的本征值，因此我们也称奇异值为矩阵的绝对值（absolute value）。对于在幺正变换下可以对角化的矩阵，矩阵绝对值就是其本征值的绝对值，可以由式(A.13)给出。作为直接的推论，对于任一幺正矩阵 $\boldsymbol{U}$,

$$|\boldsymbol{U}| = \sqrt{\boldsymbol{U}^{\dagger}\boldsymbol{U}} = \boldsymbol{I} \tag{A.19}$$

思考题 A.2 请证明下述结论：

(1) $\boldsymbol{A}\boldsymbol{A}^{\dagger}$ 和 $\boldsymbol{A}^{\dagger}\boldsymbol{A}$ 均为半正定矩阵，且 $\operatorname{tr}(\boldsymbol{A}^{\dagger}\boldsymbol{A}) = \operatorname{tr}(\boldsymbol{A}\boldsymbol{A}^{\dagger})$。

(2) $|\operatorname{tr}(\boldsymbol{A})| \leqslant \operatorname{tr}(|\boldsymbol{A}|)$，等号仅在 $\boldsymbol{A} \geqslant 0$ 或 $-\boldsymbol{A} \geqslant 0$ 时取到。

(3) 一般地，$|\boldsymbol{A}| \neq |\boldsymbol{A}^{\dagger}|$，但 $\operatorname{tr}(|\boldsymbol{A}|) = \operatorname{tr}(|\boldsymbol{A}^{\dagger}|)$。

类似于对向量的分析，我们可以定义矩阵的范数（norm），并利用泛函分析中的结果对矩阵进行研究。基于矩阵绝对值，我们可以定义一类矩阵范数。在量子信息中，几种常用的范数包括 Schatten 范数、l_p-范数、迹范数（trace norm），以及樊畿范数[44]。在本书中，主要用到 Schatten 范数。在量子信息研究中，人们经常简称其为 p-范数。需要注意的是，在不同的学科中，类似的名称可能指代不同的范数。由于定义上的相似性，我们在这里也简单介绍矩阵的 l_p-范数。

定义 A.2 (l_p-范数) 给定 $p \geqslant 1$，对于复矩阵 $\boldsymbol{A} \in \mathbb{C}^{n \times k}$，它的 l_p-范数为

$$\|\boldsymbol{A}\|_{l_p} = \left(\sum_{i,j} |A_{ij}|^p\right)^{1/p} \tag{A.20}$$

定义 A.3 (Schatten p-范数) 给定 $p \geqslant 1$，对于复矩阵 $\boldsymbol{A} \in \mathbb{C}^{n \times k}$，它的 Schatten p-范数为

$$\|\boldsymbol{A}\|_p = [\operatorname{tr}(|\boldsymbol{A}|^p)]^{1/p} \tag{A.21}$$

其中，$|\boldsymbol{A}|$ 由式(A.18)给出。

p-范数有许多良好的数学性质，包括次可乘性（sub-multiplicativity，向量范数自然拥有这一性质，但矩阵范数不一定有这一性质）和单调性（monotonicity），分别由下面两式表示：

$$\|\boldsymbol{A}\boldsymbol{B}\|_p \leqslant \|\boldsymbol{A}\|_p \|\boldsymbol{B}\|_p \tag{A.22}$$

$$\|\boldsymbol{A}\|_1 \geqslant \|\boldsymbol{A}\|_p \geqslant \|\boldsymbol{A}\|_q \geqslant \|\boldsymbol{A}\|_\infty \tag{A.23}$$

其中，$\boldsymbol{A} \in \mathbb{C}^{n \times k}$, $\boldsymbol{B} \in \mathbb{C}^{k \times m}$, $q \geqslant p \geqslant 1$。我们将证明留作习题。

思考题 A.3 (Hilbert-Schmidt 内积运算下的 Cauchy-Schwarz 不等式) 对于两个复矩阵 $\boldsymbol{A} \in \mathbb{C}^{k \times n}$ 和 $\boldsymbol{B} \in \mathbb{C}^{k \times m}$,

$$\operatorname{tr}(\boldsymbol{A}^{\dagger}\boldsymbol{B}) \leqslant \sqrt{\operatorname{tr}(\boldsymbol{A}^{\dagger}\boldsymbol{A})\operatorname{tr}(\boldsymbol{B}^{\dagger}\boldsymbol{B})} = \|\boldsymbol{A}\|_2 \|\boldsymbol{B}\|_2 \tag{A.24}$$

例 A.4 (* 矩阵在 p-范数下的 Hölder 不等式) 对于复矩阵 $\boldsymbol{A} \in \mathbb{C}^{n\times d}$, $\boldsymbol{B} \in \mathbb{C}^{m\times d}$, 以及满足关系 $p^{-1} + q^{-1} = 1$ 的正实数 p, q,

$$\|\boldsymbol{A}\boldsymbol{B}^\dagger\|_1 \leqslant \|\boldsymbol{A}\|_p\|\boldsymbol{B}\|_q \tag{A.25}$$

解 记矩阵 $\boldsymbol{A}^\dagger\boldsymbol{A}$ 和 $\boldsymbol{B}^\dagger\boldsymbol{B}$ 的本征值和对应的归一化本征向量分别为 $\{\alpha_i^2, |\psi_i\rangle\}$ 和 $\{\beta_j^2, |\phi_j\rangle\}$。这里我们假设本征值是递减排列的, 即对于任意 $i < j$, 有 $\alpha_i \geqslant \alpha_j, \beta_i \geqslant \beta_j$。根据矩阵绝对值定和式 (A.18), 有

$$\begin{cases} |A| = \sum_i |\alpha_i||\psi_i\rangle\langle\psi_i| \\ |B| = \sum_j |\beta_j||\phi_j\rangle\langle\phi_j| \end{cases} \tag{A.26}$$

利用奇异值分解 (singular value decomposition), 存在线性等距变换算子 (linear isometry operator, 或称半幺正算子, semi-unitary operator) $\boldsymbol{U} \in \mathbb{C}^{n\times d}, \boldsymbol{V} \in \mathbb{C}^{m\times d}$, 满足 $\boldsymbol{U}^\dagger\boldsymbol{U} = \boldsymbol{V}^\dagger\boldsymbol{V} = \boldsymbol{I}$, 分别使得 $\boldsymbol{A} = \boldsymbol{U}|\boldsymbol{A}|, \boldsymbol{B} = \boldsymbol{V}|\boldsymbol{B}|$。这一结果也被称为极分解 (polar decomposition)。

利用 $\boldsymbol{A}^\dagger$ 和 $\boldsymbol{A}$ 有相同的奇异值对于任意矩阵 $\boldsymbol{A}$ 成立这一性质, 式 (A.25) 左端可以表示为

$$\boldsymbol{A}\boldsymbol{B}^\dagger|_1 = \mathrm{tr}(|(|\boldsymbol{A}||\boldsymbol{B}|)|) \tag{A.27}$$

式 (A.27) 的证明即习题 0.7。对于满足 $p^{-1} + q^{-1} = 1$ 的正实数 p 和 q,

$$\mathrm{tr}(|(|A||B|)|) \leqslant \sum_i |\alpha_i\beta_i|$$

$$\leqslant \left(\sum_i |\alpha_i|^p\right)^{1/p} \left(\sum_j |\beta_j|^q\right)^{1/q}$$

$$= \|A_p\|_p\|B\|_q \tag{A.28}$$

其中第一个不等号的证明即习题 0.8, 第二个不等号来自向量的 Hölder 不等式。 □

这一证明过程展示了在处理非方阵运算时, 常用的几种数学技巧。关于一般的矩阵, 还有许多有趣的函数。感兴趣的读者可以参考文献 [45]。

A.4 信道编码

对于带有噪声的信道, 香农也进行了研究, 并得到了含噪声信道编码定理 (noisy channel coding theorem)[1]。考虑利用带有噪声的信道进行通信的两个人,

甲和乙。假设信道是对称的，即无论信息比特是 0 或 1，均以概率 p 对其进行翻转，见表 A.1。

表 A.1　含噪的对称比特信道

发送信息比特	不同接收信息比特下的概率	
	0	1
0	$1-p$	p
1	p	$1-p$

通信中，甲依然希望如实地向乙传送信息。设甲需要传送的信息为 $X \in \{0,1\}^n$，在 X 经过信道后，乙收到的信息为 $Y \in \{0,1\}^n$。定义传输误码随机变量为 $E \in \{0,1\}^n$，如果 X 的第 i 个比特发生了翻转，则 $E_i = 1$，否则 $E_i = 0$。这样，有 $Y_i = X_i \oplus E_i$，这里 $\oplus$ 为异或操作，即比特求和取模 2。我们可以相应地定义比特串之间的异或操作，于是有 $Y = X \oplus E$。如果乙获得了关于 E 的额外信息，那么乙可以通过将发生错误的比特翻转回去以纠正错误。为此，我们设想甲和乙还共享了一个无噪声的理想信道，以此乙可以收取关于纠错的信息。不过这一信道的使用成本很高，因此，甲和乙希望找到一个信息编码方案，以尽可能少的代价传送关于纠错所需的信息。注意到 E 中每个比特服从独立且相同的概率分布：

$$E_i = \begin{cases} 0 & w.p. \quad 1-p \\ 1 & w.p. \quad p \end{cases} \tag{A.29}$$

将错误类型 E 看作重复实验中的信息源，通过应用前面阐述的信息源编码定理，在渐近极限 $n \to \infty$ 下，错误类型可以被压缩至大小约为 $nh(p)$ 比特的集合中。这样，只需要大约 $nh(p)$ 个比特，乙就可以以很高的概率完成错误纠正。

尽管信道编码原理上是可行的，但在实际中操作起来有很大的难度。主要的问题在于，信息的编码和解码复杂度极高。如果我们忽略这一问题，一个概念上容易理解的方案是使用通用随机哈希（universal random hashing）。甲和乙共享一个满秩的随机矩阵 G，并且甲通过无噪声信道向乙传送 GX，这里我们把字符串 X 看成一个列向量。乙可以计算矩阵 G 的广义逆并相应地进行错误纠正。稍后在介绍量子熵和通信任务中的量子信道模型时，我们会继续深入信道编码问题，并由此定义信道容量（channel capacity）。

注意点　错误纠正的核心是典型集的大小。在有限码长的实际情形中，需要考虑必要的冗余。

关于刚才的内容，你可能会想，实际中是否真的存在无噪声信道。事实上，可以利用信道编码方案来对抗噪声，这就是香农含噪声信道编码理论（Shannon's noisy channel coding theory）。一般地，给定一个带有噪声的信道 $\mathcal{N}$，如果希望传

输信息 M, 与其直接将其通过信道进行传输, 可以首先对其进行编码, 将信息编码至一个新的随机变量 X 中。这一随机变量经过带有噪声的信道变为 Y, 在收到这一随机变量后, 接收端对其进行解码并获取信息 M'。这一过程如图 A.6 所示。

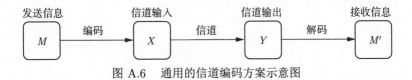

图 A.6　通用的信道编码方案示意图

利用合适的编码解码方案, 解码收到的信息 M' 可以与原信息 M 有很高的保真度。尽管如此, 信道编码的能力不是无限的。即使在最优编码方案下, 由于带有噪声的信道本身的限制, 可以保证的传输率存在理论上界。传输率是指通过合理的编码解码方案设计, 以及可能趋向于无穷次地独立使用相同的含有噪声的信道, 平均每次信道使用中准确传输的比特数的期望值。对于每一种编码解码方案, 原则上都存在这样一个传输率。所有传输率的上确界被称为信道容量。香农的含噪声信道编码定理告诉我们, 信道容量由下式给出:

$$C(\mathcal{N}) = \sup_{p_X} I(X:Y) \tag{A.30}$$

其中, X 和 Y 是信道输入和输出的随机变量, 优化遍历 X 所有可能的概率分布 p_X。对于很一般的信道, 通常来说, 即使知道了信道噪声的严格描述 (例如, 一个概率转移矩阵), 信道容量也很难准确计算。但对于一些特定的信道, 信道容量可以有解析表达式, 比如表 0.2 提到的对称比特翻转信道。

思考题 A.4　请尝试给出这一信道的信道容量表达式, 并找到一种对应的编码解码方案, 使得传输率可以达到信道容量。

A.5　Rényi 熵

香农熵可以用几条关于信息度量的公理导出。事实上, 香农熵属于一类更大的可以由公理化体系导出的熵度量, 即 Rényi 熵。在稍后介绍信息熵的量子推广时, 我们会简单介绍这一公理化体系。在本书中, 我们不会深入讨论这部分的数学。在这里, 给出 Rényi 熵的定义及一些信息论中常用的 Rényi 熵。

定义 A.4　给定常数 α, 满足 $\alpha \geqslant 0$ 且 $\alpha \neq 1$, 定义 X 的概率分布为 $p_{i_{i=1}}^n, p_i > 0$ (需要保证 max-entropy 定义), α 阶的 Rényi 熵定义为

$$H_\alpha(X) = \frac{1}{1-\alpha} \log\left(\sum_{i=1}^n p_i^\alpha\right) \tag{A.31}$$

下面讨论 Rényi 熵的一些特例。

- **Hartley 熵（Hartley entropy）或最大熵（max-entropy）**：

$$H_0 = \log n = \log |X| \tag{A.32}$$

- **香农熵**：对于 H_α，取极限 $\alpha \to 1$，

$$H(X) = -\sum_i p_i \log p_i \tag{A.33}$$

- **碰撞熵（collision entropy）**：这一熵度量有时被直接称作 "Rényi 熵"，对应于 $\alpha = 2$，

$$H_2(X) = -\log \sum_i p_i^2 \tag{A.34}$$

- **最小熵（Min-entropy）**：在极限 $\alpha \to \infty$，Rényi 熵 H_α 收敛到最小熵 H_∞：

$$H_\infty(X) = -\max_i \log p_i \tag{A.35}$$

例 A.5 证明：

$$\lim_{\alpha \to 1} H_\alpha(X) = H(X) = -\sum_i p_i \log p_i \tag{A.36}$$

其中，$\{p_i\}_i$ 为随机变量 X 对应的概率分布。

解 使用洛必达法则（L'Hôspital's rule），有

$$
\begin{aligned}
\lim_{\alpha \to 1} H_\alpha(X) &= \lim_{\alpha \to 1} \frac{1}{1-\alpha} \log\left(\sum_i p_i^\alpha\right) \\
&= \lim_{\alpha \to 1} \frac{\dfrac{\partial}{\partial \alpha} \log(\sum_i p_i^\alpha)}{\dfrac{\partial}{\partial \alpha}(1-\alpha)} \\
&= \lim_{\alpha \to 1} \frac{\dfrac{1}{\ln 2} \sum_i p_i^\alpha \ln p_i}{-\sum_i p_i^\alpha} \\
&= -\sum_i p_i \log p_i
\end{aligned}
\tag{A.37}
$$

$\square$

参 考 文 献

[1]   C. E. Shannon. A mathematical theory of communication[J]. Bell Syst. Tech. J., 1948, 27: 379-423.

[2]   T. M. Cover, J. A. Thomas. Elements of information theory[M]. John Wiley & Sons, 2012.

[3]   韩其智，孙洪洲. 群论 [M]. 北京：北京大学出版社，1987.

[4]   W. K. Wootters，W. H. Zurek. A single quantum can not be clond[J]. Nature, 1982, 299: 802-803.

[5]   N. Gisin, S. Massar. Optimal quantum cloning machines[J]. Phys. Rev. Lett., 1997, 79, 2153.

[6]   H-K. Lo, X. Ma, K. Chen. Decoy state quantum key distribution[J]. Phys. Rev. Lett., 2005, 94: 230504.

[7]   W. K. Wootters , B. D. Fields. Optimal state-determination by mutually unbiased measurements[J]. Ann. Phys., 1989, 191: 363-381.

[8]   X. Yuan, H. Zhou, Z. Cao, et al. Intrinsic randomness as a meausure of quantum coherence[J]. Phys. Rev. A, 2015, 92, 022124.

[9]   C. King, M. Ruskai. Minimal entropy of states emerging from noisy quantum channels[J]. IEEE Trans. Inf. Theory, 2001, 47: 192.

[10] T. F. Havel. The real density matrix[J]. Quantum Inf. Process., 2002, 1, 511.

[11] X. Yuan, H. Zhou, Z. Cao, et al. Intrinsic randomness as a measure of quantum coherence[J]. Phys. Rev. A, 2015, 92, 022124.

[12] M. Neumark. Spectral functions of a symmetric operator[J]. Izvestiya Rossiiskoi Akademii Nauk. Seriya Matematicheskaya, 1940, 4, 277-318.

[13] G. M. D'Ariano, P. L. Presti, P. Perinotti. Classical randomness in quantum measurements[J]. J. Phys. A Math. Theor., 2005, 38: 5979.

[14] H. Dai, B. Chen, X. Zhang, et al. Intrinsic randomness under general quantum measurements[J]. Phys. Rev. Res., 2023, 5(3): 033081.

[15] J.-G. Ren, P. Xu, H.-L. Yong, et al. Ground-to-satellite quantum teleportation[J]. Nature, 2017, 549, 70.

[16] M. A. Nielsen, I. L. Chuang. Quantum computation and quantum information: 10th anniversary edition[M].Cambridge University Press, 2010.

[17] J. Chen, Z. Ji, D. Kribs, et al. Symmetric extension of two-qubit states[J]. Phys. Rev. A, 2014, 90, 032318.

[18] S. J. Freedman, J. F. Clauser. Experimental test of local hidden-variable theories[J]. Phys. Rev. Lett., 1972, 28, 938.

[19] A. Aspect, P. Grangier, G. Roger. Experimental tests of realistic local theories via Bell's theorem[J]. Phys. Rev. Lett., 1981, 47: 460-463.

[20] A. Aspect, P. Grangier, G. Roger. Experimental realization of the Einstein-Podolsky-Rosen Gedanken experiment[J]. Phys. Rev. Lett., 1982, 49: 91.

[21]   M. A. Rowe, D. Kielpinski, V. Meyer, et al. Experimental violation of a Bell's inequality with efficient detection[J]. Nature, 2001, 409: 791-794.

[22]   J. Gallicchio, A. S. Friedman, D. I. Kaiser. Testing Bell's inequality with cosmic photons: Closing the setting-independence loophole[J]. Phys. Rev. Lett., 2014, 112, 110405.

[23]   M. Giustina, M. A. M. Versteegh, S. Wengerowsky, et al. Comment on significant-loophole-free test of Bell's theorem with entangled photons[J]. Phys. Rev. Lett., 2015, 115, 250401.

[24]   L. K. Shalm, E. Meyer-Scott, B. G. Christensen, et al. Strong loophole-free test of local realism[J]. Phys. Rev. Lett., 2015, 115, 250402.

[25]   B. Hensen, H. Bernien, A. E. Dréau, et al. Experimental loophole-free violation of a Bell's inequality using entangled electron spins separated by 1.3 km[J]. Nature, 2015, 526: 682-686.

[26]   C. Abellán, A. Acín, A. Alarcón, et al. Challenging local realism with human choices[J]. Nature, 2018, 557: 212-216.

[27]   S. Massar, S. Pironio. Violation of local realism versus detection efficiency[J]. Phys. Rev. A, 2003, 68(6): 062109.

[28]   D. Bouwmeester, J-W Pan, K. Mattle, et al. Experimental quantum teleportation[J]. Nature, 1997, 390: 575.

[29]   D. Boschi, S. Branca, F. De Martini, et al. Quantum teleportation with a complete Bell state measurement[J]. Phys. Rev. Lett., 1998, 80, 1121.

[30]   J-W Pan, D. Bouwmeester, H. Weinfurter, et al. Experimental entanglement swapping: Entangling photons that never interacted[J]. Phys. Rev. Lett., 1998, 80, 3891.

[31]   A. Furusawa, J. L. Sørensen, S. L. Braunstein, et al. Science, Oct[J]. Science, 1998, 282, 706.

[32]   I. Marcikic, H. De Riedmatten, W. Tittel , et al. Long-distance teleportation of qubits at telecommunication wavelengths[J]. Nature, 2003, 421: 509-513.

[33]   M. Riebe, H. Häfner, C. Roos, et al. Deterministic quantum teleportation with atoms[J]. Nature, 2004, 429, 734.

[34]   M. Barrett, J. Chiaverini, T. Schaetz, et al. Deterministic quantum teleportation of atomic qubits[J]. Nature, 2004, 429: 737-739.

[35]   J. F. Sherson, H. Krauter, R. K. Olsson, et al. Quantum teleportation between light and matter[J]. Nature, 2006, 443: 557-560.

[36]   B. S. Cirel'son. Quantum generalizations of Bell's inequality[J]. Lett. Math. Phys., 1980, 4(2): 93-100.

[37]   R. Uola, A. C. S. Costa, H. C. Nguyen, et al. Quantum steering[J]. Rev. Mod. Phys., 2020, 92, 015001.

[38]   R. F. Werner. Quantum states with einstein-podolsky-rosen correlations admitting a hidden-variable model[J]. Phys. Rev. A, 1989, 40, 4277.

[39]   C. H. Bennett, D. P. DiVincenzo, T. Mor, et al. Quantum nonlocality without entanglement[J]. Phys. Rev. Lett., 1999, 82, 5385.

[40]   C. H. Bennett, D. P. DiVincenzo, J. A. Smolin, et al. Mixed-state entanglement and quantum error correction[J]. Phys. Rev. A, 1996, 54, 3824.

[41]   L. Lami, B. Regula. Computable lower bounds on the entanglement cost of quantum

channels[Z/OL]. arXiv:2111.02438, 2021.

[42]   M. M. Wilde. From classical to quantum shannon theory[Z/OL]. arXiv:1106.1445, 2011.

[43]   M. Berta, M. Christandl, R. Colbeck, et al. The uncertainty principle in the presence of quantum memory[J]. Nat. Phys., 2010, 6, 659.

[44]   K. Fan. Maximum properties and inequalities for the eigenvalues of completely continuous operators[J]. Proc. Nati. Acad. Sci. U.S.A., 1951, 37: 760-766.

[45]   张贤达. 矩阵分析与应用 [M]. 北京：清华大学出版社，2004.

索　引

Index